黄河流域生态保护研究丛书·黄河三角洲生态保护卷

总主编　王仁卿

黄河三角洲
生物多样性及其生态服务功能

主　编　刘　建

山东科学技术出版社

·济南·

图书在版编目（CIP）数据

黄河三角洲生物多样性及其生态服务功能 / 刘建主编 . -- 济南：山东科学技术出版社，2022.5
（黄河流域生态保护研究丛书 / 王仁卿总主编 . 黄河三角洲生态保护卷）
ISBN 978-7-5723-1214-4

Ⅰ . ①黄… Ⅱ . ①刘… Ⅲ . ①黄河—三角洲—生物多样性—生物资源保护—研究 ②黄河—三角洲—生态系—服务功能—研究 Ⅳ . ① X176 ② X321.252

中国版本图书馆 CIP 数据核字 (2022) 第 060977 号

黄河流域生态保护研究丛书·黄河三角洲生态保护卷
黄河三角洲生物多样性及其生态服务功能
HUANGHE LIUYU SHENGTAI BAOHU YANJIU CONGSHU
HUANGHE SANJIAOZHOU SHENGTAIBAOHU JUAN
HUANGHE SANJIAOZHOU SHENGWU DUOYANGXING
JIQI SHENGTAI FUWU GONGNENG

责任编辑：陈 昕 徐丽叶 庞 婕

主管单位：山东出版传媒股份有限公司
出 版 者：山东科学技术出版社
　　　　　地址：济南市市中区舜耕路 517 号
　　　　　邮编：250003 电话：（0531）82098088
　　　　　网址：www.lkj.com.cn
　　　　　电子邮件：sdkj@sdcbcm.com
发 行 者：山东科学技术出版社
　　　　　地址：济南市市中区舜耕路 517 号
　　　　　邮编：250003 电话：（0531）82098067
印 刷 者：山东彩峰印刷股份有限公司
　　　　　地址：山东省潍坊市潍城经济开发区玉清西街 7887 号
　　　　　邮编：261031 电话：（0536）8311811

规格：16 开（184 mm×260 mm）
印张：67.25 字数：920 千
版次：2022 年 5 月第 1 版 印次：2022 年 5 月第 1 次印刷
定价：498.00 元（全三册）

审图号：GS 鲁（2022）0002 号

内 容 简 介

本书是对黄河三角洲生物多样性及其生态服务功能调查研究的概括和总结，共8章。第一章是总论，介绍研究区域和生态条件；第二、三、四章分别介绍黄河三角洲地区的植物多样性、动物多样性、生态系统和土壤微生物多样性；第五、六、七章阐述生态系统服务以及生态产品方面的探索；第八章是总结和建议。目的是为黄河生态保护和黄河口国家公园建设提供生物多样性保护和恢复的基础数据和科学资料。

本书可供植被生态、自然保护地、自然资源、国土利用、环境保护、自然地理以及农林牧业方面的科研人员、高校师生和管理人员使用和参考。

作 者 简 介

总主编

王仁卿

　　生态学博士，山东大学生命科学学院博士生导师、荣聘教授，山东大学黄河国家战略研究院副院长，山东省生态学会理事长。任山东省人民政府首届决策咨询特聘专家、国家级自然保护区评审专家、《生态学报》和《植物生态学报》编委等职。获得"教育部跨世纪优秀人才""山东省有突出贡献的中青年专家""山东省教学名师"等称号。曾任中国生态学会常务理事、山东大学教务处处长等。长期从事中国暖温带植被研究，主持和参加《中国植被志》编研、华北植物群落资源清查、黄河三角洲生态恢复与重建等国家项目。副主编《中华人民共和国1:100万植被图》，主编《山东植被》《中国大百科全书》第三版《生态学卷》植被生态分支等专著；发表论文120多篇（SCI论文60多篇）。1982年以来从事黄河三角洲湿地和植被生态基础理论、湿地恢复方面的研究。

本册主编

刘 建

　　生态学博士，山东大学环境研究院教授、博士生导师、环境生态学研究所所长，黄河流域生态保护和治理中心执行主任。研究方向为植物生态学、湿地生态学、生物入侵生态学、生物多样性与生态系统服务、环境生态学。研究的主要科学问题是环境变化和生物入侵对生物多样性和生态系统功能的影响及机理。主持国家级课题和省部级课题10余项，在国内外学术期刊发表学术论文150余篇，其中作为第一或者通讯作者的SCI论文60余篇。获得省部级奖励3项，兼任SCI期刊PloS ONE和Water的学术编委、农工党山东省第七届委员会生态环境工作委员会副主任、中国生态学学会湿地生态专业委员会委员等职务。

编 委 会

资 助 单 位

山东大学黄河国家战略研究院

山东大学人文社会科学青岛研究院

山东青岛森林生态系统国家定位观测研究站

山东省植被生态示范工程技术研究中心

山东黄河三角洲国家级自然保护区

山东省智库高端人才工作专项小组办公室

摄影 / 胡友文

摄影／杨斌

摄影 / 胡友文

序　一

黄河三角洲是我国三大河口三角洲之一，拥有中国暖温带保存最完整、最广阔、最年轻的河口湿地生态系统，分布着中国沿海面积最大的新生湿地及湿地植被，是众多湿地鸟类的栖息繁衍地。1992年国务院批准建立了山东黄河三角洲国家级自然保护区，经过近30年的保护，取得了重大成效，生态系统质量明显提升。2013年国际湿地组织将黄河三角洲国家级自然保护区正式列入国际重要湿地名录，2020年国家确定建立黄河口国家公园，这都表明黄河三角洲在国际、国内具有重要生态地位。

2019年9月，习近平总书记在郑州主持召开黄河流域生态保护和高质量发展座谈会，会上提出要把黄河流域生态保护和高质量发展上升为重大国家战略，并强调黄河生态保护"要充分考虑上中下游的差异"，"下游的黄河三角洲是我国暖温带最完整的湿地生态系统，要做好保护工作，促进河流生态系统健康，提高生物多样性"。建设黄河口国家公园标志着黄河三角洲的生物多样性保护进入一个新的发展阶段。黄河三角洲生物多样性保护与提高既是黄河重大国家战略的重要内容之一，也是区域生态保护的首要任务。因此，加强黄河三角洲湿地生态和生物多样性的研究，探讨生物多样性形成、维持、丧失和动态变化机制，在提高生物多样性、维持区域生态安全和可持续发展以及建设黄河口国家公园等方面，都具有重要的学术价值和指导意义。

黄河三角洲拥有类型多样、特色明显的生物多样性，是黄河三角洲生态保护的基础。在物种多样性方面，有以盐生湿地植物为特色的植物多样性，如柽柳、芦苇、盐地碱蓬、补血草、罗布麻等；有以鸟类为代表的动物多样性，如东方白鹳、丹顶鹤、黑嘴鸥、灰鹤，以及多种雁鸭类；浮游动物、植物和土壤微生物种类更是繁多。在遗传多样性方面，黄河三角洲也具有区域性特色，如植物方面，野大豆、芦苇、盐地碱蓬等的遗传多样性丰富而有特色，是发现耐盐基因和培育耐盐植物种质不可多得的遗传资源；鸟类方面，通过演化生物学与生态学等研究，对探讨黄河三角洲鸟类的适应演化、物种多样性、繁殖多样性及迁徙规律等都至关重要。黄河三角洲湿地生态系统颇具特色，富有以不同植被类型为生产者的亚系统，如以旱柳林为代表的林地生态系统、以柽柳林为代表的灌丛生态系统、以盐地碱蓬群落为代表的盐生草甸生态系统和以芦苇沼泽为代表的沼泽生态系统等。

自 20 世纪 50 年代以来，山东大学生态学科在黄河三角洲开展了以湿地植被为重点方向的生态学研究，涉及植物分类、植被组成与结构特征、植被动态与退化、植被保护和利用、植被与土壤微生物、植被与动物多样性等多个方面，通过长期调查研究，积累了丰富的第一手资料，取得了许多重要的原创性研究成果，在此基础上编写完成《黄河流域生态保护研究丛书·黄河三角洲生态保护卷》，包括《黄河三角洲湿地植被及其多样性》《黄河三角洲植被分布格局及其动态变化》和《黄河三角洲生物多样性及其生态服务功能》三部专著。该丛书是山东大学王仁卿教授课题组有关黄河三角洲生态研究成果的概括和总结，将为黄河三角洲生物多样性保护、监测、评估和国家公园建设提供重要科学资料。

我相信，《黄河流域生态保护研究丛书·黄河三角洲生态保护卷》的出版，对助力黄河国家战略的实施，特别是黄河三角洲生态保护与恢复以及国家公园的建设将发挥重要作用。

魏辅文

中国科学院院士 中国生态学学会副理事长

2022 年 4 月

序　二

黄河是中华民族的母亲河，孕育了灿烂的中华文化和黄河文化，也造就了壮丽的黄河三角洲。黄河三角洲作为我国三大河口三角洲之一，拥有中国暖温带保存最完整、最广阔、最年轻的河口湿地生态系统。2019 年 9 月 18 日，习近平总书记在郑州主持召开黄河流域生态保护和高质量发展座谈会时指出，"黄河生态系统是一个有机整体，要充分考虑上中下游的差异"，"下游的黄河三角洲是我国暖温带最完整的湿地生态系统，要做好保护工作，促进河流生态系统健康，提高生物多样性"。他强调，"黄河流域生态保护和高质量发展，同京津冀协同发展、长江经济带发展、粤港澳大湾区建设、长三角一体化发展一样，是重大国家战略"，因此，黄河三角洲生物多样性保护与提高既是黄河重大国家战略的重要任务之一，也是区域生态保护的首要目标。

山东大学地处黄河下游中心城市——济南，是我国世界一流大学建设 A 类高校，服务黄河重大国家战略是义不容辞的责任和义务。2020 年 11 月，山东大学响应时代需求，发挥学科综合交叉优势，成立了以生态学、经济学等为骨干学科的山东大学黄河国家战略研究院，围绕黄河流域生态保护、生态文明指数、经济发展与乡村振兴、新旧动能转换、黄河文化等多个重点方向开展研究，充分发挥智库的作用。《黄河流域生态保护研究丛书·黄河三角洲生态保护卷》正是其中的重要成果之一。该成果包括《黄河三角洲湿地植被及其多样性》《黄河三角洲植被分布格局及其动态变化》和《黄河三角洲生物多样性及其生态服务功能》三部专著，由我国著名生态学家王仁卿教授及其团队完成。该丛书全面、系统、深入地从植被和生物多样性角度对黄河三角洲生态保护研究成果进行总结，不仅是山东大学黄河国家战略研究院生态保护方面的重要的阶段性成果，而且对助力黄河三角洲生态保护和生态恢复，提供自然保护地建设和黄河口国家公园监测、评估等所需的生态本底资料和数据等，都具有重要参考意义。

我从成为山东大学土建和水利学院院长时起，就一直支持我们学院湿地生态的专家教授与王仁卿教授团队在湿地生态方面开展合作研究，因而对湿地生态的研究有一定的了解。自 20 世纪 50 年代以来，山东大学生态学科师生在黄河三角洲开展了一系列生态调查研究，在湿地生态系统及其生物多样性，特别是湿地植被研究等方面，获得了大量的第一手资料和原始数据。该丛书的出版，凝聚着几代人的付出和心血，是广大生态学科师生们长期以来对黄河三角洲生态研究的概括和总结，也是王仁卿教授团队对黄河三角洲湿地生态系统和生物多样性研究方面的最新成果的反映，值得祝贺和学习。

丛书即将出版，王仁卿教授邀请我作序，我深感荣幸，欣然接受。《黄河流域生态保护研究丛书·黄河三角洲生态保护卷》侧重黄河三角洲生态保护，聚焦黄河重大国家战略，突出生态保护优先和绿色发展理念，是富有特色和水平的著作。我相信该丛书的出版，无论对黄河三角洲湿地生态保护和生物多样性的提高，对国家和山东生态文明的建设，还是对黄河国家战略的顺利实施等，都将起到积极的推动作用。同时，期待王仁卿教授团队产出更多有价值的成果，为黄河流域生态保护和高质量发展做出更多贡献。

李术才

中国工程院院士 山东大学副校长

2022 年 4 月于济南

前　言

生物多样性（biodiversity）是生物及其与环境形成的生态复合体以及与此相关的各种生态过程的总和，由遗传（基因）多样性、物种多样性和生态系统多样性三个基本层次组成。生物多样性的形成是地球生命经过亿万年的发展进化的结果，是生态系统服务的基础。生态系统服务（ecosystem service）是指人类直接或间接从生态系统获得的所有惠益，是生态文明建设的基础。生物多样性及生态系统服务事关全人类的未来和可持续发展，相关研究已经成为国际生态学和相关学科研究的前沿和热点。

随着全球人口数量的增长以及资源需求增长导致的过度开发利用，全球自然生态系统和生态系统服务严重退化，由此引起的生物多样性减少、资源短缺、水土流失等问题加剧，对全球的生态安全造成了严重威胁，甚至影响了全球的经济发展与社会繁荣。1992 年 6 月，在巴西里约热内卢召开的联合国环境与发展大会上，包括中国在内的 153 个国家表决通过并签署了《生物多样性公约》，使生物多样性保护成为全球范围内的联合行动。为落实公约的相关规定，进一步加强生物多样性保护工作，有效应对我国生物多样性保护面临的新问题、新挑战，我国于 2011 年颁布了《中国生物多样性保护战略与行动计划》，提出了新世纪生物多样性保护的总目标、战略任务和优先行动。2021 年 10 月，中共中央办公厅、国务院办公厅印发了《关于进一步加强生物多样性保护的意见》，为我国今后的生物多样性保护确定了目标和任务。

习近平总书记在党的十八大报告中指出，把生态文明建设纳入中国特色社会主义事业"五位一体"的总体布局，强调了建设社会主义生态文明的目标要求，同时明确了生物多样性与生态服务在经济发展与环境保护中的地位。2021 年 10 月，联合国《生物多样性公约》第十五次缔约方大会（COP15）在昆明召开，习近平主席做了题为《共同构建地球生命共同体》的主旨讲话，他深刻阐释了保护生物多样性、共建地球生命共同体的重大意义，阐述了中国经验和贡献，提出了4点建议，郑重宣布中国将持续推进生态文明建设的务实举措，为全球生物多样性治理指明了方向。

黄河是中华民族的母亲河，它同长江以及其他重要河流一起，哺育着中华民族，孕育了中华文明。黄河三角洲是由黄河奔腾入海、携沙造陆而形成的冲积平原，与长江三角洲、珠江三角洲一起并称为我国三大三角洲。黄河三角洲北邻京津冀与天津滨海新区，和辽东半岛隔海相望，东连胶东半岛，南靠济南城市圈，地理位置优越。黄河三角洲的开发已被列入《中国21世纪议程》和山东省跨世纪工程。2009年，国务院颁布了《山东半岛蓝色经济区发展规划》和《黄河三角洲高效生态经济区发展规划》，建立了黄河三角洲高效生态经济区，将黄河三角洲的开发建设上升为国家战略。2019年9月18日，习近平总书记在黄河流域生态保护和高质量发展座谈会上强调："下游的黄河三角洲是我国暖温带最完整的湿地生态系统，要做好保护工作，促进河流生态系统健康，提高生物多样性。"2021年10月8日，中共中央、国务院印发了《黄河流域生态保护和高质量发展规划纲要》，标志着黄河三角洲生态保护被列入国家重大区域战略，其中明确了黄河三角洲在生物多样性保护方面的特殊地位和重要任务。这些都为我们保护和提高黄河三角洲的生物多样性指明了方向和路径。

黄河三角洲处于大气、河流、海洋与陆地的交错带，生态系统独具特色，为我国最后一个待开发的大河三角洲，也是我国重要的国家级湿地自然保护区所在地，拥有地球上暖温带最年轻的原生湿地生态系统，生态地位极为重要。丰富的自然资源、良好的区位优势、独特的自然景观和脆弱的生态环境，决定了黄河三角洲生物多样性保护和持续利用的价值和必要性。2013年，黄河三角洲湿地被列入国际重要湿地名录，也充分说明了其价值和重要性。为促进黄河三角洲生态的良性循环，合理利用当地的生态资源，保护脆弱的生态环境、生物多样性及其生态服务功能，加强黄河三角洲地区的生物多样性研究，对于提高该区域的生物多样性是必不可少的基础性和前瞻性工作。我们课题组从 20 世纪 50 年代至今，开展了黄河三角洲生物多样性和生态服务功能的研究，这不仅是黄河三角洲生态保护必要的基础性研究，而且在中国生物资源的可持续利用和世界生物多样性保护方面也具有重要意义。有关黄河三角洲生物多样性的研究很多，文献众多，几乎涉及生物多样性的各个方面，对生物多样性的保护和利用发挥了基础作用，但迄今为止仍缺少对黄河三角洲生物多样性及相关研究的全面、系统性概括和总结。我们试图完成这一基础性工作，以期为黄河三角洲的生物多样性保护，特别是未来国家公园的建设提供必需的资料和数据。本研究涉及整个黄河三角洲地区，涵盖了黄河三角洲地区的植物多样性、动物多样性、生态系统和景观多样性、微生物多样性、生态系统服务和生态产品，以及生物多样性及其生态系统服务功能的基础和关键科学问题。研究内容具有广泛的代表性，体现了生物多样性及其生态系统服务功能研究的前沿。在编写过程中，我们参阅了大量的历史文献，在此感谢同行们很有价值的研究和产出的众多成果，丰富了本书的内容。

本书作为《黄河流域生态保护研究丛书·黄河三角洲生态保护卷》之一，与《黄河三角洲湿地植被及其多样性》《黄河三角洲植被分布格局及其动态变化》形成完整系列。有关植物多样性、植被多样性、植被分布格局等内容在另两本书中有详细介绍，本书侧重于对植物遗传多样性、动物多样性特别是鸟类多样性，以及微生物多样性的介绍。由于生物多样性及其生态服务功能的研究领域广泛，涉及内容较多，本书难免挂一漏万，书中的不足及错误之处，敬请批评指正。

刘 建 王仁卿

2021 年 10 月于青岛

摄影 / 刘月良

目　录

第一章

总论

第一节 黄河三角洲概况

一、自然地理状况

1. 地理位置

黄河三角洲，位于渤海湾南岸和莱州湾西岸，主要分布于山东省东营市和滨州市境内（图1-1），与辽东半岛隔海相望，地理坐标为东经117°31'~119°18'、北纬36°55'~38°16'。黄河三角洲是黄河携带大量来自黄土高原的泥沙在入海口沉积，填充渤海凹陷形成扇形冲积平原，即黄河三角洲。面积约5 450 km²，每年以2~3 km²的速度扩张，是我国著名的三大三角洲之一（刘峰，2015）。黄河三角洲作为世界上最年轻、面积增长最快的三角洲，成为我国最具发展潜力的地区之一（颜世强，2005）。

对黄河三角洲的概念与范围，有许多不同的理解，包括狭义、广义、经济地理意义上的黄河三角洲等。狭义的黄河三角洲，指地理意义上的黄河三角洲，包括近代黄河三角洲、现代黄河三角洲和新黄河三角洲。近代黄河三角洲是指以垦利区胜坨镇宁海为顶点，北起套尔河、南至支脉河的扇形地域，总面积约5 400 km²，主体在东营市，约5 200 km²，少部分涉及滨州市，约200 km²。经济地理意义上的黄河三角洲主要包括东营和滨州两市及周边地区，面积约2.1万 km²。

2. 地质地貌

黄河三角洲在地质构造上位于华北地台中济阳坳陷的东北部，主要受新华夏构造体系和北西向构造的控制，属于渤海凹陷地沉积带，基本形式是中新生带以来周边被深断裂围限的负向地质构造单元，长期处于构造沉降运动过程中，沉降幅度已达12 km，这种沉降运动正是黄河三角洲发育形成的必要条件。同时，黄河三角洲位于华北平原地震区，受相邻地震构造带影响较大，稳定性较差。黄河三角洲处于郯庐断

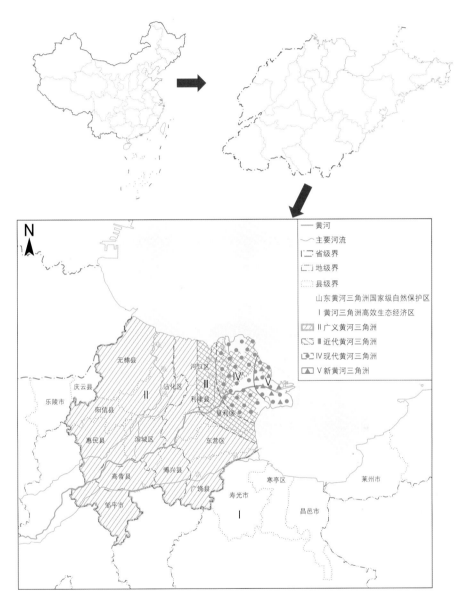

图 1-1　黄河三角洲不同含义和范围示意图

裂带、河北平原断裂带和燕山渤海断裂带三者的中间地带，自北向南分布有煌子口断裂、孤北断裂、陈南断裂、胜北断裂和东营断裂。据山东省地震局资料记录，上述断裂均有现代活动，且表现为继承性脉动活动的特点（颜世强，2005）。

黄河三角洲位于黄泛平原，属于华北平原的组成部分，呈扇形向外扩展，地势平坦开阔，总体呈现西南高、东北低的趋势，西南部最高程为 28 m，东北部最高程为 1 m，区域平均高程仅 2 m，东西比降为 1/10 000。黄河横穿华北平原时，河床开阔，水流减缓，泥沙大量淤积，逐渐形成地上河，因此以黄河为对称轴，距河近处地势较高，距河远处地势较低（赵延茂，1997）。

黄河和海洋共同创造了黄河三角洲，但黄河始终处于主导地位，海洋只是起到辅助作用。黄河作为我国第二大河流，自西向东穿过黄土高原，流至华北平原时大量冲积物堆积、填充，缔造了黄河三角洲高低起伏、类型复杂的地貌，大致可分为缓岗、河滩高地、缓平坡地、背河槽状洼地、河间浅平洼地、海滩地等类型，其中，坡地和洼地占 70%~75%。由于黄河含沙量大，输沙量高，大量泥沙在入海口淤积，始终遵循着淤积→延伸→抬高→摆动的自然演变规律。自古至今，黄河经历多次尾闾摆动和决口泛滥，新老河道交错切割，形成以指叉状河床为基础的起伏性地形，且出现差别较大、较为完整的微地貌。岗、坡、洼相间排列，横向上呈波浪状起伏，背河方向为缓岗，缓岗中间为封闭洼地，岗洼中间为微斜平地（赵延茂等，1995；范晓梅等，2010）。

自第四纪以来，泥沙淤积使黄河三角洲不断向渤海推进，河道平均每年向渤海延伸 3.3 km，新成陆面积超过 2 000 km²，且这一过程仍在继续，因此，我们认为黄河三角洲是我国最重要、最年轻、最完整的湿地生态系统。近年来，黄河水沙递减，造陆面积因此呈现递减趋势（刘曙光等，2001）。与此同时，废弃入海口处的陆地发生蚀退作用，形成以海洋作用为主的海积平原，但此过程与推进过程相比可忽略不计，海洋作用处于次要地位（赵延茂等，1995；颜世强，2005）。

3. 气候

黄河三角洲属于暖温带半湿润大陆性季风气候区，受亚欧大陆和太平洋的共同影响。气候特征主要表现为四季分明，光照充足，雨热同期，有明显的冷热干湿界限；春季少雨多风，夏季炎热湿润，冬季寒冷干燥。降水年际分布不均匀，主要集中在夏季，有着春旱、夏涝、晚秋又旱的特点。黄河三角洲虽然位于沿海位置，但表现出明显的大陆性气候特征（赵延茂，1997；颜世强，2005）。

在全球变暖的趋势下，黄河三角洲地区的年平均气温呈现上升趋势，年平均气温增长率高于全国和华北地区（段若溪等，2018）。1981~2010 年间平均气温为 13.1℃，其中 2006 年和 2007 年最高，达到 13.9℃；1985 年最低，达到 11.8℃。同时，年平均积温与年平均气温变化趋势相似。≥ 0℃年积温平均为 4 921.4℃，1998 年最高，为 5 164.4℃；1985 年最低，为 4 635.7℃。≥ 10℃年积温平均为 4 470.3℃，1998 年最高，为 4 798.7℃；1987 年最低，为 4 150.6℃。热量资源随气温升高而表现出逐年上升的趋势（王峰等，2019）。7 月份气温最高，为 26.2℃~26.8℃，极端高温可达 41.9℃；1 月份气温最低，为 -3℃~-4.5℃，极端低温可达 -24℃。年均无霜期为 193~197 d，最长为 225 d，最短为 166 d（赵延茂等，1995）。

黄河三角洲地区光照充足，时间长，强度大。年辐射总量为 5 146~5 411 MJ/m²，高于全国和山东的平均值。年日照时数为 2 571~2 865 h，平均为 2 682 h。年内辐射总量和年日照时数均在 5 月份达到最高值，12 月份达到最低值（张建锋等，2006）。

降水量是影响气候的重要因素之一。黄河三角洲地区年平均降水量为 542.3~842 mm，空间分布无明显差异，但时间分布较不均匀，主要集中在夏秋两季，存在明显的丰枯周期。夏季降水量占全年的 63.9%，冬春两季则较为干燥。年蒸发量为 1 962.1 mm，蒸降比为 3.6:1。春季蒸发最为强烈，占全年的 51.7%（张建峰等，2006）。总体来说，黄河三角洲地区近 45 年内降水量变化不明显，但表现出微弱减少的趋势，极端降水事件发生的频率和强度有所增加（张翠等，2015）。

受季风环流的影响，冬季盛行偏北风，夏季盛行偏南风。4 月风速最大，8 月和 9 月风速最小，平均风速分别为 4.3 m/s 和 2.7 m/s，年平均风速为 4 m/s 左右。风能分布不均匀，北部较高，达到 1 100 kW·h·m⁻²；内陆较低，多在 400 kW·h·m⁻² 左右（吴国栋，2017）。

4. 土壤

黄河三角洲的土壤类型有5种：潮土、盐土、褐土、砂姜黑土及水稻土（吕怀峰，2016）。黄河冲积物是黄河三角洲地区的主要成土母质，在物理、化学、生物和人为作用的长期影响下，形成以潮土和盐土为主的特征，潮土在土壤总面积中的比重达到59%，盐土达到36%（刘建涛，2018）。土壤含盐量较高，一般为0.6%~3.0%，甚至更高。其中，氯化物占土壤盐分的70%~90%，硫酸盐占10%~20%，重碳酸盐占3%~10%（赵延茂等，1995）。潮土广泛分布在冲积平原上，盐土多分布在潮间带及其前沿（江泽慧，1999）。

土壤中盐分含量的变化规律表现为春季积盐、夏季脱盐、秋季回升、冬季潜伏。由于黄河三角洲地区独特的地理位置，沉积环境、气候条件和土壤母质均是造成该地区土壤盐渍化的原因。63.9%的降雨量集中在夏季，且降雨量远小于蒸发量，土壤剖面水盐发生强烈的垂直运动，出现季节性反盐、脱盐；地下水位埋深浅，潜水矿化度高，海水入侵、侧向浸渍、风暴潮频繁，使得土壤盐分不断积累，加重盐渍化程度。黄河三角洲地区有着完整的微地貌，水盐重新分配同样受不同地貌的影响，例如：滨海滩涂地区受海水入侵和高矿化度地下水的影响，土壤含盐量可达30 g/kg；背河洼地因沉积物颗粒变细、土壤吸附能力增强，含盐量达13.6 g/kg；缓平低地和洼地土壤含盐量平均值约为11.7 g/kg；河滩高地、决口扇形地土壤含盐量平均值约为3 g/kg；河漫滩地受河水侧渗的淡化脱盐作用的影响，土壤含盐量相对较低，约为2.2 g/kg。不同的环境因子对土壤含盐量影响的程度不同，从高到低依次为：地下水位埋深、潜水矿化度、植被覆盖率、距离海洋远近、地面高程、土壤有机质含量（范晓梅等，2010）。

该地区盐渍化土壤中，原生盐渍化土壤占70%，次生盐渍化土壤占30%。由于土地利用方式的改变，无论是原生盐渍化土壤还是次生盐渍化土壤，表层土壤含盐量的分布差异明显大于底层土壤。竖直方向上，表层土壤（0~30 mm处）和底层土壤（90~100 mm处）含盐量最大可相差12倍，有明显的表聚现象；水平方向上，以黄河三角洲顶点为起点呈圈层带状分布，距离海洋越近、地面高程越低、成土年龄越小，土壤盐渍化程度就越低。由此可见，黄河三角洲地区土壤盐分的分布有着明显的空间异质性（郗金标等，2002；范晓梅等，2010）。2015 年和 2019 年土壤盐渍化比例分别为 76% 和 70%，虽然整体表现出下降趋势，但只是黄河三角洲西南部有所缓解，东北部和东南部则表现出加重趋势（Bian et al.，2021）。

由于该地区沉积环境多变，土壤无单层结构，多为多层次结构（一定深度内有 3 层及以上地层结构）（颜世强，2005）。土壤组成以粉土为主、粉质黏土为辅，有机质含量平均值为 1.05%，参照第二次全国土壤普查有机质分级标准（< 0.6%，极缺乏；0.6%~1%，缺乏；1%~2%，好），属于较好水平（范晓梅等，2010）。竖直方向上，TOC、TN、NH_4^+-N、NO_3^--N 含量随深度的增加而降低，降低幅度先增大后减小，在表层 0~10 cm 处出现最大值；TP、TS 含量差异不明显，峰值出现在表层 30~40 cm 处。水平方向上，随着含盐量的增加，表层土壤中 TN、NO_3^--N、TOC 和 TS 含量逐渐升高，NH_4^+-N 变化起伏不定，TP 无明显变化。总体上，土壤中各营养元素含量较低，0~30 cm 处的土壤中，各元素平均含量：TN 为 419.37 mg/kg，NH_4^+-N 为 3.27 mg/kg，NO_3^--N 为 0.87 mg/kg，TOC 为 3.43 g/kg，TS 为 381.27 mg/kg，TP 为 500.86 mg/kg（于君宝等，2010）。

总体来说，黄河三角洲地区的土壤盐渍化现象较为严重，有机质含量较高，分布有明显的空间异质性。

5. 水文

黄河是流经三角洲地区最长、影响最深刻的河流，是黄河三角洲的生命线，是形成其独特生态环境的主导因素。黄河发源自青藏高原巴颜喀拉山北麓的约古宗列盆地，全长 5 464 km，流域面积约 752 443 km^2，被称为"母亲河"。黄河被认为是世界上泥沙含量最高的河流，在山东境内年总流量为 484 亿 m^3，入海口处年总流量为 380 亿 m^3，年平均输沙量为 10.49 亿 t，输沙量最大值和最小值相差 8.7 倍（赵延茂，

1997）。黄河的特点表现为水少沙多，径流量年际分配不均匀，主要集中在夏季，枯水期与丰水期径流量之比达到1:4.63（颜世强，2005）。黄河水的 pH 介于 8.0~8.3，属于弱碱性水；总硬度介于 2.16~5.57，属于弱硬水；矿化度为 0.58 g/L，全磷量介于 0.12%~0.15%，全钾量介于 1.0%~1.5%，全氮量介于 0.039%~0.074%，有机质含量介于 0.48%~0.76%。总体来说水质较好（赵延茂，1997）。

黄河三角洲地表水系除黄河外，还有淮河和海河，黄河以北属于海河流域，黄河以南属于淮河流域。小清河、支脉河、广利河、永丰河是淮河流域的主要河流，潮河、沾利河、马新河、挑河是海河流域的主要河流，多为东西走向（张翠，2016）。由于人类行为的过度干扰，除黄河外的大部分河流已遭受不同程度的污染，污染物主要是石油、镉和挥发酚（袁西龙等，2008）。该地区淡水资源主要来源于黄河，其他河流利用率较低。随着各项污染治理措施的推进，近年来，河流污染状况有明显改善。

地下水同样是黄河三角洲地区水循环的重要组成部分，表现出明显的埋深浅、矿化度高的特征，自西南向东北埋深变浅、矿化度升高（李胜男等，2008）。黄河三角洲地下水基本是松散岩类孔隙水，赋存于第四系上部冲积、海积层中，河积粉沙和潮汐沉积物是其主要赋存介质，分为咸水、微咸水、地下卤水及地下淡水透镜体（赵延茂等，1995）。地下水不仅是影响土壤盐渍化的主要因素，同时也影响着黄河三角洲湿地生态系统的演化（宋创业等，2016）。

地下水补给方式有降水、黄河径流补给、海洋潮汐等，排泄方式有蒸发蒸腾、向海输送、河道沟渠排泄等。近年来，随着黄河径流量不断减少，降水已成为影响地下水埋深的最主要方式。降水对地下水埋深的影响程度受多种因素的影响，如微地貌类型、土地利用类型、土壤质地等（从高到低依次排列），各因素之间表现出协同作用（张晨晨等，2020）。

除此之外，在海域方面，黄河三角洲海域为半封闭类型，渤海沿岸海底较为平坦，海水温度、盐度受季风气候和黄河径流影响较大（刘建涛，2018）。

6. 自然灾害

黄河三角洲受到陆地、海洋、河流等多种动力系统的共同作用，位于多种物质、能量体系的交界处（叶庆华等，2004）。由于其独特的地理位置，自然灾害频繁，整体上表现出易变性、不稳定性和脆弱性的特点。在我国各大河流中，黄河流域是发生严重自然灾害频率最高的流域之一，特别是黄河三角洲地区（江泽慧，1999）。对该区域环境和社会发展影响较大的自然灾害有：土壤盐渍化、风暴潮、干旱、洪涝、黄河断流等（郗金标等，2002）。

二、资源状况

黄河三角洲作为世界上面积增长最快的三角洲，保存着中国暖温带最广阔、最完整、最年轻的湿地生态系统。该地区主要的自然资源包括土地资源、生物资源、矿产资源，此外，气候、水沙资源等均较丰富，是我国最具发展潜力的地区之一。

1. 土地资源

黄河三角洲作为中国最后一个未大规模开发的大河三角洲，有良好的待开发条件，潜力巨大。该地区是我国东部沿海后备土地资源最多的地区，土地资源是其突出优势，目前有近 53 万 hm^2 的未利用土地，约占全省的 33%，人均未利用土地为 0.054 hm^2，高出东部沿海地区 45%，人均占地面积亦远远高于全省平均水平和我国东部沿海地区平均水平。该地区集中分布着大量未利用土地，其中盐碱地 18 万 hm^2，荒草地 98 666 hm^2，滩涂 14 万 hm^2。在填海造陆的影响下，陆地面积每年均保持增加的趋势，为工农业的发展奠定了良好的基础。海岸线近 900 km，浅海面积近 100 万 hm^2，是我国重要的海洋淡水渔业资源基地，有着得天独厚的条件来大规模发展生态种养殖业，培育生态农业产业链，发展生态旅游（国家发展和改革委员会，2009；白春礼，2020）。

合理利用土地资源是维护黄河三角洲地区生态环境安全、加快社会经济发展的重要基础。

2. 生物资源

黄河三角洲独特的区位条件孕育了大面积浅海滩涂和湿地，为保护黄河三角洲生态环境，国务院于1992年10月批准建立了山东黄河三角洲国家级自然保护区。该地区是我国面积最大、最完整的湿地自然保护区，是鸟类迁徙的重要停歇地和越冬栖息地，共有鸟类265种，每年有数百万只鸟类在此越冬繁殖，有着重要的科研价值和生态意义。在人为作用下，该地区湿地总面积不断增加，但天然湿地面积有逐渐减少的趋势。

该地区属于暖温带落叶阔叶林区，但由于土壤盐渍化，缺少地带性的落叶栎林，植被类型主要是由耐盐湿生植物形成的湿地植被。在保护区内能采集到393种野生植物，其中高等植物277种，国家二类保护濒危植物野大豆在此地也有广泛分布。除天然植被外，还有大量刺槐、白蜡、沙枣、紫穗槐等形成的人工植被。总体来说，该地区群落组成较为简单，无地带性植被类型，无明显经向、纬向分异现象（于君宝等，2010）。

该地区动物资源丰富，特别是珍稀鸟类资源。可在此观察到40种国家一、二级保护鸟类；世界上1/3的鹤种类均在此被发现，超半数的丹顶鹤栖息于此（董林水等，2018）；《中澳两国政府保护候鸟及栖息地协定》所涉的81种鸟类，在此可观察到其中的51种。水生动物繁多，在潮间带生活着多种浮游生物、软体动物等，有硅藻、金藻等浮游植物117种，软体动物108种，淡水鱼类108种，海洋鱼类85种（赵延茂，1997）。

3. 矿产资源

黄河三角洲地处济阳坳陷东北部，是一个大型复式石油、天然气富集区，渤海中也有丰富的油气资源，是我国重要的能源基地（许学工等，2020）。在山东省已探明的 81 种矿产中，黄河三角洲有 40 多种，石油储量达到 50 亿 t，天然气储量达到 2 300 亿 m³，页岩油约 40 亿 t。

世界石油勘探资料显示，在世界六大河口三角洲中，黄河三角洲拥有最多的石油储量。中国第二大油田——胜利油田产油量占全国 1/4 以上，位于黄河三角洲地区的济阳坳陷和浅海地区是胜利油田勘探的主战场。胜利油田自 1961 年投入开发以来，累积生产原油 12 亿 t（宋鑫等，2019）。2017 年，胜利油田原油产量为 2 342 万 t，天然气为 4.07 亿 m³。低渗油藏资源丰富，据 2020 年统计结果，探明地质储量为 12.67 万 t，控制储量为 3.02 万 t，其中未动用探明储量为 3.72 万 t（曹绪龙等，2020）。2020 年上半年新增探明石油地质储量 3 100 多万 t（王维东，2020）。

地热资源主要分布在以东营城区为中心的东营潜凹区、以河口–孤岛–仙河为中心的车镇潜凹区及垦利、广饶、利津等的部分地区，是全省地热资源最丰富的地区。黄河三角洲丰富的地热资源与其地质构造密切相关，地热水富集在孔隙–裂隙和岩溶–裂隙内，为中低温地热资源、温热水型（张建伟等，2011）。截至 2019 年，东营市已有 54 口开采地热井，总开采量达每年 1 034 万 m³，主要用于冬季供暖、洗浴、养殖等活动。地热资源为该地区带来了直接的经济效益，地热供暖所需成本仅占集中供暖的 50%~60%，在缓解能源紧张的同时还能带动旅游、休闲等第三产业的快速发展（曲万隆等，2019）。

丰富的盐卤资源使该地区成为我国最大的海盐和盐化基地。地下卤水静态储量约 135 亿 m³，岩盐储量达 5 900 亿 t。此外，还存在大量石膏、贝壳矿、金属矿产资源等。

黄河是黄河三角洲地区生产、生活的重要水源，黄河携带的大量泥沙可用来淤灌、淤背、放淤改土，成为该地区独特的资源优势。与此同时，该地区有着丰富的光热资源，能满足农业、水产养殖等多种经营的需要（许学工等，2020）。

除自然资源外，旅游资源同样丰富。黄河流域孕育了中华文明，在我国五千多年的历史长河中，有三千年是全国政治、经济、文化中心。黄河三角洲地区历史悠久，现已发现大量重要的古文化遗迹，如大汶口和龙山文化遗址、宋代大殿、丈八佛造像、醴泉寺等。北宋著名政治家范仲淹的读书洞、全国仅有的城堡式魏氏庄园等名胜也在此地区。其中，宋代大殿和魏氏庄园已被列为全国重点保护文物。黄河三角洲最具代表性的是以黄河入海风光为主体，以河、海、油三大优势为一体的旷野奇观。此外，黄河三角洲国家级自然保护区的生态环境独特，条件优越，是黄河三角洲地区一颗璀璨的明珠，2018 年接待游客 30.18 万人次，并保持逐年增加的趋势（东营市人民政府，2019）。可见，该地区有足够的资源发展为旅游胜地（田家怡等，1999c）。

三、社会经济状况

黄河三角洲地处京津冀经济区与山东半岛经济区的结合部、环渤海经济区与沿黄经济带的交汇点，西连中西部腹地，南至长江三角洲北部，东邻东北亚各国，地理条件十分优越，其发展受到国家的高度重视。国家在国民经济和社会发展规划中多次明确要求大力发展高效生态经济（陈琳等，2017）。黄河三角洲的开发要把经济建设、生态建设和社会发展结合起来，实现高质量发展。从"十五"规划以来，发展黄河三角洲高效生态经济一直被列入国家计划和规划纲要（杨红生等，2020）。2009 年 12 月 1 日，国务院正式通过了《黄河三角洲高效生态经济区发展规划》，要求形成以高效生态农业为基础、环境友好型工业为重点、现代服务业为支撑的高效生态产业体系，黄河三角洲地区的建设发展正式上升到国家层面；2011 年 4 月，国务院通过了《山东半岛蓝色经济区发展规划》。地处"蓝""黄"两大国家战略重叠地带，黄河三角洲地区的社会经济发展前景广阔，潜力巨大。

《黄河三角洲高效生态经济区发展规划》中的范围包括 19 个县（市、区），陆地面积 2.65 万 km²，分别是东营市，滨州市，潍坊市的寒亭区、寿光市、昌邑市，德州市的乐陵市和庆云县，淄博市的高青县和烟台市的莱州市。经过百余年的开发，黄河三角洲地区从以游垦为主的农业逐渐发展成以农、牧、渔业为主体的大农业生产基地。20 世纪 60 年代的石油勘探揭开了黄河三角洲新发展的序幕，随着时间的推移，过去产业结构单一的矿业城市逐渐发展了橡胶轮胎、盐化工、纺织服装等新的主导产业（许学工等，2020）。虽然现阶段与长江三角洲、珠江三角洲相比，比重较高的依旧是第一产业和第二产业，但第三产业比重正逐年增加（秦庆武，2016）。

黄河三角洲地区虽然有着丰富的土地资源，但耕地质量不高，整体上土壤含盐量较高，不利于种植业的发展。应将黄河三角洲农业的高质量发展融入整体规划，发展生态适应性农业，改变对盐碱地粗放开发的模式，发展盐碱地上高效、高质、高量的现代农业（白春礼，2020），遵循保护优先、因水制宜、深度融合、布局合理的发展理念与思路（杨红生等，2020）。

未来将以改造盐碱地向科学合理利用盐碱地发展，选育适应盐碱地生长的新种质，发展生态农业。

东营市是黄河三角洲地区的主要城市，海水养殖业飞速发展，先后经历了对虾、大闸蟹、海参等几大养殖高潮。1992~2011 年间，水产品总量增长了 9 倍（周鑫等，2015）。2000 年水产产量 27.3 万 t，年均递增 26.1%；产值 16.9 亿元，年均递增 25.1%。渔业产值占大农业产值的 22.4%，且比例在不断上升（孙习能等，2002）。

根据《东营年鉴（2019）》中的相关数据，2018 年东营市总产值达 4 152.47 亿元，同比增长 4.5%，保持平稳增长趋势。其中第一产业产值达 146.54 亿元，同比增长 2.2%；第二产业产值达 2 583.20 亿元，同比增长 3.4%；第三产业产值达 1 422.75 亿元，同比增长 6.8%。全市居民人均可支配收入为 37 586 元，同比增长 7.9%。其中城镇居民人均可支配收入为 47 912 元，农村居民人均可支配收入为 17 485 元（东营市人民政府，2019）。

在人口结构方面，黄河三角洲地区地广人稀，人口密度全省最低，人均 GDP 全省最高，人口密度呈现西南高、东北低的特点。人口主要是早期屯垦移民、石油工人及随迁家属和外来流动人口（许学工，1998；许学工等，2020）。2018 年末东营市总人口达到 217.21 万，其中城镇人口 149.86 万，约占总人口的 69%。

四、环境质量状况

随着经济的快速发展，黄河三角洲地区空气质量急剧恶化，细颗粒物污染事件频发，挥发性有机物的排放量增大，污染物含量有逐年升高的趋势（雒园园，2019）。对 2000~2003 年间黄河三角洲地区具有代表性的 8 个监测点的监测结果进行分析，结果表明该地区空气质量不符合《环境空气质量标准》中的一级标准，环境空气已受到污染，特别是 TSP 和 SO_2 污染（蔡学军等，2006）。2017 年黄河三角洲地区 PM2.5 年平均浓度为 63.16 $\mu g/m^3$，与世界卫生组织的空气质量规范存在一定的差距（王欣瑶等，2020）。

各种水环境质量同样不容乐观。黄河三角洲地区大大小小的河流中，只有黄河水质较为清洁，其余河流均遭受了不同程度的污染。受 SS 污染的河流占 68%；受 COD_{Cr} 污染的河流占 95%，最大值超标 87.30 倍；受 BOD_5 污染的河流占 84%，最大值超标 44.17 倍；受 $NH_3\text{-}N$ 污染的河流占 95%，最大值超标 76.54 倍；受石油污染的河流占 79%，最大值超标 15.60 倍；受挥发酚污染的河流占 47%；DO 不达标的河流占 32%；受重金属 Cd 污染的河流占 16%。11 座大、中、小型水库中，4 座重度污染，6 座轻度污染，1 座尚清洁，主要污染物是 COD_{Cr}、总氮、总磷。浅海湿地水环境中，SS、DO、COD_{Mn}、石油类等污染物均有不同程度的超标（蔡学军等，2006）。

此外，黄河三角洲地区湿地受重金属污染的形势也越来越严峻，具有显著生物毒性、多源性、隐蔽性、积累性和长期性的重金属对该地区动植物、人类及生态环境构成巨大的威胁（宋颖等，2018）。

第二节 黄河三角洲生物多样性研究历史

"生物多样性"一词由美国生物学家 R. F. Dasmann 于 1968 年在通俗读物《一个不同类型的国度》（*A Different Kind of Country*）中首次提出。1980 年，美国乔治梅森大学教授 Thomas Lovejoy 将"生物多样性（biodiversity）"一词引入科学领域。随着社会经济的发展、人类活动范围的增加和城市面积的扩大，生物多样性正面临着巨大的威胁，以比过去任何时期自然灭绝速率快 1 000 倍的速度锐减（Wilson, 1999；Foley et al., 2005）。生物多样性的减少逐渐成为世界各国共同关注的环境问题之一。

1992 年 6 月 5 日，在巴西里约热内卢举行的联合国环境与发展大会上通过了《生物多样性公约》，中国于 1992 年 6 月 11 日签署，该公约于 1993 年 12 月 29 日正式生效。截至 2004 年 2 月，已有 188 个国家签署此公约。《生物多样性公约》是一项有法律约束力的公约，旨在保护濒临灭绝的生物，最大限度地保护地球上的生物资源，造福当代和后代。公约中将生物多样性定义为"所有来源的活的生物体中的变异性，这些来源包括陆地、海洋和其他水生生态系统及其所构成的生态综合体；包括物种内、物种之间的生态系统的多样性"。2010 年，我国发布了《中国生物多样性保护战略和行动计划（2011~2030）》，规定生物多样性是指"生物（动物、植物、微生物）与环境形成的生态复合体以及与此相关的各种生态过程的总和"。

生物多样性一般被认为包括三个基本层次：遗传多样性、物种多样性和生态系统多样性。遗传多样性是生物多样性的内在形式，生态系统多样性是生物多样性的外在形式，物种多样性是生态系统多样性的基本单元。三者关系紧密，缺一不可（王晓强，2010）。

黄河三角洲地区生物资源丰富，是目前我国三大三角洲中唯一具有保护价值的原生植被地区，拥有地球上最完整、最广阔、最年轻的湿地生态系统，也是世界上生物多样性最丰富的地区之一（高晓奇等，2017）。在黄河三角洲地区湿地生态系统各项服务功能价值中，生物栖息地功能的价值量为 17.67 亿元，占全部价值的 11.27%（韩美，2012）。

20 世纪后期以来，黄河水沙资源减少，断流频发，湿地萎缩、生态功能退化、物种多样性衰减等生态环境问题随之而来（Cui et al., 2009）。随着工农业不断发展，人类干扰逐渐增多，天然湿地面积减少，部分生境出现受污染的群落特征，对该地区生物多样性造成了严重威胁。黄河三角洲生物多样性遭到破坏的主要表现是生态系统受到威胁，物种和遗传多样性受到损失等（田家怡等，1999c）。袁西龙等人（2008）在对黄河三角洲地区生态地质环境演化的研究中发现，由于人类开发活动的逐渐增多，该地区天然湿地受到越来越多的威胁，滨海生产力不断降低，优势种发生改变，一些物种甚至消失。因此，加强对黄河三角洲地区生物多样性的保护是一项迫在眉睫的工作，越来越多的学者将目光聚集在黄河三角洲地区。

1991 年，山东省将黄河三角洲的综合开发保护列入全省跨世纪工程。1992年 10 月，国务院批准建立了"山东黄河三角洲国家级自然保护区"，并定位为以保护湿地生态系统和珍稀濒危鸟类为主体的多功能湿地生态系统保护区。黄河三角洲国家级自然保护区总面积为 1 530 km²，占黄河三角洲面积的 1/5，是全国最大的河口三角洲自然保护区，拥有世界上典型的湿地生态系统。黄河三角洲的植被集中分布在保护区内，因此可以认为，保护区内的生物多样性基本可以代表黄河三角洲的生物多样性（李政海，2006）。湿地是生物多样性保护的重要场所（Chen et al., 2016）。1994 年，黄河三角洲地区资源开发与环境保护被列入《中国 21 世纪议程》优先项目计划（第一批）。同年 6 月 13 日，我国政府批准发布《中国生物多样性保护行动计划》，成为今后开展生物多样性保护工作的行动纲领。1995年，山东省环境保护局发布了"黄河三角洲生物多样性保护与可持续利用的研究"课题。2013年，黄河三角洲自然保护区加入"国际重要湿地"行列，2017年1月被山东省林业厅、山东电视台联合评为"山东最美湿地"，同年被列入《世界自然遗产预备名单》。2018年8月6日，山东省人民政府办公厅印发的《山东省打好自然保护区等突出生态问题整治攻坚战作战方案（2018~2020年）》中强调要加强生物多样性保护，开展黄河三角洲自然保护区生物多样性调查。2019年9月18日，习近平总书记在黄河流域生态保护和高质量发展座谈会上发表重要讲话，强调了黄河三角洲地区湿地生物多样性构成了我国重要的生态屏障，要做好保护工作，提高生物多样性。

生态系统有维持物种多样性及遗传多样性的功能（欧阳志云等，1999a）。郗金标等人（2002）发现黄河三角洲生态系统存在明显的区域分异，自海向陆依次分布着滩涂湿地、盐碱荒地和农耕地三个主要生态系统。Xia等人（2020）在1980~2015年间对保护区内生态系统服务功能的调查中发现，研究期内该地区的生物多样性保护有明显的改善。

一、植物多样性研究

周光裕等人在1956年对山东沾化区徒骇河东岸荒地群落类型、分布规律等进行了较为全面的研究，可以说是黄河三角洲地区最早的植被研究。随后，1993年由《山东大学学报（自然科学版）》出版的《黄河三角洲植被研究专辑》中，王仁卿、张治国等人总结了黄河三角洲地区近十年的主要植被类型、植被发生及演替规律、植物资源利用等资料，为后续对该地区的研究奠定了基础。专辑中记录到，黄河三角洲地区生长着近500种植物，其中药用植物约300种，并提出了充分保护和利用这些植物资源的重要性。贾文泽等人（2002a）在

1996~1998 年间在黄河三角洲地区鉴定出海洋浮游植物 116 种，隶属于 4 门 11 目 16 科；淡水浮游植物 291 种，隶属于 8 门 41 科 97 属，占中国淡水浮游植物的 26%；高等植物 608 种，隶属于 4 门 111 科 380 属，其中湿地高等植物 74 科 201 属 301 种，占总数的 49%。

不同的地貌、水文、土壤等条件造就了不同的植被类型，黄河三角洲地区主要的植被类型是灌丛和草甸，组成十分单调，群落结构单一，容易受到各种人为和自然力的破坏（余悦，2012）。对该地区植物多样性的研究既有宏观上对种群数量、形态的研究，也有微观上对遗传多样性的分析。

郭卫华（2001）通过等位酶标记，对黄河三角洲湿地芦苇种群的遗传多样性进行了一系列分析，发现芦苇群落具有较高的遗传变异水平，盐渍化生境和淡水生境中的种群在遗传上明显分开，芦苇种群的遗传多样性受多种因素的综合影响。宋百敏（2002）运用生态学的原理和方法，对黄河三角洲盐地碱蓬种群宏观上的数量动态及形态分化、微观上的遗传多样性进行了分析，发现微环境和种群内的基因流使该地区盐地碱蓬具有较高的遗传多样性，遗传多样性可以用形态多样性来粗略估计。Liu 等人（2021）调查了黄河三角洲普通芦苇在田间和园林中表现出的功能性状，发现其存在显著差异，可见芦苇种群可根据生境条件进行自然选择，河流通过水锚扩散和生境选择塑造了黄河三角洲常见芦苇的遗传多样性。

3S 技术具有宏观性、系统性、周期性、成本低等特点。随着该项技术的快速发展，它被越来越多地应用在区域动态研究上，是系统研究黄河三角洲动态变化的重要组成部分。宗美娟（2002）通过对黄河三角洲地区的主要植被进行数字化模拟，发现新生湿地上占主要地位的是草本植物，优势种明显，但物种多样性并不突出；植物区系成分带表现出过渡性特点，植被从沿海向内陆的分布有明显的演替现象。张高生（2008）运用 RS、GIS 对黄河三角洲地区 1977~2004 年近 30 年间的群落演替和植被动态进行了分析研究，发现现代黄河三角洲植物群落的自然演替属于原生演替，演替过程与土壤水盐动态关系密切，在无人为干扰的情况下，演替序列为裸地→盐地碱蓬（*Suaeda salsa*）→柽柳群落（*Tamarix chinensis*）→草甸，演替活跃区主要集中在北部、东部近海岸区和东南部黄河新淤出区域。吴大千（2010）同样运用 RS 和 GIS 技术系统地研究了黄河三角洲植被的空间格局，得出了基本相同的结论：土壤水分和盐分的交互作用是黄河三角洲植被环境关系的决定性要素，植被空间格局在大尺度上存在基于地形要素的水分再分配调控作用。

二、 动物多样性研究

黄河三角洲地区有着丰富的鸟类资源，一直是专家、学者关注的对象，是世界范围内研究鸟类，尤其是重点鸟类至关重要的地区。与此同时，当地也对生态环境和鸟类保护进行了广泛而深入的宣传教育（赵延茂，1997）。

从整体上看黄河流域鸟类的物种多样性，下游三角洲地区及邻近平原拥有较高的多样性。段菲等人（2020）通过收集 2009~2019 年黄河流域鸟类实地观测记录，总结得出：黄河流域共拥有鸟类 662 种，占中国鸟类物种总数的 45.81%，其中 121 种受威胁鸟类中，分别有 22 种和 73 种被列为国家 I 级和 II 级重点保护野生动物。这些受威胁的鸟类集中分布在黄河三角洲及邻近平原区。由此可见黄河三角洲地区在我国鸟类保护中的重要地位。除鸟类外，其余陆栖动物还有扁形动物 2 目 8 科 17 种、线形动物 2 目 18 科 38 种、环节动物的 3 种蚯蚓、软体动物 3 目 6 科 10 种、节肢动物 16 目 155 科 854 种、两栖动物 1 目 3 科 3 属 6 种和爬行类动物 3 目 5 科 8 属 12 种（贾文泽等，2002a）。

相比鸟类，对黄河流域鱼类的研究较少，存在较多有待发掘的基础信息。赵亚辉等（2020）对黄河流域的淡水鱼进行了研究，发现近几十年来，黄河鱼类多样性表现出显著下降的趋势，黄河中的鱼类只占中国淡水鱼类总种数的 8.9%。

与上游和中游相比，黄河三角洲所处的下游地区鱼类物种丰富，但特有物种和受威胁物种占比最低，多样性现状最差，这种情况与黄河的发展历史密切相关。

此外，田家怡等人（2001）在1995~1996年间对黄河三角洲地区土壤动物多样性进行了定性、定量调查，发现该地区土壤动物种类、数量与土壤成土年龄相关，新生淤地组成较为单一，夏季多样性较为丰富，与土壤均匀度成正相关，与单纯度成负相关。徐恺（2020）对黄河三角洲湿地大型底栖动物和土壤微生物群落进行了调查分析，发现在夏季和秋季，节肢动物门和软体动物门是该地区主要的大型底栖动物。不同季节对应不同生活方式的物种，夏季主要是钻蚀型和底埋型，秋季主要是底栖型和底埋型。李宝泉等人（2020）对黄河三角洲潮间带及近岸浅海区域大型底栖动物进行了深入的研究，在春、夏、秋三季的取样样品中发现了187种大型底栖动物，但其存在明显的时空差异。潮间带以软体动物、甲壳动物和多毛类动物为主，春季较多，夏秋两季较少；近岸浅海区域以甲壳动物、鱼类和软体类动物为主，鱼类物种数在不同季节变化较大。由于该区域环境因子的频繁变化，大型底栖动物群落的结构产生了较大的变化。贾文泽等人（2002a）在1996~1998年间对黄河三角洲地区海洋生物、淡水生物多样性进行了多次较为全面的调查。监测结果表明，淡水和海洋中的物种分布有着较大的差别，海洋中浮游动物79种，底栖动物222种；淡水中浮游动物144种，底栖动物69种。

三、微生物多样性研究

与黄河三角洲植被研究相比，有关微生物的研究起步较晚，但发展迅速。张明才（2000）发现黄河三角洲新生湿地上柽柳群落的土壤微生物中，放线菌数量相对其他土壤较多，真菌数量相对较少，总量较少，优势种明显。此外，他还发现土壤微生物数量随季节变化，与土壤中有机质成不显著正相关。氨态氮的含量影响着硝化细菌的数量，硝态氮的含量影响着反硝化细菌的数量。Wang等人

（2010）通过比较光板地与五种常见植物下根际微生物的数量、活性和多样性，发现微生物群落受季节、盐分含量的影响，盐分和数量、活性之间成显著负相关。余悦（2012）从功能多样性、结构多样性、遗传多样性三个方面对春、秋两季黄河三角洲湿地典型植被不同深度的土壤微生物多样性进行分析，发现随着植被的演替，春季各植物群落下不同土壤深度的细菌、真菌总量均表现出先减后增的趋势，秋季表现出逐渐增加的趋势；不同演替阶段的主要微生物群落结构不同，在海岸线垂直方向上有一定的空间分布规律。梁楠等人（2021）分析了盐地碱蓬和芦苇混生群落中土壤微生物多样性与粒径组成的关系，发现粉粒含量和微生物多样性显著相关，这可能是因为粉粒的增加改善了土壤的透气性，使微生物繁殖加快，多样性因此提高。Lu 等人（2021）通过模拟氮沉降发现土壤微生物对不同浓度氮的响应不尽相同，高沉降浓度虽使土壤中养分增加，但土壤微生物多样性却有所降低。Gao 等人（2021）研究了6个典型群落演替过程中土壤微生物群落的变化，结合土壤理化性质，发现土壤盐分、土壤有机碳和全氮是影响黄河三角洲土壤微生物多样性的主要因素，微生物丰度随正向演替而增加。

对微生物的研究不仅限于对其自身的数量、种类、分布规律的研究，越来越多的研究讨论了微生物与植物、动物的关系。植物群落与微生物群落多样性的关系是生态学研究的重要方面（Wardle et al., 2004）。余悦（2012）对微生物功能多样性的研究表明，在黄河三角洲原生演替过程中，随着植物群落的改变，微生物表现出规律的变化，生物量随植被演替的进行逐渐增加，反映了微生物利用土壤中碳源的能力逐渐提高，但微生物多样性没有明显改变。Li 等人（2021）在对植物、环境和微生物群落的研究中发现，土壤微生物多样性因地表植被的不同而有所差异，表现出正相关，土壤微生物结构的多样性明显高于植物内生菌。徐恺（2020）发现黄河三角洲大型底栖动物与微生物物种丰度之间存在着促进关系，且这种相互作用会影响不同生境间群落结构的多样性差异。土壤微生物的代谢活动能够促进土壤中营养元素的循环，进而影响大型底栖动物的群落结构，与此同时，大型底栖动物通过摄食、改变生活方式影响土壤的结构组成、营养状况，最终反作用到土壤微生物自身。

四、影响黄河三角洲生物多样性的因素

在对黄河三角洲地区生物多样性进行系统调查的基础上，对影响黄河三角洲地区生物多样性因素的研究逐渐增多。黄河含沙量的减少打破了泥沙淤积和海水侵蚀的平衡，土壤盐渍化加剧、肥力下降，出现逆向演替，导致湿地生物多样性下降（陈怡平等，2021）。曹越等人（2020）在基于三类分区框架对黄河流域生物多样性的研究中总结出栖息地丧失和退化、气候变化、污染、过度开发、不可持续利用和外来物种入侵是影响生物多样性的直接因素。

李政海等人（2006）通过 2003 年 9 月和 2004 年 10 月两次实地调查得出：黄河三角洲地区的生物多样性与其上游地区表现出相关性，河流对该区域生物多样性影响巨大，植被表现出结构简单、覆盖度低、抗盐抗旱的特点，重点保护动物种类多，具有重大的生物多样性保护意义。湿地退化会降低生物多样性，通过释放淡水来恢复退化湿地可以保持生物多样性并保持湿地生态环境健康（Yang et al., 2017）。

宗美娟（2002）认为，人为干扰和自然灾害是影响黄河三角洲植物的两大主要因素。20 世纪 50 年代后期，由于人们缺少对黄河三角洲的正确认识，过度放牧、开垦等行为造成了林地大面积减少，加剧了土壤盐渍化；海潮等自然灾害的发生使植被种类及数量发生了跳跃式变化，生物多样性遭到了破坏。石油开采及道路修建影响着水文连通性，破坏了湿地生态系统结构及功能，制约着生境完整性和生物多样性的维持（Hua et al., 2016）。芦康乐等人（2020）发现石油开采带来的生境破碎、石油污染等后果，导致黄河三角洲芦苇湿地底栖无脊椎动物的多样

性减少，群落稳定性下降。

徐恺（2020）在研究中发现，生境和季节对黄河三角洲大型底栖动物和土壤微生物群落结构均有显著影响。生境对两种动物的影响主要是植被盖度造成的。大型底栖动物的夏季总量显著高于秋季，但种类数、多样性却显著低于秋季；夏季土壤微生物的优势属为叶杆菌属（*Phyllobacterium*），秋季的优势菌为生氧光细菌门的细菌和 *Woeseia* 属，秋季多样性显著高于夏季。孙远等人（2020）对黄河流域被子植物和陆栖脊椎动物多样性的研究表明，环境异质性和气候是决定黄河流域物种丰度的主要因素，但人类活动对其造成的影响有待进一步研究。与流域其他地区相比，华北平原气候季节性变化大且环境异质性较低，因此被子植物丰度较低，陆栖脊椎动物的丰度处于中等水平。修玉娇等人（2021）研究了黄河三角洲底栖动物群落与环境的关系，发现底栖动物在潮汐区的生物量和丰度多于淡水补给区，群落结构和生物多样性有明显差异。可见，在对黄河流域生物多样性保护的过程中要充分考虑到不同生态系统和空间异质性（傅声雷，2020）。

此外，生物入侵也被认为是影响生物多样性的重要因素之一，外来生物可使本地物种灭绝，引发连锁型灭绝效应，严重降低生物多样性（殷万东等，2020）。孙工棋等人（2020）在对黄河流域湿地鸟类多样性保护的研究中得出，河流断流、入海水量减少、湿地退化、外来物种入侵等问题是影响下游三角洲地区鸟类种群多样性的主要因素，并提出了相应的保护措施，如做好下游河段治理和风险防控工作，加强水鸟栖息地管理等方法。

本章小结

本章通过自然地理、资源、社会经济、环境质量四个方面详细介绍了黄河三角洲区域的基本概况，这是生物多样性形成和维持的基础。黄河三角洲地处华北平原，蕴含丰富的土地、生物、矿产等资源，发展潜力巨大，但环境质量状况不容乐观。黄河三角洲是我国河口湿地的典型代表，生物多样性丰富，生态功能重要，研究其生物多样性及生态服务功能具有重要意义。本章对该地区的植物多样性、动物多样性及微生物多样性研究做了介绍，并总结了影响黄河三角洲生物多样性的主要因素。

（**本章执笔：王怡静、陈浩、王蕙、刘建**）

第二章
黄河三角洲
植物多样性研究

第一节 黄河三角洲植物物种多样性

　　黄河三角洲濒临渤海，气候为暖温带季风气候，但土壤多为盐渍土，加上人类活动影响强烈，因此以大面积的盐生草甸、柽柳（*Tamarix chinensis*）灌丛和零星分布的旱柳（*Salix matsudana*）林为主。植物区系组成也比较简单。据不完全统计，黄河三角洲地区的野生及半自然栽培维管植物共约 510 种，其中自然生长的种类有 380~400 种，其中绝大多数为草本植物。

一、黄河三角洲生态条件特征

　　黄河三角洲的气候属暖温带半湿润大陆性气候，冬季受西伯利亚冷空气影响，夏季受太平洋暖湿气流控制。气候特点是四季分明，春季干旱、多风、回暖快，夏季炎热、多雨，秋季凉爽、多晴天，冬季寒冷、少雪、干燥。属北方长日照地区，光能资源丰富，无论是光照强度还是光照长度都能满足植物生长发育的需要。气候温和，严寒酷暑时间较短，年平均气温为 12.1℃，地域间的差异不甚明显。降水年际变化大，季节分配不均，形成了"春旱、夏涝、晚秋又旱"的气候特点，平均降水量为 560~590 mm，地域分配无明显差异，但年际变化较大。黄河三角洲地区处在中朝古陆的华北地台上，主要受新华夏构造体系和北西向构造的控制，为中新生代断块—坳陷盆地，成土母质主要为黄河冲积物，土壤含盐量高，主要为潮土和盐土。地势大致由西南向东北倾斜，地貌类型大致可分为缓岗、河滩高地、缓平坡地、背河槽状洼地、河间浅平洼地、海滩地等类型，其中坡地和洼地占 70%~75%。黄河三角洲人为干扰相对较少，但在自然保护区外也有农业和石油化工生产。在综合生态影响下，形成了丰富多彩的生物多样性。

二、黄河三角洲植被物种组成的基本特征

　　黄河三角洲在中国植被分区中隶属于暖温带落叶阔叶林区域，暖温带北部落叶栎林亚地带，黄河、海河平原栽培区，地带性植被是落叶阔叶林（吴征镒，1980）。由于受黄河和近海的影响，黄河三角洲地下潜水矿化度为 30~50 g/L，土壤中盐分含量 0.6%~3.0%，甚至更高，这就限制了森林的形成。大面积分布的是以耐盐或适度耐盐的草本植物为主的盐生草甸植被和小面积的灌丛植被。前者如盐地碱蓬（*Suaeda salsa*）群落、獐毛（*Aeluropus sinensis*）群落、芦苇（*Phragmites australis*）群落（图 2-1），后者如柽柳（*Tamarix chinensis*）群落等，偶见自然生长的旱柳（*Salix matsudana*）林。

图 2-1　黄河三角洲芦苇群落

组成黄河三角洲植被的植物种类比较简单,目前已知的野生维管植物种类约380~400 种。区系成分以各种温带成分为主。生活型组成上,地面芽、地下芽及二年生植物占优势。这也从侧面反映出这一地区冬季较为寒冷和土壤盐渍化的特征。

黄河三角洲植被的另一个重要特征是原生性,由于黄河三角洲成陆时间短,在许多地方,特别是在黄河口和近海地区,植被基本上是自然状态。这对于植被动态及植被保护与恢复的研究是极其难得的。

黄河三角洲植被又具有脆弱性,这是由于黄河三角洲地区受近海影响大,地下水位浅,矿化度高。天然植被一旦被破坏,次生盐渍化速度极快,并且恢复原有的类型相当困难。如 20 世纪 50 年代初,黄河三角洲有天然的旱柳林和大面积柽柳林,但目前天然旱柳林在孤岛等地已不复存在,柽柳林的面积也大大减少。另一个重要群落——白茅(*Imperata cylindrica*)群落在 20 世纪五六十年代也曾大面积分布,目前分布范围也很小(李兴东,1989),而耐盐的盐地碱蓬(黄须菜)群落和次生裸地却大面积增加。

三、黄河三角洲的植物资源

黄河三角洲是一个新生的湿地生态系统,其植物资源具有以下特点:一是年轻性,各种植物资源处于产生、发展的最初阶段;二是发展的频繁性,黄河三角洲的陆地面积仍以每年 3 240 hm² 的速度增加,加上充沛的淡水资源和适宜的环境条件,黄河三角洲的植物资源也不断地由陆地向海岸方向发展,各种植物群落之间的产生、发展、演替频繁;三是自然性,黄河三角洲内人类干扰相对较少,各种植物资源的产生、发展和演替基本上在自然状态下进行。

黄河三角洲是中国著名的三大三角洲之一,区内的自然植被资源是地区开发的一大优势。不少学者对黄河三角洲的植被类型、生产力、动态变化等方面进行了研究(谷奉天,1986;李兴东,1992;鲁开宏,1988)。本文在大量野外调查工作的基础上,对黄河三角洲的植物区系进行了较为全面、详细的分析,同时也为更好地保护、开发及利用该地区的植物资源提供了科学依据和具体资料。

根据调查统计，黄河三角洲常见的自然或半自然维管植物有510种，隶属于83科。其中蕨类和裸子植物很少，被子植物占黄河三角洲植物总数的96.47%，说明被子植物在黄河三角洲植物区系中起着主导作用。

在黄河三角洲的植物区系中，比较大的科有4个。最大的禾本科（Poaceae）有49种，其他依次是菊科（Asteraceae）43种、豆科（Fabaceae）41种、唇形科（Lamiaceae）24种。这4个科虽仅占黄河三角洲总科数的4.82%，种数却占30.78%，是黄河三角洲植物区系中最主要的成分。需要指出的是，藜科（Chenopodiaceae）植物有16种，尽管种数少于上述4个科，但多数是耐盐种类，其中有的是主要的建群种，如盐地碱蓬等，在黄河三角洲植被中占据特殊的地位，起着重要的作用。

（一）黄河三角洲的耐盐植物

黄河三角洲广泛分布着盐生草甸和灌丛植被，优势种和建群种是各种耐盐的植物种类，其中有些种类具有耐盐性强和经济价值较大的特点，利用这些野生种类改良盐荒地，是黄河三角洲盐荒地开发的重要途径之一。

多年来，国内许多单位的专家学者都试图在这一地区探索一条改造利用盐碱地的有效途径，但迄今为止还没有找到较为合适的措施和办法。究其原因有以下几方面：第一，以往的研究多从工程措施考虑，如水利工程、农田建设工程等，这些工程往往受自然因素的限制较大，例如，搞稻改，充足的供水是关键，但从目前看，保证供水还难以实现。第二，在利用植物改造盐碱地方面，以往过多地考虑从外地引进新的耐盐种类，忽视了本地的适生种类，结果造成初期引种成功、后期推广失败的状况。第三，重视试点，忽视推广。在过去的工作中，有关部门抓了很多试点，积累了很多成功的经验，但在后期的推广中却缺乏强有力的领导和具体的措施，导致推广不下去，使许多工作半途而废。因此，探索选育适宜的耐盐植物，利用好盐碱地是最佳途径。

利用本地产的野生植物进行盐碱地改良有许多优点（张治国等，1993a）：一是本地植物适应性强，容易引种成功；二是从本地采收种植植物花费少，这对于尚处于贫困落后而又多盐碱地的地区来讲更为实用和经济；三是对本地野生植物的习性很好掌握，容易引种栽培成功，不必再做更多的和长期的探索性试验工作。

（二）黄河三角洲的资源植物

黄河三角洲的植物种类虽然不丰富，但资源植物类型较为多样，包括药用、油脂、纤维、花卉、蜜源植物等多种类型。按照经济用途，黄河三角洲的资源植物主要有以下 5 种类型：药用植物、油脂植物、纤维植物、花卉植物和蜜源植物。这些资源植物的蕴藏量较大，具有较广阔的开发前景。合理利用和开发这些资源植物，对于三角洲的经济发展具有重要意义（中国科学院生物多样性委员会，1993）。

1. 药用植物资源

根据资料，黄河三角洲的药用植物约有 300 种，其中栽培种类近 100 种，野生种类 200 多种。在野生种类中较常见且较重要者约占 1/3。

黄河三角洲的天然木本植物种类较少，能作为药用的更少，较常见的和重要的有柽柳、白茅、枸杞、单叶蔓荆、酸枣等。其中白茅、枸杞和单叶蔓荆有较大的开发利用前景。

黄河三角洲的药用植物主要是草本类型，蕴藏量较大的约 100 种，较重要的有草麻黄、甘草、茵陈蒿、罗布麻、白茅、补血草、二色补血草、少花米口袋、野大豆、节节草、车前、刺儿菜、蒲公英、苍耳等。其中具有较大开发前景的是草麻黄、甘草、茵陈蒿、罗布麻、白茅、车前等。

2. 油脂植物

油脂植物既是人们日常生活的必需品，也是重要的工业原料。除食用外，还广泛用于医药、食品、造纸、化工、橡胶、塑料等方面。如有的植物油脂可以用作各种润滑剂，有的则含有大量的不饱和脂肪酸，是理想的保健用油。

黄河三角洲油脂植物开发潜力较大的主要为盐地碱蓬，其植株和种子含油率较高。据分析，盐地碱蓬籽实毛样含油 22.43%，净干样含油 28.49%。其油可供食用、制肥皂或作为油漆原料。初步调查统计，在盐地碱蓬分布集中区每亩（1 亩约为 666.7m^2）可产籽实 100~200 kg，开发利用前景极为广阔。

3. 纤维植物

纤维植物是另一类重要的资源植物，是造纸、纺织、编织等的主要原料。黄河三角洲纤维植物种类以禾本科为主，特别是禾本科的芦苇产量很高，是造纸的优良原料，但目前多用于编织，未被很好地利用。罗布麻（*Apocynum venetum*）既是较好的药用植物，也是著名的纤维植物，其纤维质量很高，可用来纺织高级衣料、制造高级纸张和高级化学纤维，也可用来做水龙带、渔网线、机器传动带等。其主要分布于滨海荒地和河滩砂质土上，耐轻度盐碱，可以在低度盐硼地区大面积引种栽培，是很有开发前景的野生经济植物。另外有拂子茅（*Calamagrostis epigeios*）、荻（*Miscanthus sacchariflorus*）（图 2-2）等较好的种类。

图2-2　黄河三角洲荻群落

4. 野生花卉植物

野生花卉往往具有较强的抗逆性和适应能力，又具有很高的观赏价值。因此，近年来人们十分重视野生花卉资源的开发工作。黄河三角洲野生花卉资源较为丰富，据初步统计，观赏价值较高的就有几十种，其中补血草具有较大利用价值，它的膜质花萼可长期保持天然的独特颜色，民间形象地称之为"干枝梅"，装饰和观赏价值较大，可作为插花类花卉。

5. 蜜源植物

蜂蜜中含有大量人体所必需的营养物质，蜂蜜、蜂蜡、蜂乳等还是食品、医药、电讯、纺织、国防等方面的重要原料。蜜源是养蜂业不可缺少的基础，蜜蜂依赖蜜源生存，而蜜源植物则是蜜源供给的物质基础。

黄河三角洲蜜源植物种类较丰富，为养蜂业提供了优良的资源，来自安徽、浙江、河南、江苏和本省的蜂农逐年增加。较重要的有枣（*Ziziphus jujubar*）、刺槐（*Robinia pseudoacacia*）、水蓼（*Polygonum hydropiper*）、刺儿菜（*Cirsium arvense*）、益母草（*Leonurus japonicus*）、打碗花（*Calystegia hederacea*）、地黄（*Rehmannia glutinosa*）、紫花地丁（*Viola philippica*）等。

黄河三角洲具有比较丰富的资源植物，开发潜力很大，只要经过合理的开发利用，资源植物所产生的经济效益将是巨大的。一方面需继续加强调查，进行定量和定性研究，以确定开发的种类和方向；另一方面需在深加工、综合利用等方面开展研究，使资源植物在深加工中增值，这样既充分利用了资源，又提高了效益。为使资源能够持续利用，需注意资源的保护问题。

（三）黄河三角洲的稀有濒危植物

根据目前的资料，黄河三角洲的稀有濒危植物约有 20 种，现将其中 7 种较为重要的种类的生物学特性及保护价值描述如下（王仁卿等，1993a）。

1. 野大豆（*Glycine soja*）（豆科 Fabaceae）

形态特征： 一年生草本。茎纤细，全株被黄色长硬毛。三出复叶互生，顶生小叶呈卵状披针形或卵形，侧生小叶呈扁卵状披针形或扁卵形。花常 2 朵腋生；花萼呈钟状，5 齿裂，上唇 2 齿裂合生；花冠紫红色。荚果短形，略弯，长 2~3 cm，密生黄色长硬毛。种子 2~4 粒，呈椭圆形或肾形，微扁，黑色。花期为 7~8 月，果期为 8~10 月。

分布与生境： 在我国分布较广，喜水耐湿。多生于海拔 300~1300 m 间的山野及河流沿岸、湿草地、湖边、沼泽附近或灌丛中，稀见于林内和风沙干旱的沙荒地。在黄河三角洲主产于沾化、垦利、无棣、广饶等地，生于轻度盐碱土上。野大豆具有耐盐碱、抗寒等特点，在土壤 pH 9.18~9.23 的盐碱地上生长良好，在 −41℃的低温下能越冬。

保护价值： 本种具耐盐碱、抗寒、抗病等许多优良性状，与大豆是近缘，是大豆育种的重要种质资源。其种子营养价值高，茎叶是良好的牧草，已被列为国家三级重点保护野生植物。

保护措施： 野大豆有较强的适应力、抗逆性和繁殖力，时常与芦苇、白茅共生。只有植被遭严重破坏时才难以生存。所以应保留一定面积的适于野大豆生长的草地，供其生存、繁衍。

2. 蒙古黄芪（*Astragalus mongholicus*）（豆科 Fabaceae）

形态特征： 多年生草本。主根肥大，呈棒状，长而直，外表为淡褐色。茎直立，高 60~150 cm。单数羽状复叶，互生，小叶 15~30 片，呈椭圆形或长卵圆形，顶端急尖或呈圆形，全缘，表面光滑或被疏毛，背面多少被白色长柔毛。总状花序腋生；萼呈钟状，有 5 片短萼齿；花冠呈黄白色，蝶形；雄蕊 10 枚，二体。荚果膜质，膨胀，顶端具刺尖，有黑色短柔毛。种子 5~6 粒，呈肾形，黑色。花期为 6~7 月，果期为 8~9 月。

分布与生境： 在沾化、垦利、无棣等地均天然分布，其形态不同于近年引进种，株形小，叶片窄狭，可视为当地野生原种。黄苗系中旱生植物，根系发达，可吸收深层水分，有较强的抗盐、抗风沙的特性。它是一种优质牧草，营养期茎叶含蛋白质 15% 左右。它还是一种优质绿肥，根瘤多，固氮能力强。因生物量大，也是良好的薪柴植物。

保护价值： 为常用名贵中药材，已被列为国家三级重点保护野生植物。因抗逆性强，可用于盐碱地和贝砂岛的水土保持，还可用作牧草、绿肥、薪柴和蜜源植物。

保护措施： 为防止其灭绝，建议药材收购部门定量收购，并向群众大力宣传，在采挖时注意保护幼苗，对成长中的植株应适当保留，以利繁殖和持续利用。同时提倡人工种植、集约经营。

3. 二色补血草（*Limonium biocolor*）（白花丹科 Plumbaginaceae）

形态特征： 多年生草本植物，全株无毛。叶通常基生；花序呈伞房状或圆锥状，花序轴常单生，几无不育枝，穗状花序有柄至无柄；外苞长 3.5~4.5 mm，呈倒卵形；萼长 7~8 mm，呈漏斗状，裂片宽短而先端圆；花冠淡紫色。花期为 5~7 月，果期为 6~8 月。

分布与生境： 生于滨海沙滩上，零星见于无棣、沾化、垦利等地。

保护价值： 本种为稀有种。在我国仅分布于山东、辽宁等省的沿海地区。其花序大，花萼呈红色，膜质宿存，具很高的观赏价值。已被列为国家三级重点保护野生植物。

保护措施： 迁移部分植株至自然保护区，实行迁地保护；禁止采挖；人工种植，使其数量扩大。

4. 草麻黄（*Ephedra sinica*）（麻黄科 Ephedraceae）

形态特征： 多年生草本状小灌木，高 20~40 cm。根状茎木质化，肥厚，屈曲，呈黄褐色。小枝细长，丛生，多分枝，节部明显，叶对生膜质鳞片状，基部稍连合抱茎。球花雌雄异株。雄球花 3~5 朵集成复穗状，雌球花单生枝端。种子 2 粒，呈坚果状，黑褐色，包于红色肉质苞片内。

分布与生境： 分布于无棣、利津沿海贝砂岛和海滩上。喜干燥气候，耐旱。由于叶退化为鳞片状，在极度缺水的条件下亦可生长，为黄河三角洲两种天然裸子植物之一。

保护价值： 本种是重要的药用植物，也是提取麻黄素的主要原料。麻黄科植物在研究裸子植物与被子植物亲缘关系方面也有重要意义。本种已被列入国家级药用保护植物名录。

保护措施： 禁止采挖野生资源，采取人工种植方式，以满足市场需求。

5. 单叶蔓荆（*Vitex rotundifolia*）（唇形科 Lamiaceae）

形态特征： 落叶灌木，主茎匍匐地面生长，生不定根；幼枝呈四棱形，老枝变圆，单叶对生，叶片呈倒卵形至椭圆形。圆锥花序顶生，花冠呈淡紫色，雄蕊 4 枚，雌蕊 1 枚；浆果状核果呈球形，成熟后呈黑色。

分布与生境： 生于无棣、沾化等地的海滨沙滩上。性喜湿润，具一定耐寒、耐盐碱特性。生不定根繁衍，匍匐延展，可交成网状。

保护价值： 本种为重要的药用植物，叶、果均可入药，又可提取芳香油。其根系发达，为海岸防沙固堤的优良植物。已被列入国家级药用保护植物名录。

保护措施： 目前该种类主要分布在近陆的贝砂岛上，遭到破坏的主要原因是大量采挖贝壳砂，因而首先应制止大量采挖贝壳砂的做法。只要贝砂岛在，该种的保护一般不成问题。

6. 甘草（*Glycyrrhiza uralensis*）（豆科 Fabaceae）

形态特征： 多年生草本植物，高 30~70 cm。直根粗而长，有甜味。茎直立，稍木质化。奇数羽状复叶互生，两面有短毛和腺体。总状花序腋生，花冠呈蝶形，蓝紫色。荚果呈长圆柱形或弯曲成环状，褐色，密被刺毛状腺体。

分布与生境： 分布于无棣、沾化、利津等地河岸的砂质土壤及海边沙滩，是一种多年生根蘖型植物，喜干燥栗钙土和碱性砂壤土。甘草是中旱生植物，生态幅度很广。在黄河三角洲的海岛上，常与草麻黄伴生，组成甘草 + 草麻黄群落，有时也与虎尾草混生。

保护价值： 该种是重要的药用植物。根入药，能补气健脾、润肺止咳、清热解毒，并可调和诸药。近年用来生产甜味素，比砂糖甜 100~150 倍。幼茎叶含丰富蛋白质，可作饲料。已被列入国家级药用保护植物名录。

保护措施： 目前野生甘草已不多见，对较集中分布的地区最好划出一定面积作为保护区，防止野生种类绝迹。

7. 小果白刺（*Nitraria sibirica*）（白刺科 Nitrariaceae）

形态特征： 多年生小灌木，高不到 1 m，多匍匐生长。叶常聚生成簇，呈倒卵状，全缘，肉质。花序顶生，呈蝎尾状，花黄色。果为圆锥状球形，熟时紫红色，果肉味甜。

分布与生境： 各种盐碱地及海岛都有分布，有时还构成纯群丛。该种是我国寒温和温带气候区的盐土或盐碱土的指示植物。在土壤 pH 为 7.0~8.5、土壤盐分在 1.0% 以上时可正常生长，多生长于排水良好的较高处。

保护价值： 本种根系发达，耐盐性强，能在沙地上匍匐生长，有改盐、防风、固沙的作用。其果实酸甜可食，可制作饮料，亦可入药，开发价值高。由于野生数量稀少，应加以保护。

保护措施： 小果白刺目前多零星分布，成片的不多，保护难度较大。可选取较集中的片段加以保护，同时扩大人工种植面积。

第二节　黄河三角洲植物群落多样性

影响黄河三角洲植被的生态因子包括气候、土壤、地形、生物入侵、人为活动等（宋红丽等，2019；武亚楠等，2020；殷万东等，2020），其中起主要作用的是土壤条件，特别是土壤中的水盐动态（安乐生等，2017），土壤氮磷供应也会影响植物群落的结构和物种多样性（刘晓玲等，2018）。由于潜水矿化度高，土壤易盐渍化，从而限制了森林植被在该地区的形成。受土壤条件特别是水盐动态的影响，各种盐生灌丛、草甸、沼泽植物群落在区内广泛分布。王仁卿等人结合中国植被的分类原则（1993e）将黄河三角洲天然植被分为落叶阔叶林、灌丛、草甸、砂生植被、沼泽植被和水生植被6个植被型、18个群系和32个常见群丛（植物群落）。其中，灌丛和草甸分布面积最广，沼泽植被和水生植被主要分布在季节性或永久性积水的湿地生境中，砂生植被在黄河三角洲只是零星分布。此外，天然分布的旱柳林在新黄河口附近也有分布。这里重点介绍林地、灌丛、草甸、沼泽植被和水生植被。

一、落叶阔叶林

黄河三角洲在中国植被区划上属于暖温带落叶阔叶林区域，但由于土壤盐分高和地下水矿化度高的原因，黄河三角洲缺少真正意义的森林植被，只有零星分布的或条块状分布的旱柳林，以及人工栽培而成的刺槐林等。它们都属于落叶阔叶林，其中旱柳林具有湿生性质。

旱柳林（Form. *Salix matsudana*）是典型的落叶阔叶林。建群种旱柳是华北、西北地区平原地区常见的乡土树种。在黄河三角洲的黄河故道、新黄河口河滩等地有零星分布的旱柳林。据文献记载，孤岛一带20世纪50年代还有成片的旱柳林，但目前已不见，只有零星分布或种植。在黄河三角洲的黄河故道和新黄河入海口的河两岸，分布着面积较大的天然旱柳林，最多时达到 4 000 hm²。黄河沿岸的旱柳林大多是人工栽植而成，用于护岸，也是黄河流域绿色生态廊道的主要林分。林下土壤多为轻壤土至黏土。

刺槐林（Form. *Robinia pseudoacacia*）是黄河三角洲面积最大的落叶林，全部为人工林，偶有割刈后萌生的灌丛状植株。由于土壤盐分和黄河来水的影响，刺槐林主要栽培在黄河故道两侧、海拔较高、盐分在 0.3%~0.6% 的土壤上。黄河三角洲的孤岛一带有大片的刺槐林，约 6 700 hm²，人称"万亩刺槐林"，成为当地独具特色的旅游景点。同时，刺槐林作为蜜源植物，吸引了全国各地的蜂农来黄河三角洲放蜂。其他还有杨林、白蜡林等人工栽培类型。

二、灌丛

灌丛主要是以柽柳为优势种的盐生灌丛。群落下的土壤以滨海盐土为主，土壤含盐量一般在 0.7% 以上。组成柽柳灌丛的植物种类极为贫乏，除优势种柽柳外，还时常伴有盐地碱蓬、白茅、獐毛、芦苇等几种耐盐的植物。群落的结构较简单，可划分为灌木层和草本层两个层次。在垦利、利津等地有大片天然柽柳林，覆盖度超过 40% 的面积约 2.7 万 hm²，为黄河三角洲面积最大的天然灌丛，一般作为编条林或薪炭林经营。天然柽柳灌丛在区内盐碱地上多呈块状或带状分布，疏密不均，林相不整。

柽柳灌丛主要分布于滨海区，范围较大。多见于渤海湾沿岸海拔 1.8~3.0 m 的范围内。生境土壤常为沙壤土，含盐量为 0.7%~1.5%。组成群落的植物种类较为贫乏，多为本区盐生草甸的常见种，如盐地碱蓬、碱蓬（*Suaeda glauca*）、猪毛菜（*Salsola collina*）、獐毛、芦苇、白茅等。随距海远近和土壤含盐量的高低，这些植物的分布也有不同：土壤含盐量为 1.0%~3.0%，质地围沙壤时，碱蓬出现频度达 70%；土壤含盐量为 0.76%~0.93% 时，则獐毛占优势；土壤含盐量为 0.6% 左右，芦苇、茵陈蒿占优势；土壤含盐量在 0.5% 以下，以白茅、芦苇为优势群种。群落的盖度一般为 30%~60%，偶有 70% 以上，盖度大小也受土壤盐分和水分的制约。群落高度一般为

1.2~1.5 m，最大可达 2.0~3.0 m。

柽柳的抗盐碱能力很强，一般柽柳插穗在含盐量为 0.7% 的盐碱地中能够正常发芽生长，带根的苗木能在含盐量为 0.8% 的盐碱地上生长，成年植株能耐 1.2% 的重盐土。柽柳是泌盐植物，其根能使盐分透过，再从枝叶分泌出来，因而是一种能在含盐量 0.5% 以上的土壤中生长的优良经济灌木。柽柳花期长，是良好的蜜源植物，并有观赏价值。柽柳枝条坚韧，有弹性，能用来编筐篓，且为较好的薪炭材。黄河三角洲的柽柳林为山东省面积最大的天然原生性灌丛之一（图 2-3），目前破坏严重，应注意保护和管理，在可能的条件下，建议划出一定面积作为保护区。

图 2-3　黄河三角洲柽柳灌丛群落

三、草甸

受土壤盐分的影响，黄河三角洲草甸植被主要为盐生草甸。除具有一般草甸的群落学特征之外，黄河三角洲草甸植被还具有以下特点：

● 群落种类组成较为贫乏，多为单优群落；

● 建群种和优势种为耐盐植物或泌盐植物，植物的解剖结构往往具有旱生植物的特征；

● 群落的分布及生长状况同土壤的水盐动态有密切的联系，往往受到土壤中可利用水的制约；

●某些群落的外貌较为华丽，季相变化也比较明显；

●草层一般不是很高，群落的垂直结构较为简单；

●草甸的生产力不高，缺乏适口性强的牧草。

常见的草甸群落类型有獐毛草甸、芦苇草甸、白茅草甸、茵陈蒿草甸、荻（*Triarrhena sacchariflora*）草甸、盐地碱蓬草甸、罗布麻草甸、补血草草甸、蒙古鸦葱（*Scorzonera mongolica*）草甸、野大豆草甸等。

1. 獐毛草甸

獐毛草甸以獐毛为优势种，伴生盐地碱蓬、芦苇、茵陈蒿、蒙古鸦葱等。群落下土壤含盐量在 0.5%~1.0% 的范围内，其中獐毛 + 盐地碱蓬群落的土壤盐分最高，其次为獐毛 + 海州蒿（*Artemisia fauriei*）+ 蒙古鸦葱群落和獐毛群落的土壤，而獐毛 + 芦苇群落的土壤含盐量最低。

群落的外貌季相明显：初春，由于上一年枯立物的存在，群落呈灰色；五六月份群落开始转绿呈灰绿色；到了 8 月份，群落中的獐毛到了盛花期，花序呈褐色，使得整个群落外貌由褐色的穗子和深绿色的叶层组成；9 月，芦苇及其他杂类草生长旺盛，此时生长较矮的獐毛常被掩盖，以芦苇的暗棕色花序及盐地碱蓬的红色为主要色调，构成群落的另一季相。

组成群落的植物种类较为简单，群落总盖度为 30%~70%，高度为 30~50 cm，可分为 2 个层次或 3~4 个层片。群落的上层高 40~50 cm，主要由稀疏的芦苇及盐地碱蓬组成，层盖度为 10%~30%；下层高 20~30 cm，獐毛为该层的优势种，层盖度为 30%~60%，还有莲座状的补血草及蒿属的几种植物。

2. 芦苇草甸

芦苇草甸（图 2-4）以芦苇为优势种，伴生荻、白茅、野大豆、萝藦、蒙古鸦葱、荆三棱（*Bolboschoenus yagara*）、结缕草（*Zoysia japonica*）等。芦苇草甸常在河流、沼泽边缘呈条带状分布，或在滨海湿地成片分布。由于地下水位较高，加上雨季水位上升，草甸内常有短期或长期积水。分布在较干旱地段或受海潮侵袭的高盐湿地的芦苇草甸生长得较为低矮，民间常常称之为"芦草"或"矮茎芦苇"，以此与高大的沼泽芦苇相区分。干旱高盐生境下的伴生种类常有獐毛、盐地碱蓬、蒿类等，有些地方还可同结缕草及一些杂类草组成群落。所以，芦苇草甸又可以划分为芦苇群落、芦苇+白茅群落、芦苇+獐毛群落、芦苇+结缕草群落等。

图 2-4　黄河三角洲芦苇草甸

以东营市垦利区一带的芦苇草甸为例，该群落主要分布于海拔 2.0 m 左右的低洼地，土壤含盐量约 0.4%。群落季相鲜明：初春，由于上一年枯立物的存在，群落呈灰色；5 月份，群落开始转绿呈绿色；到了 8 月份，群落中的白茅到了盛花期，花序呈白色，整个群落外貌由白色的穗子和深绿色的叶层组成；9 月，芦苇及其他杂类草生长旺盛，以芦苇的淡紫红色花序为主要色调。

组成芦苇草甸的植物种类较为丰富，在统计的 8 个 1 m² 样方中共出现 11 种，平均每个样方出现 9 种，各样地种数变动范围在 6~10 种之间。这些种类绝大多数不是真盐生植物。群落总盖度为 30%~70%，较为均匀。结构上大体可分为两个草层，但层次界限并不十分明显。群落的上层高 50~80 cm，个别芦苇的花序可达 160 cm，主要由芦苇组成，层盖度为 55% 以上；下层高 40~60 cm，层盖度为 25% 左右，仍以低矮的芦苇为本层的优势种，还有数量较多的白茅分布其间。群落下土壤的有机质含量较高。

3. 白茅草甸

白茅草甸以白茅为建群种，常常形成单优群落，伴生芦苇、野大豆等。该群落主要分布于土壤含盐量低、地下水位高但不积水的地段，因而具有中生性特征。组成群落的植物种类较为丰富，有 4~8 种，绝大多数不是真盐生植物。

以东营市垦利区一带的白茅群落为例，该群落主要分布于海拔 3.0 m 左右的缓平坡地。群落季相鲜明：初春，由于上一年枯立物的存在，群落呈褐色；4 月末，群落开始转绿呈草绿色；到了 8 月份，群落中的白茅到了盛花期，花序呈白色，整个群落外貌由白色的花序和深绿色的叶层组成；10 月末，群落开始枯死。

群落高度为 20~40 cm，个别芦苇的花序可达 160 cm。群落总盖度为 50%~90%，较为均匀。大体可分为两个草层，但层次界限并不十分明显。群落的上层高 50~90 cm，主要由稀疏的芦苇组成，层盖度为 15% 左右。下层高 30~50 cm，白茅为该层的优势种，层盖度为 50%~80%。草层下的枯落物较为丰富，表明群落下土壤的有机质含量较高。

4. 茵陈蒿草甸

茵陈蒿草甸为发育在弃荒地中的次生类型，除优势种茵陈蒿外，还可以同白茅和一些一年生的植物构成群落。常见的群落类型有茵陈蒿群落、茵陈蒿 + 白茅群落、茵陈蒿 + 狗尾草群落。

以东营市河口区一带的茵陈蒿草甸为例，该群落主要分布于海拔 3.0 m 左右的缓平坡地，土壤含盐量为 0.5%~0.8%。外貌上该群落的季节变化也较为明显：初春，茵陈蒿刚刚萌发，其幼叶为银灰色，因而整个群落呈银灰色；五六月份，群落开始转绿呈浅绿色；到了 8 月份，群落中的茵陈蒿到了生长旺盛期，整个群落外貌呈深绿色，整齐单一；9~10 月下旬，茵陈蒿开始枯死，群落由绿色渐渐变为灰色，构成群落的冬季季相。

组成群落的植物有 2~7 种。群落总盖度为 60%~90%，群落高度为 25~35 cm，仅有一个草层，茵陈蒿为该群落的单一优势种，其次还有补血草、獐毛和几种一年生的植物。

5. 荻草甸

荻草甸是典型草甸，分布于新旧黄河口平坦地带湿润肥沃的土壤上。群落优势种明显，通常形成荻单优群落。典型的荻草甸主要见于大汶流保护站入口正东的路边，是单优群落。在其他土壤湿润地段，种类组成较丰富，除荻外，还有野大豆、白茅、鹅绒藤、罗布麻、芦苇、节节草等。在大汶流保护站区域，荻常与旱柳伴生，经常是旱柳林下的优势草本，形成高草层。

6. 盐地碱蓬草甸

盐地碱蓬草甸是以盐地碱蓬为优势种的单优群落，在少数地方可伴生补血草、獐毛、蒙古鸦葱、结缕草、平车前（*Plantago depressa*）等。此外，偶尔还有一些灌木散生其中，主要有柽柳、白茅等。根据伴生种类的不同，盐地碱蓬草甸可分为盐地碱蓬群落（图 2-5）、盐地碱蓬 + 獐毛群落、盐地碱蓬 + 蒙古鸦葱群落、盐地碱蓬 + 结缕草 + 平车前群落等。

图 2-5　黄河三角洲盐地碱蓬群落

　　盐地碱蓬群落主要分布于海拔低于 1.8 m 的低平洼地、潮沟或滩涂，土壤含盐量为 1.2% 或更高。群落的分布较为集中，常在近高潮线的滩涂上连片分布，在盐碱地上有时为斑块状的分布格局。生长季节，在水分较多、盐分较低的地方，植物生长良好，全株为暗绿色；而在土壤黏重干燥、含盐量较高的地方，则分布得稀疏低矮，整个群落呈紫红色。9 月之后群落变成红色，构成群落的秋季季相。

　　组成群落的植物种类较为单调，常为 2~4 种，仅有一个草层。群落高度为 15~30 cm，个别生长良好的可达 60 cm。群落总盖度为 10%~70%，变幅较大。

7. 罗布麻草甸

　　罗布麻草甸分布不广，但建群种或标志种罗布麻具有较高的经济价值，所以我们把它作为一个群落类型进行讨论。该群落的显著特征就是以罗布麻为标志种，在数量上有时并不一定占优势，常伴生有白茅、芦苇、獐毛、狗尾草（*Setaria viridis*）、虎尾草等。根据伴生种的情况，常见的群落类型有罗布麻 + 白茅群落和罗布麻 + 芦苇 + 獐毛群落。

　　罗布麻草甸主要分布于海拔 2.6 m 左右的低平地，土壤含盐量 0.4% 左右。初春，由于上一年枯立物的存在，群落呈褐色；5 月份群落开始转绿呈绿褐色；到了 7 月份，群落中的罗布麻到了盛花期，花序呈粉红色，绿色的叶层上点缀着红色的花序，十分艳丽；9 月，芦苇及其他杂类草生长旺盛，此时生长较矮的罗布麻优势度常被掩盖，以芦苇的暗棕色花序及盐地碱蓬的红色为主要色调，构成群落的另一类季相。

　　组成群落的植物种类较为丰富，多为 4~8 种，这些种类绝大多数不是真盐生植物。群落总盖度为 60%~70%，高度为 60~80 cm，个别芦苇的花序可达 160 cm。较为均匀，大体可分为两个草层，但层次界限并不十分明显。群落的上层高 60~80 cm，主要由稀疏的芦苇组成，层盖度为 15% 左右。下层高 40~60 cm，罗布麻为该层的标志种，层盖度为 40%~60%，有为数较多的白茅分布其间，除此之外，还有多种一年生植物。

8. 补血草草甸

补血草草甸主要分布于弃耕地及人类活动较频繁的地带，为斑块状分布的次生植被类型，群落下的土壤质地为壤土，含盐量为 0.4%~0.6%，土壤已有了初步的结构。

生长旺季,群落的外貌以莲座状生长的补血草为标志,草丛中分布有大量的蒿类。初春，由于上一年枯立物的存在，群落呈褐色；5 月份，群落开始转绿呈绿褐色；到了 7 月份，群落中的补血草到了盛花期，花序黄白相间，色彩鲜艳，整个群落外貌由绿色的叶层和黄白色的花序组成，构成群落的夏季季相；到了 10 月，群落中的主要物种开始枯萎，群落渐成褐色，构成群落的秋冬季相。

组成群落的植物种类较为丰富，为 4~8 种。群落总盖度为 50%~70%，群落高度为 40~60 cm，可分 2~3 个层次。补血草为第一层优势种，其中混有蒿类、狗尾草等。

9. 蒙古鸦葱草甸

蒙古鸦葱草甸常见于弃耕地及人类活动较频繁的地带，为斑块状分布的次生植被类型，群落下的土壤质地为壤土，土壤含盐量为 0.6%~0.8%。

该群落类型主要分布于海拔 2.5 m 左右的低平地。5 月份群落开始转绿；7 月份群落中的蒙古鸦葱到了盛花期，花序呈黄色，使群落的夏季季相色彩鲜艳；9~10 月份群落中的主要物种开始枯萎，群落渐成褐色，构成群落的秋季季相。

组成群落的植物种类较为贫乏，多为 3~5 种。群落总盖度为 30%~70% 不等。群落高度为 30~50 cm，常仅有一个草层，蒙古鸦葱为群落的标志种。

10. 野大豆草甸

野大豆草甸分布于含盐量低、土壤水分适中的壤土上，常与白茅、芦苇、拂子茅等混生。在人为影响较轻的地段，由于受到的干扰小，野大豆生长良好，并使土壤条件得到改善，结果野大豆到处蔓生，形成野大豆占优势的群落。根据其伴生种类的不同，可分为野大豆＋芦苇群落和野大豆＋白茅群落。

四、沼泽植被

在黄河三角洲地区，沼泽植被沿黄河、黄河故道、河汊、人工沟渠两岸、旧河床及湖滨、海滨地带的低洼地分布。组成沼泽植被的种类均为草本植物，以芦苇、荻、香蒲、荆三棱等湿生高大草本植物为主。沼泽植被分布区地势低洼，排水不良，土壤水分常过分饱和，汛期有季节性积水。优势种类为芦苇、香蒲（*Typha orientalis*）、菰（*Zizania latifolia*）、薹草属（*Carex*）、莎草属（*Cyperus*）、泽泻（*Alisma plantago-aquatica*）、野慈姑（*Sagittaria trifolia*）等。主要的群落类型为芦苇群落、香蒲群落、菰群落和薹草群落。

1. 芦苇群落

芦苇群落（图2-6）为黄河三角洲最常见的沼泽群落类型，分布于沿黄两岸滩地、滨海盐地沼泽、半咸水沼泽、内陆湖泊水库边缘、河边低湿地或浅水中。芦苇适生于浅水环境，正常生境为常年积水的泛滥低洼地，水深30~50 cm。芦苇为多年生高大草本，地下根茎发达，蔓延力强，常形成单优植物群落。植株高度受土壤水盐状况和营养成分影响变化较大，在1.5~2.8 m之间。除河口地区高盐生境中的先锋植物群落之外，其他地方的芦苇沼泽群落盖度为70%~90%。群落中除芦苇占优势外，常见的伴生种有香蒲、菰、稗（*Echinochloa crus-galli*）、三棱水葱（*Schoenoplectus triqueter*）、莎草（*Cyperus*）、水蓼（*Polygonum hydropiper*）等。群落外貌为比较整齐的高草丛，4~5月间一片葱绿；7~10月为花果期，群落外貌主要为灰白色的花序，引人注目；入冬后，地上部分枯萎，呈现枯黄疏落景象。

图 2-6　黄河三角洲淡水芦苇沼泽

2. 香蒲群落

　　香蒲群落在黄河三角洲零星分布于淡水湖泊、池塘边缘和常年有淡水蓄积的低洼地。其分布范围和面积远不如芦苇群落。生境同芦苇群落相似，水深约 0.5 m，常永久积水。香蒲叶片呈狭长带状，盖度一般为 30%~50%，常形成单优势群落，群落高 1.5~2.0 m。伴生植物主要有芦苇、荆三棱、三棱水葱等。浮水植物有浮叶眼子菜（*Potamogeton natans*）、浮萍（*Lemna minor*）等。

3. 菰群落

　　菰群落主要分布于黄河故道、小河汊、沟渠等常年有淡水积水的地方、麻大湖等地。群落组成以菰占绝对优势，高度为 1~2 m，根系分布较芦苇浅，10~20 cm，生长习性与芦苇相似。伴生植物有芦苇，在低洼积水的地方比重较大，还有荆三棱、稗、水蓼、眼子菜（*Potamogeton distinctus*）等。该群落中还可出现一些湿生或中生生境中的物种，如鳢肠（*Eclipta prostrata*）、水蓼等。

4. 薹草群落

薹草群落分布于沿湖及沿河汛期积水的地方。本群落主要以薹属的种类为优势，并有多种湿生植物伴生。

五、水生植被

在黄河三角洲地区，水生植被多分布于小河沟和湖泊内，物种组成以眼子菜科和水鳖科占优势。区内的水生植被遍布大小水域，在淡水湖泊和池塘中生长最为茂盛。水生植被的植物区系成分主要为世界和我国广布种，如菹草（*Potamogeton crispus*）、浮萍、荇菜（*Nymphoides peltata*）、苦草（*Vallisneria natans*）、眼子菜、莲（*Nelumbo nucifera*）等。主要群落类型有如下 3 种。

沉水植物群落：建群种为沉水植物，本区最常见的为苦草 + 黑藻（*Hydrilla verticillata*）群落、菹草群落等。大多分布于水体内缘水深的地方，常以单优势种或两种以上组成植物群落。

浮水植物群落：建群种为浮叶植物或漂浮植物。常见的有眼子菜群落、浮萍群落。

挺水植物群落：建群种为挺水植物。最常见的为莲群落。

1. 苦草 + 黑藻群落

苦草 + 黑藻群落在湖泊及池塘、河沟中均可见到，群落的盖度达 80%。群落生境多为淤泥底质，水深 0.2~1.4 m，优势种为苦草和黑藻。苦草叶于根部丛生，呈狭带状，长 40~50 cm，可随水深而伸长，呈鲜嫩的绿色；果实呈细长的棒状，由卷曲的果梗送达水体上层。

2. 浮萍群落

浮萍群落广布于区内各池塘、沟渠、稻田等营养丰富的淡水浅水生境，大湖面上不多见。浮萍在温暖的春夏季节繁殖迅速，常可很快覆盖全水面，盖度超过 90%，往往为单优群落。

3. 眼子菜群落

眼子菜群落分布于池塘边缘、小河、沟渠等浅水处，常形成单优群落。6~7月为建群种眼子菜的生长旺季，盖度为30%~70%，有根状匍匐茎固着于泥底，生长很快，伴生植物很少。

4. 莲群落

莲群落为区内大小池塘的栽培水生植被，多形成单种或单优势种群落。群落生长水域淤泥深厚，土壤有机质丰富。在池塘中，莲于春末由水底陆续长出新叶，或对卷或平展于水面，叶形不大，疏疏点点，盖度很小；入夏，莲进入生长旺季，叶柄迅速伸长，将大型盾状叶托起，高可达1~1.5 m，生长旺盛，叶片重叠，交互掩映，盖度为80%~90%，继而绽出粉红色或白色大型莲花，清新悦目；深秋，莲的地上部分逐渐枯萎。伴生植物常见的有浮萍、槐叶蘋（*Salvinia natans*）等。

第三节 黄河三角洲植物遗传多样性研究案例——芦苇

一、芦苇的生物生态学特性

芦苇，属禾本科芦苇属，也称普通芦苇，20 世纪 80 年代以前采用现在被作为别名的拉丁名 *Phragmites communis*（陈汉斌，1990）。芦苇是世界广布的重要湿地物种，在欧洲、亚洲、南北美洲、非洲、澳洲都有分布，通常在池沼、泉边、河旁、湖边、河口等浅水湿地形成密集的单优群落，影响着湿地的外貌、结构与功能。芦苇在黄河三角洲广泛分布于淡水、咸水、半咸水湿地，是草甸和沼泽植物群落的优势种和建群种，对黄河三角洲湿地植被的外貌、结构和功能具有重要影响。

1. 生物学特性

芦苇为多年生高大草本。具有 3 种类型的茎：一是地上茎，即植株（shoot），为待成熟茎，杆状，粗硬挺直，主要功能为进行光合作用和开花结实，高 0.5~5 m，有 15~30 个节，节间中空，表面光滑，富含纤维，质地坚韧；二是粗壮的地下茎（rhizome），径粗 0.3~1.6 cm，在沙质地下可伸长超过 10 m，乳白色，节间中空，节上生芽和须根，主要功能为吸收水分、养分和进行营养繁殖；三是地下直立茎，从匍匐茎上萌发，直立向上生长，是地上茎的基础，但能分株。叶片为披针形至宽条形，在地上茎上呈二列式排列，长 30~60 cm，宽 2~5 cm，全缘。秋季开花，圆锥花序，大型顶生，呈棕紫色或黄绿色，分枝纤细，斜上或微伸展，呈毛帚状，长 15~45 cm。颖果为椭圆形，与内稃和外稃分离。物候期在各地不同，一般在早春（3~5 月）萌发；夏季（5~8 月）为营养生长旺盛期；秋季（9~10 月）抽穗，开花，结实；冬季（11~2 月）干枯，种子随风或水流传播。

芦苇群落的就地扩展主要通过根状茎的克隆繁殖实现，种子繁殖主要出现在新的开放生境中的群落形成初期或是为了补充因强烈干扰而受损的群落（Eriksson，1992）。芦苇一般会产生大量细小的种子，但有时很多种子不育或不能在自然条件下正常萌发（Tucker，1990）。

2. 生态学特性

从淡水到碱性和轻盐性的湿地，芦苇都能生长，在高酸的湿地上也能生长。芦苇并非更喜欢盐碱或酸化的生境，在淡水中芦苇往往生长得更为茂盛，但在淡水湿地上，芦苇经常被一些不能忍受盐碱或酸化水的物种排挤出来，这些物种包括薹草属（*Carex*）、睡莲属（*Nymphaea*）、香蒲属（*Typha*）、灯心草属（*Juncus*）、水麦冬属（*Triglochin*）的植物等。芦苇喜欢水流缓慢的浅水湿地或季节性泛滥的生境，但在干旱沙丘上也能生长，芦苇的根状茎可以深入到地下 2 m 处吸收地下水。芦苇在黏土、沙土、盐碱土上都能生长，对极端的水、土、pH 条件表现出较强的抗性和耐性，可以说，芦苇是一种广生态幅的植物。

盐度和水位是控制芦苇分布和生长状况的主要因子，由于驯化和适应程度不同，种群对盐度的耐受性也不同（Hocking et al.，1983）。在密集的群落中，蒸腾失水可能超过降水补给，但根状茎甚至可以到达地下 2 m 深处，须根可以更深，使植株可以得到地下水的补充。早春致命的霜冻可能杀伤幼苗，但群落密度最终通过被刺激的芽的发育得到增加。芦苇对波浪的耐受性较低，因为水流可以折断地上茎并抑制根状茎上芽的形成，但由于芦苇地上茎和地下茎中发达的通气结构可以供给植株相对新鲜充足的氧气，因此芦苇在沉积物少的滞水中也可以幸存（Coops et al.，1995，1996）。

芦苇群落常形成发达的地下茎系统，并且群落中凋落物的积累较多，其他物种往往受到抑制不能萌发和建立种群。芦苇的根状茎和外来的根茎可以形成密集的垫子，进一步排斥竞争者。在适宜的生境中，芦苇种群经常迅速扩张并排挤其他物种，形成密集的单优群落。随着水深的增加和积水时间的积累，芦苇在群落中的优势地位逐渐被其他物种代替，如香蒲、睡莲（*Nymphaea tetragona*）、荇菜等。

3. 芦苇的生态系统功能与经济价值

芦苇因常在河口、海岸、湖滨形成大片的密集群丛而成为湿地生态系统的主要植被和生产者。芦苇群落可以为水鸟的筑巢提供掩护和支持，但水鸟很少在连续、密集的群落内部筑巢，群落边缘和在开放水面中镶嵌分布的芦苇丛是水鸟喜爱的筑巢生境。密集群落可以为小型哺乳动物、昆虫和爬行类动物提供掩护和生境（麝鼠在暴潮袭击低洼沼泽时利用芦苇紧急掩护，在适宜生境种群过载时将芦苇的种子作为食物），但经常排挤一些珍稀的动物和植物。因此，为了改善湿地生态系统对物种多样性的支持功能，很有必要对芦苇群落的生长与空间格局进行适当的控制和管理。

芦苇不仅具有重要的生态价值，还具有可观的经济价值。芦苇的幼苗可以用作家畜的饲料，有很高的适口性和能值。芦苇的地上茎被很多国家的居民用于编制筐篮、草帘、苇席，制成苇箔和高压苇板，或直接用于覆盖屋顶，建成的房子冬暖夏凉。芦苇茎秆富含纤维，是优良的造纸原料，也可代替木材制成纤维板。在黄河三角洲，苇帘、苇板是重要的轻工业产品（张淑萍，2001）。

4. 芦苇在中国的分布与生长

芦苇在我国从东到西、从南到北都有分布，既可在河口、湖滨等浅水湿地形成优势群落，也可在干旱沙丘生长繁殖。芦苇沼泽是我国扎龙、向海、辽宁双台河口、黄河三角洲、江苏盐城等国际重要湿地的主要植被类型，芦苇种群的数量、动态和空间分布格局对于这些湿地的结构与功能具有重要影响。

二、芦苇的表型变异水平与生态型划分

1. 表型变异和可塑性

芦苇的表型变异既存在于不同的地理气候区之间，也存在于同一气候区内不同的生境类型之间，甚至在同一个群丛内不同的小生境之间也存在着显著的表型差异。第一种情况经常被当做不同的气候生态型或地理变种；第二种情况经常被当做不同的生境生态型，如沼泽芦苇和草甸芦苇（赵可夫等，1998）；第三种情况经常被认为是可塑性的作用。但在很多情况下，表型不同的植株并不生长在相似的或可控制的环境条件下，移植实验费时、费力且结果可比性不强，因此很难判断这种表型变异是环境诱发的表型可塑性还是遗传差异引起的生态型分化导致的。

"可塑性（plasticity）"是指物种或有机体改变自己的表型以适应环境条件变化的能力。芦苇是一个在外部形态、内部解剖结构、生理代谢机制、生活史等表型特征方面高度变异的物种，这可能与其较高的可塑性、克隆数目或这二者的共同作用有关。Clevering（1999）将一个芦苇克隆（clone=genet）定义为发生于同一个有性生殖苗的所有无性系分株（ramets），每一个无性系分株均有独立生存的潜力。

张淑萍（2001）研究了黄河三角洲和黄河下游湿地共 15 个芦苇种群（表 2-1）的表型变异水平和格局。其中 9 个种群来自黄河三角洲，5 个种群来自内陆沿黄湿地，1 个种群来自南阳湖。

研究结果表明（表 2-2），在河口地区，HS01 与 HS02 因靠近河岸，水分和土壤营养较好，基径较大；从 HS03 至近海盐化沼泽，基径有从河口向内陆增加的趋势；在内陆盐化沼泽中，基径明显受到盐渍化程度的影响，LJ 的基径最小，BZH 的基径大于包括淡水沼泽区在内的所有种群，可能是一个非常独特的类型；淡水沼泽种群中芦苇的基径相差不大，而且普遍大于其他盐渍化湿地的种群。

株高的平均值在各种群间的变化情况和基径类似。突出的特点为：HS03 的株高平均值最低；BZH 的株高平均值最高；淡水生境中种群的株高普遍高于盐渍化生境。

中部叶长、中部叶宽的平均值在种群间的变化趋势非常相似，只是中部叶宽平均值的最低点在 LJ，而且在 3 个淡水种群中的变化不如中部叶长平滑。

节间数的平均值的最大值也出现在 BZH 种群中，在其他种群中起伏不大。但节间数的最低值在 HS04，不在 HS03，说明持续的高盐胁迫可能对生长过程中的分节没

表 2-1　样地基本信息

编号	种群名称	北纬 /°	东经 /°	水污染	土壤盐度	芦苇生长情况	伴生种	备注
01	HS01（东1）	37.760	119.156	无	1.22	良好	少量碱蓬	黄河三角洲
02	HS02（西1）	37.758	119.161	无	1.06	轻度受抑	柽柳、罗布麻	
03	HS03（东2）	37.754	119.171	无	2.05	严重受抑	紫红色碱蓬	
04	HS04（柳林路北）	37.748	119.127	无	1.31	良好、少匍匐	荻	
05	HS05（柳林路南）	27.749	119.127	轻	0.82	细弱	香蒲	
06	HS06（管理站）	37.761	118.985	无	1.04	轻度受抑	白茅、柽柳	
07	垦东水库（KD）	37.761	118.851	很轻	1.86	粗壮、分布零散	香蒲	
08	黄河故道（GD）	37.771	118.664	轻	0.68	高大、密集	单优	
09	罗镇（LZH）	37.791	118.544	无	0.83	细弱、密集	单优、少量碱蓬	
10	利津庄科（LJ）	37.521	118.269	轻	1.14	细弱、密集	单优	内陆沿黄湿地
11	滨洲林家油坊（BZH）	37.444	117.943	轻	0.19	粗壮、稀疏	单优	
12	大芦湖（DLH）	37.230	117.929	轻	0.34	良好、密集	单优	
13	齐河赵官（ZHG）	36.486	116.567	轻	0.09	高大、密集	单优、少量慈姑	
14	东平湖（DPH）	36.035	116.217	轻	0.08	高大、粗壮	单优、斑块分布	
15	南阳湖（NYH）	35.311	116.627	重	0.08	高大、密集	单优、污染严重	对照

有显著的抑制作用。另外，淡水生境种群的节间数相对较多，在盐渍化生境中，GD 的节间数较多，淡水补给和土壤营养可能对节间数有影响。

穗长的平均值变化趋势较为独特：除 HS03 是因生殖生长受到抑制而穗长缩短外，

其余种群中 BZH 的穗长最小；HS01 和 3 个淡水生境种群的穗长较大，其他种群间的穗长波动不大。

表 2-2　各样地芦苇种群基径、株高、中部叶长、中部叶宽、中部节间长、节间数和穗长的平均值

种群	基径 /cm	株高 /m	中部叶长 /cm	中部叶宽 /cm	中部节间长 /cm	节间数	穗长 /cm
HS01	5.25	1.81	27.78	1.89	12.57	18.00	27.29
HS02	5.34	1.61	21.33	1.66	9.26	17.45	22.83
HS03	4.05	0.89	18.41	1.57	6.01	19.60	12.28
HS04	4.51	1.58	25.09	2.14	9.22	14.75	20.82
HS05	4.43	1.60	22.30	1.49	9.82	17.65	22.26
HS06	5.17	1.41	21.23	1.68	8.19	16.65	21.50
KD	5.04	1.44	25.17	1.87	8.88	16.70	23.69
GD	6.19	1.83	31.91	2.29	12.68	21.35	23.82
LZH	5.24	1.54	26.10	1.99	9.03	15.95	24.10
LJ	4.52	1.87	24.68	1.54	12.05	16.35	21.95
BZH	8.86	4.08	42.70	2.96	27.37	28.95	17.59
DLH	5.21	2.28	26.93	1.63	11.97	18.60	19.64
ZHG	6.15	2.85	43.00	3.00	11.82	21.80	30.31
DPH	6.31	2.93	44.09	3.81	9.40	23.15	27.70
NYH	5.95	2.83	45.31	3.62	11.16	21.55	33.54

测定的 7 个形态指标在种群之间的差异均极为显著，但通过对 F 值的比较可以发现，7 个形态指标在种群间的差异程度依次为株高 > 中部叶长 > 中部节间长 > 中部叶宽 > 基径 > 节间数 > 穗长。营养器官形态特征的差异程度较大，而生殖器官形态特征的差异较小。在营养器官形态特征中，株高、叶形的差异较大，基径和节间数的差异较小（表 2-3）。

表 2-3　单因素方差分析 F 检验

项目	基径	株高	中部叶长	中部叶宽	中部节间长	节间数	穗长	总体
F	24.5299	194.4958	77.3054	60.0583	74.4983	23.3622	19.9061	
P Value	0.0000**	0.0000**	0.0000**	0.0000**	0.0000**	0.0000**	0.0000**	0.0000**

** ：在 0.01 水平上差异显著。

2. 表型变异和生态型划分

在对芦苇的研究中虽然经常论及生态型的存在，但对生态型的划分主要是依据生境和表型特征，进一步的研究结果为有的生态型找到了遗传证据，也对一些生态型提出了质疑。在罗马尼亚，巨型（giant）芦苇和纤细（fine）芦苇作为两个不同的生态型通常与染色体倍性水平联系在一起，前者通常是八倍体，喜欢淡水生境，植株高大粗壮；后者通常是四倍体，对盐化生境具有比八倍体更高的适合度（Hanganu，1999）。而在荷兰，巨型芦苇生长在周期涨落的淡水区域如河流两岸，纤细芦苇生长在泥炭地。相互移植实验表明，两种类型都在自己的生境中长得更好（Van der Toorn，1971；Van der Toorn et al.，1982）。可见，尽管芦苇的表型变异显著而丰富，其生态型的划分仍然是一个很复杂的问题。

赵可夫等（1998）根据生境水分和盐度条件将黄河三角洲的芦苇分为淡水沼泽芦苇、咸水沼泽芦苇、低盐草甸芦苇和高盐草甸芦苇 4 种生态型，并对不同生态型对生境适应过程中的渗透调节机制进行了研究，但没有对不同的生态型进行相互移植实

验，也没有关于不同生态型之间遗传分化的证据，因此很难确定不同生态型之间渗透
调节方式的差异是由于生理水平上的表型适应能力不同导致的，还是由有遗传基础的
生态遗传分化导致的。

张淑萍等(2003)结合芦苇表型变异特征和生境特征,通过形态聚类分析(图2-7),
将其研究的黄河下游 15 个芦苇种群划分为 3 个生态型。

（1）盐生芦苇：生于黄河三角洲盐化沼泽或草甸，植株多矮小、瘦弱、细密，
在沿海滩涂的高盐生境中较稀疏，种群极不稳定，具有扩张性。

（2）淡水芦苇：生于黄河下游淡水湖滨、黄河河道、沟渠两旁等淡水湿地，植
株高大密集、较粗壮，种群相对稳定。

（3）巨型芦苇：仅滨州林家油坊村（BZH）一个种群属此类型，为一个轻度盐
化的池塘，植株稀疏，较淡水芦苇还要高大粗壮，叶片较长、较宽，与株高相比穗较
小，种群非常稳定。

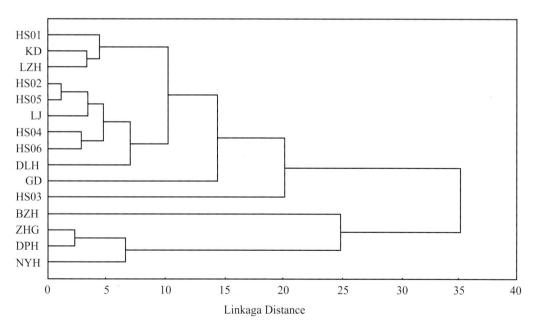

图 2-7　以形态特征为基础的 15 个种群的聚类分析

三、芦苇的遗传变异水平与格局

1. 染色体倍性变异

Clevering 等人（1999）总结了以往对芦苇染色体变异的研究成果，发现芦苇具有高度的倍性和非整倍性变异。染色体数目的变化一般是通过不规则的减数分裂或（和）体细胞有丝分裂发生的。芦苇的染色体倍性变异广泛存在，3x，4x，6x，7x，8x，10x，11x 和 12x（x=12）都有发现。1979 年有人曾在法国发现过一株原始的二倍体，现在可能已经灭绝，四倍体和八倍体最为常见（Gorenflot et al., 1979）。在欧洲和阿富汗四倍体占优势，在伊朗和中国八倍体占优势。根据 Gorenflot（1976）的观点，从西向东四倍体的分布优势逐渐被八倍体取代，这一观点被来自澳大利亚、新西兰和南非的新的研究结果所证实。

在中国比较常见的倍性有 4x，6x 和 8x（陈瑞阳，2009）。这些不同的整数倍性及非整数倍性都是广泛分布的，且经常共存在同一居群中。即使在相同克隆个体间，甚至同一个体内，都存在几种染色体数目不同的细胞（Connor et al., 1998）。由于克隆植物的特性，这种非整数倍体和染色体倍性的嵌套会长期存在。

对于染色体数目变异与表型变异之间的关系，研究得较为深入的是对罗马尼亚多瑙河三角洲的四倍体和八倍体芦苇的研究，结果表明，不同倍性水平之间确实有表型差异，但倍性不是导致表型变异的必要或唯一的原因。由于不同地区的研究结果不同，且研究不够深入，关于这个问题并未形成结论性的认识（Pauca-Comanescu et al., 1999）。从表型看，黄河三角洲芦苇种群存在染色体倍性变异的可能性很大，至少存在四倍体和八倍体两种核型，但对于具体的倍性水平差异及其分布还没有相关报道。

2. 叶绿体基因单倍型变异

Saltonstall（2002）最先对芦苇的单倍型进行了分析，她根据芦苇两个叶绿体非编码 DNA 片段（*trnT-trnL* 和 *rbcL-psaI*），以数字命名等位基因，通过数字组合产生单倍型类型，用字母表示，后续芦苇单倍型研究大多遵从这一命名规范。按照单倍型序列发现时间的先后，单倍型名称按照数字或字母顺序依次使用，无缩写含义。目前在芦苇种群中至少有 35 个 *trnT-trnL* 等位基因和 34 个 *rbcL- psaI* 等位基因被提交到 NCBI GenBank 数据库，至少有 58 个单倍型被报道（Saltonstall, 2016）。

刘乐乐（2020）利用叶绿体 DNA 片段测序和细胞核微卫星确定了中国两个主要的芦苇谱系，命名为谱系 O 和谱系 P。谱系 O 以单倍型 O 为主，倍性较低，分布在中国北部；谱系 P 以单倍型 P 为主，倍性较高，分布在中国东部。二者分布范围存在较大的重叠，存在基因渐渗的可能性。黄河三角洲芦苇单倍型多样性较高，以单倍型 P 为主，并有单倍型 O、M 和其他单倍型。关于黄河三角洲芦苇单倍型、染色体倍型和表型变异之间的关系，还需要进一步研究。

3. 等位酶变异

郭卫华等（2003）以等位酶作为探测种群遗传变异的分子标记，分析了黄河三角洲和黄河下游湿地 15 个芦苇种群的克隆多样性、遗传多样性和遗传结构。结果表明，这些芦苇种群具有较高的遗传变异水平。在检测到的 8 个酶系统的 17 个位点中，多态位点百分比为 49%，平均每个位点的等位基因数为 1.53，位点的平均期望杂合度为 0.221，种群间的遗传分化系数（G_{ST}）为 0.226，高于一般克隆植物的遗传多样性水平，这与芦苇复杂的繁育系统和种群间的基因流有一定关系。同时，等位酶分析显示，黄河三角洲和黄河下游湿地芦苇种群具有较高的克隆多样性水平，平均基因型比率 PD = 0.53（0.10~0.85），不同克隆在规模上相差很大。克隆结构分析表明，芦苇种群内克隆之间的镶嵌明显。

4.RAPD 变异

张淑萍（2001）用随机扩增多态 DNA（RAPD）对黄河三角洲和黄河下游 15 个芦苇种群的遗传多样性和遗传结构进行了分类，结果也表明，黄河三角洲芦苇种群具有较高的遗传多样性水平。种群内 RAPD 多态位点百分比（P）的平均值为 63.51%，这在以克隆繁殖为主的植物种群中是比较高的。种群内平均每个位点的等位基因数

（na）和有效等位基因数（ne）的平均值分别为 1.6350 和 1.3638。Nei's 基因多样度指数（h）和 Shannon 信息指数（I）是测度种群遗传多样性的重要指标。种群内 h 和 I 的平均值分别为 0.2126 和 0.3206。另外，包含所有种群的总群体的遗传多样性明显高于任何一个种群内的遗传多样性，说明有相当的遗传变异存在于种群之间。

所有位点基因分化度（G_{ST}）的平均值为 0.2908，说明所研究的 15 个芦苇种群，有 29.08% 的基因多样度存在于种群间，70.92% 的基因多样度存在于种群内。G_{ST} 高于多年生草本种群间基因分化的平均水平 0.233，这与芦苇克隆繁殖的普遍性有关。种群间平均基因流为 1.2192，略大于 1，基因流可以防止遗传漂变引起的种群间的遗传分化。

5.SSR 变异

刘乐乐（2020）以简单重复序列变异 DNA（SSR）作为分子标记，研究了黄河三角洲芦苇种群 30 个采样点共 150 个样本的遗传变异水平。结果表明，黄河三角洲芦苇种群香农多样性指数较高（I = 4.89），平均每个位点的等位基因数（Na）和期望杂合度（He）分别为 13.5 和 0.70，不同采样点群体间的遗传分化系数较小（Φ = 0.165）。这可能与黄河三角洲芦苇种群多成片分布，不同采样点之间的地理距离较近，基因交流较为频繁有关。由于尚不清楚黄河三角洲芦苇种群的染色体倍性变异及其分布格局，对 SSR 分析的结果还需要结合倍型分析进一步探讨。

四、影响黄河三角洲芦苇遗传多样性的因素

总体而言，叶绿体 DNA 单倍型变异、等位酶、RAPD、SSR 等不同分子标记均显示，黄河三角洲芦苇种群具有较为丰富的遗传变异，且种群间的基因交流较为频繁，种群间的遗传分化度相对较低，但黄河三角洲的芦苇种群与黄河下游沿黄湿地的芦苇种群之间的遗传分化明显。芦苇种群遗传多样性和遗传结构的影响因素较多，主要有以下几个方面。

1. 生境异质性和水盐条件

水盐动态及其空间异质性不仅是驱动黄河三角洲群落演替的重要因素，也是影响芦苇种群遗传多样性和遗传结构的重要因素。Zhang 等（2004）发现，部分 RAPD 位点的扩增片段频率与生境盐分显著相关，而且位于高盐滩涂生境的芦苇种群具有最高的遗传多样性水平。郭卫华等（2003）的等位酶分析亦显示该种群具有高水平的克隆多样性。

2. 空间距离

空间距离是妨碍种群间基因交流、影响种群遗传结构的重要因素。等位酶和 RAPD 分析均表明，黄河三角洲芦苇种群与黄河下游沿黄湿地芦苇种群间的遗传距离与空间距离成正相关，与这些种群之间离散分布、种群间空间距离梯度明显有关。在黄河三角洲自然保护区大汶流管理站内采样的芦苇种群的遗传距离与空间距离无显著相关关系，与这些种群之间连续分布、空间距离较近有关（张淑萍，2001；郭卫华，2001）。

3. 繁殖体传播

另外，繁殖体传播也是影响种群间基因流和遗传结构的重要因素。刘乐乐（2020）发现，黄河三角洲芦苇种群与宁夏平原芦苇种群的遗传距离小于黄河三角洲芦苇种群与山东南四湖芦苇种群的遗传距离，猜测可能与黄河上游对下游的繁殖体输送有关，而南四湖属淮河流域，与沿黄湿地芦苇种群间的基因交流很少，所以虽然空间距离较近，但是遗传距离较远。

本章小结

黄河三角洲受黄河来水和海潮的共同影响，土壤盐渍化较为普遍，自然植被以盐生草甸、盐生灌丛和盐地沼泽植被为主，物种组成相对简单。从沿海滩涂到陆地的优势植物依次为盐地碱蓬、芦苇、白茅、柽柳、獐毛等，伴生野大豆、补血草、罗布麻、蒙古鸦葱、旱柳等。但是，黄河三角洲的资源植被较多，具有显著的经济价值和广阔的应用前景。如芦苇可用于造纸、盖屋、制作苇板、作为生物质能原料等，已经形成了很多特色产业；柽柳可用于编筐、观赏、制作生物炭等；野大豆是栽培大豆育种的重要种质资源；罗布麻、补血草可入药。同时，这些植物在黄河三角洲分布广泛，具有重要的生态价值。丰富的资源植物和可观的资源量是区域高质量发展的重要自然资本。

受土壤盐渍化影响，黄河三角洲几乎没有森林，植物群落以盐生灌丛、草甸、沼泽等隐域植被为主，有少量水生植被。灌丛以耐盐碱的柽柳灌丛为主，伴生白茅、盐地碱蓬、獐毛等。另外，在黄河三角洲自然保护区大汶流管理站东侧的芦苇草甸中有灌丛状天然柳林镶嵌分布。草甸以盐生草甸为主，其中芦苇草甸分布最广，白茅草甸、獐毛草甸、罗布麻草甸、戟叶火绒草草甸也比较常见，补血草草甸、蒙古鸦葱草甸、野大豆草甸零星分布在盐碱相对轻一些的生境。沼泽植被包括靠近沿海滩涂的盐地沼泽和河边、湖边的淡水沼泽。沼泽植物群落以芦苇群落为主，在芦苇群落内侧有香蒲、菰、薹草群落。在常年积水的小河沟和湖泊、池塘分布着水生植物群落，以苦草＋黑藻群落为主，富营养的水体常有浮萍生长，眼子菜群落在池塘边缘、小河等浅水中较为常见，坑塘中的莲群落多为人工栽培，伴生浮萍、槐叶蘋等。

黄河三角洲独特的生境为植物的进化提供了天然条件，物种的遗传变异研究备受关注。研究较多的有芦苇、野大豆、补血草等，以对芦苇的遗传变异研究最多，这可能与芦苇的生态、经济和遗传价值有关。黄河三角洲芦苇在形态上表现出高度的变异性和可塑性，这可能与其核型多样性、基因多样性、繁殖体来源的复杂性和土壤水盐异质性有关。郭卫华等发现黄河三角洲芦苇具有较高的遗传多样性和克隆多样性水平。张淑萍等将黄河下游的芦苇种群分为盐生芦苇、淡水芦苇和巨型芦苇 3 个生态型。刘乐乐发现黄河三角洲芦苇有多个单倍型。等位酶、RAPD、SSR 标记分析都表明芦苇具有比一般克隆植物高的遗传多样性水平，种群间的遗传分化格局可能受到空间距离、生境异质性和繁殖体传播的共同影响。

（本章执笔：张淑萍、王蕙、郑培明）

第三章

黄河三角洲
动物多样性及
其研究概述

第一节 黄河三角洲无脊椎动物多样性 *

一、水生无脊椎动物

1. 海洋浮游动物

黄河三角洲附近海域共记录浮游动物79种，分别隶属于腔肠动物门、节肢动物门、毛颚动物门和尾索动物门。其中腔肠动物门4目16科21种，占浮游动物总种数的26.58%；节肢动物门11目28科56种，占总种数的70.89%；毛颚动物门和尾索动物门各1目1科1种，占总种数的1.27%。浮游动物中以桡足亚纲种类最多，分布最广，占种类总数的39.24%。主要优势种有克氏纺锤水蚤（*Acartia clausi*）、真刺唇角水蚤（*Labidocera euchaeta*）、强壮箭虫（*Sagitta crassa*）等，个别月份小拟哲水蚤（*Paracalanus parvus*）、中华哲水蚤（*Calanus sinicus*）和刺尾歪水蚤（*Tortanus spinicaudatus*）亦大量出现。

从生态特点分析，绝大部分种类为广温、低盐类群。其中河口低盐种类以灯塔水母（*Turritopsis nutricula*）、火腿许水蚤（*Schmackeria poplesia*）等为代表；近岸低盐种则以克氏纺锤水蚤、真刺唇角水蚤、刺尾歪水蚤、鸟喙尖头溞（*Penilia avirostris*）、强壮箭虫、长额刺糠虾（*Acanthomysis longirostris*）等为主。

从门的等级看，黄河三角洲附近海域浮游动物共记录有腔肠动物门、节肢动物门、毛颚动物门和尾索动物门。

腔肠动物门在中国海域共记录14个目85个科，渤海已记录8个目29个科，占中国海域腔肠动物总科数的34.1%。黄河三角洲海域共记录4个目16个科，占中国海域总科数的18.8%，占渤海总科数的55.2%。该海域有腔肠动物21种，约占中国海域已记录的473种的4.4%，占渤海已记录的55种的38.2%。其中高手水母科在该海域有3种，占渤海已有4种的75.0%；和平水母科有3种，占渤海已有6种的50.0%。节肢动物门的无甲

---

* ：本节资料主要来自田家怡等（1999）和课题组野外调查。

目在中国海域仅有 1 科 1 种，在渤海和黄河三角洲海域均有发现。枝角目在中国海域共记录 8 科 34 种，渤海记录 3 科 4 种，占中国海域总科数的 37.5%，占总种数的 11.8%；黄河三角洲海域有 3 科 4 种，分别占中国海域总科数和总种数的 37.5%、11.8%；渤海出现的科和种在该海域中均有记录。哲水蚤目在中国海域共记录 23 科 308 种，渤海已记录 8 科 32 种，分别占中国海域总科数和总种数的 34.8%、10.4%；黄河三角洲海域有 7 科 26 种，分别占中国海域总科数和总种数的 30.4%、8.4%，各占渤海总科数和总种数的 87.5%、81.3%。剑水蚤目在中国海域共记录 7 科 90 种，渤海已记录 2 科 3 种，各占中国海域总科数和总种数的 28.6%、3.3%，黄河三角洲海域现有的科数和种数同渤海完全相同。猛水蚤目在中国海域共记录 19 科 37 种，渤海和黄河三角洲附近海域均有同科同种。怪水蚤目在中国海域仅记录 1 科 1 种，在渤海和黄河三角洲海域均有。糠虾目在中国海域共记录 2 科 88 种，渤海和黄河三角洲海域仅有糠虾科 1 科，前者 7 种，后者 6 种，各占中国海域总种数的 8.0%、6.8%；黄河三角洲海域糠虾种数占渤海总种数的 85.7%。涟虫目在中国海域共记录 6 科 17 种，渤海和黄河三角洲海域同有 5 科；渤海有 9 种，占中国海域总种数的 52.9%；黄河三角洲海域有 7 种，各占中国海域和渤海总种数的 41.2%、77.8%。涟虫目中的蛇头女针涟虫（*Gynodiastylis anguicephala*）、太平洋方甲涟虫（*Eudorella pacifica*）和光亮拟涟虫（*Cumella arguta*）仅在黄河口附近海域发现，为地方特有种。等足目在中国海域共记录 14 科 94 种，渤海共有 4 科 6 种，黄河三角洲海域有 3 科 3 种，各占中国海域和渤海总种数的 3.2%、50.0%。端足目钩虾亚目在中国海域共记录 20 科 137 种，渤海共有 8 科 23 种，黄河三角洲海域仅有 2 科 3 种，各占中国海域和渤海总种数的 2.2%、13.0%。麦秆虫亚目在中国海域已记录 2 科 26 种，渤海和黄河三角洲海域同有麦秆虫科 1 科，前者有 5 种，后者仅有 1 种。十足目在中国海域、渤海和黄河三角洲海域同有樱虾科 1 科，中国海域已记录 15 种，而渤海和黄河三角洲海域同有 1 种。毛颚动物门在中国海域、渤海和黄河三角洲海域同记录 1 科，中国海域发现 37 种，渤海有 2 种，而黄河三角洲海域仅有强壮箭虫 1 种。尾索动物门在渤海和黄河三角洲海域仅有 1 科 1 种，为长尾住囊虫（*Oikopleura longicauda*），占中国海域已记录该科 15 种的 6.7%。

综上所述，黄河三角洲附近海域共有浮游动物4门45科79种，约占中国海域总种数（1373种）的5.8%，约占渤海总种数（151种）的52.3%。该海域浮游动物物种多样性在渤海海域中比较高，且有3种涟虫为黄河口海域的特有种。

2. 海洋底栖动物

黄河三角洲附近海域记录底栖动物201种，分别隶属于腔肠动物门、环节动物门、软体动物门、节肢动物门、腕足动物门、棘皮动物门。其中环节动物、软体动物、节肢动物分别居底栖动物种类总数的第一、二、三位。底栖动物中以多毛纲（74种）、甲壳纲（50种）和腹足纲（40种）种类最多，分布最广。

软体动物门的毛蚶（*Scapharca subcrenata*）、小刀蛏（*Cultellus attenuatus*）、纵肋织纹螺（*Nassarius variciferus*），节肢动物门的脊尾白虾（*Exopalaemon carinicauda*）、葛氏长臂虾（*Palaemon gravieri*）、中国毛虾（*Acetes chinensis*）、口虾蛄（*Oratosquilla oratoria*）、绒毛细足蟹（*Raphidopus ciliatus*）、三疣梭子蟹（*Portunus trituberculatus*）为底栖动物的优势种。

由于渤海为半封闭性浅海，近岸浅水区受大陆气候影响很大，水温有明显的季节性变化，海水盐度也较低，底栖动物在数量上占优势的主要是一些广温低盐性种，基本上属于印度—太平洋区系的暖水性成分，如毛蚶、口虾蛄等。有些暖水性种，如活动能力较强的鹰爪虾（*Trachypenaeus curvirostris*）、三疣梭子蟹等，由于不能适应冬季过低的温度，每年会洄游到黄海的深水区过冬，只季节性分布在该海域。分布于黄海深水区的冷水性种如脊腹褐虾（*Crangon affinis*），在冬季低温期间则向渤海扩张。

3. 潮间带动物

黄河三角洲潮间带共有动物192种，分别隶属于13个门15个纲40个目95个科。其中星虫动物门、螠虫动物门、腕足动物门、棘皮动物门、半索动物门和尾索动物门各有1纲1目1科1种，共占总种数的3.12%；腔肠动物门有2纲2目3科3种，占总种数的 1.56%；扁形动物门有 3 种，亦占总种数的 1.56%；脊索动物门有 1 纲 2 目 4 科 10 种，占总种数的 5.21%；环节动物门有 1 纲 8 目 19 科 40 种，占总种数的 20.83%；软体动物门有 3 纲 11 目 30 科 55 种，占总种数的 28.65%；节肢动物门有 1 纲 8 目 30 科 71 种，占总种数的 36.98%。可见，节肢动物门、软体动物门和环节动物门分别居潮间带动物种类总数的一、二、三位，共占总种数的 86.46%。

潮间带的低、中潮区栖息的经济贝类主要有文蛤（*Meretrix meretrix*）、缢蛏（*Sinonovacula constricta*）、四角蛤蜊（*Mactra veneriformis*）、近江牡蛎（*Crassostrea rivularis*）、长牡蛎（*C. gigas*）等，还分布着储量丰富的低值贝类光滑河蓝蛤（*Potamocorbula laevis*）、托氏蜎螺（*Umbonium thomasi*）、彩虹明樱蛤（*Moerella iridescens*）等。甲壳动物是高潮区的主要种类，出现较多的是日本大眼蟹（*Macrophthalmus japonicus*）、天津厚蟹（*Helice tientsinensis*）、分布范围较广的豆形拳蟹（*Philyra pisum*）等。多毛类出现较多的是双齿围沙蚕（*Perinereis aibuhitensis*）、齿吻沙蚕（*Nephtys*）、日本刺沙蚕（*Neanthes japonica*）、巢沙蚕（*Diopatra*）、中锐吻沙蚕（*Glycera rouxii*）等。以上潮间带动物优势种数量大，分布较广泛。

潮间带动物的主要类群中，环节动物多为广盐性种，其中生活在淡水和咸淡水水域的代表种类为疣吻沙蚕，生活在咸淡水和海水水域的有锐足全刺沙蚕（*Nectoneanthes oxypoda*）、双齿围沙蚕、短角围沙蚕（*Perinereis nuntia brevicirris*）等，生活在淡水、咸淡水和海水水域的广盐性种是日本刺沙蚕。环节动物区系主要由热带、亚热带种（印度西太平洋热带和环热带种）组成，其中少数为中国特有种和中日特有种。软体动物以广盐、低盐种为主，且部分种类为河口及海湾种，如长牡蛎、缢蛏等；软体动物中少数种类为我国特有种，如大沽全海笋（*Barnea davidi*）等，部分为中日特有种，如扁玉螺（*Neverita didyma*）、毛蚶、四角蛤蜊、缢蛏、长竹蛏等。

4. 淡水浮游动物

黄河三角洲淡水水域共有浮游动物 47 科 85 属 144 种（见附录 1），分别隶属于

67

原生生物界的肉鞭虫门和纤毛虫门，以及轮虫类、枝角类和桡足类。其中原生动物有23科29属50种，占浮游动物总种数的34.72%；轮虫类有12科29属49种，占总种数的34.03%；枝角类有6科15属24种，占总种数的16.67%；桡足类有6科12属21种，占总种数的14.58%。浮游动物以原生动物和轮虫类种类最多，二者占总种数的68.75%。

根据各属所含的种数统计：含有1种的属45个，占所有属的52.94%；含有2种的属25个，占所有属的29.41%；含有3种的属9个，占所有属的10.59%；含有4种的属4个，分别为砂壳虫属、异尾轮属、溞属和真剑水蚤属，占所有属的4.70%；含有6种的属仅有臂尾轮属1属。故浮游动物以臂尾轮属、砂壳虫属、异尾轮属、溞属和真剑水蚤属为优势种群。原生动物中的砂壳虫（*Difflugia*）、钟虫（*Vorticella*），轮虫类的红眼旋轮虫（*Philodina erythrophthalma*）、角突臂尾轮虫（*Brachionus angularis*）、萼花臂尾轮虫（*B. calyciflorus*）、壶状臂尾轮虫（*B. urceus*）、矩形龟甲轮虫（*Keratella quadrata*）、月形单趾轮虫（*Monostyla lunaris*）、前节晶囊轮虫（*Asplanchna priodonta*）、针簇多肢轮虫（*Polyarthra trigla*）、长三肢轮虫（*Filinia longiseta*），枝角类的短尾秀体溞（*Diaphanosoma brachyurum*）、直额裸腹溞（*Moina rectirostris*）、简弧象鼻溞（*Bosmina coregoni*）、圆形盘肠溞（*Chydorus sphaericus*）和桡足类的汤匙华哲水蚤（*Sinocalanus dorrii*）、火腿许水蚤（*Schmackeria poplesia*）、锯缘真剑水蚤（*Eucyclops serrulatus*）、近邻剑水蚤（*Cyclops vicinus*）、台湾温剑水蚤（*Thermocyclops taihokuensis*）等分布广泛，为优势种。

从浮游动物的类别看，原生动物、轮虫类、枝角类、桡足类四大类群在黄河三角洲淡水水域均有分布。由于目前尚无系统的关于我国淡水原生动物的统计资料，因此尚难分析。淡水轮虫类我国约记录了16科80多属260多种，黄河三角洲淡水区域共发现12科29属49种，仅占我国淡水轮虫总种数的19%左右。淡水枝角类我国约记录了170种，黄河三角洲地区有24种，约占我国淡水枝角类总种数的14%。淡水桡足类我国约记录了210种，黄河三角洲地区有21种，约占我国淡水桡足类总种数的10%。

5. 淡水底栖动物

黄河三角洲底栖动物共有38科62属69种（附录2），分别隶属于环节动物门、软体动物门和节肢动物门。其中环节动物门有2纲5科9属9种，占底栖动物总种数的13.04%；软体动物门有2纲8科17属24种，占总种数的34.78%；节肢动物门有2纲25科36种，占总种数的52.17%。节肢动物门种类最多，其中昆虫纲有31种，占总种数的44.93%，为优势门类。

从各门底栖动物的情况看，环节动物门中寡毛纲有5种，蛭纲出现4种；软体动物门24种，其中瓣鳃纲只有9种，其余皆为腹足纲；节肢动物门中有31种水生昆虫，分别隶属于半翅目、鞘翅目、蜻蜓目、蜉蝣目、双翅目和广翅目6个目，其中半翅目、鞘翅目和双翅目的种类较多，双翅目又以摇蚊科幼虫为主（出现7种），广翅目的种类稀少，不常见。

根据各属所含的种数统计：含有1种的属57个，占所有属的91.93%；含有2种的属有环棱螺属、沼螺属和河蚬属，计3个属，占所有属的4.35%；含有3种的属有萝卜螺属和无齿蚌属，计2个属，占所有属的2.90%。黄河三角洲淡水底栖动物含有2~3种的属有5个，为优势种群。

淡水底栖动物中，苏氏尾鳃蚓（*Branchiura sowerbyi*）、光滑狭口螺（*Stenothyra glabra*）、椭圆萝卜螺（*Radix swinhoei*）、狭萝卜螺（*R. lagotis*）、大田鳖（*Kirkaldyia deyrollei*）、横纹划蝽（*Sigara substriata*）、钩虾（*Gammarus*）、中华新米虾（*Neocaridina denticulata sinensis*）、日本沼虾（*Macrobrachium nipponense*）等分布较广泛，为优势种。

底栖动物的分布主要取决于水体底质的结构、水质的清洁程度、水深和流速，且与水生高等植物关系密切。在黄河三角洲调查的几条河流流速较平缓，而水库是静水体。因此，采集到的底栖动物大多数种类为静水型，较典型的如蝎蝽科、划蝽科的种类以及螺类和蚌类，如湖球蚬（*Sphaerium lacustre*）栖息于底质肥沃的淤泥，喜透明度小、有机质含量高的环境。底栖动物中没有出现急流型种类。

黄河三角洲淡水水域底栖动物的种类数与其他水域相比不够丰富，生物多样性较低。从其种类的组成来看，对水质敏感的种类较少，仅有蜉蝣目的小蜉（*Ephemerella*）、广翅目的原鳃齿蛉（*Protohermes grandis*）、摇蚊科的三带环足摇蚊（*Cricotopus trifasciatus*）和流水长跗摇蚊（*Rheotanytarsus*）、钩虾科的钩虾、华溪蟹科的华溪蟹（*Sinopotamon*）等，这些种类是喜氧的。采集到的大多数底栖动物适应性强，能耐中等污染的水质，如蛭类、环棱螺等，寡毛类属耐重有机污染的种类。

二、陆栖无脊椎动物

（一）扁形动物

黄河三角洲扁形动物主要为寄生种，计有 17 种（附录 3），隶属于 2 目 8 科。前口目共 4 科 7 种，占黄河三角洲扁形动物总种数的 41.18%；圆叶目 4 科 10 种，占总种数的 58.82%。圆叶目的带科、裸头科和前口目的斜睾科种类最多，分别为 4 种、3 种和 3 种，各占总种数的 23.53%、17.65% 和 17.65%，为优势种群。

从生态角度分析，17 种扁形动物全为寄生种，主要寄主有羊、牛、鸡、兔等动物，除了消化器官，还深入寄主的结缔组织、肌肉组织中。

（二）线形动物

黄河三角洲寄生线形动物有 38 种，隶属于 2 目 18 科（附录 4）。蛔虫目共 16 科 33 种，占线形动物总种数的 86.84%；垫刃目仅有 2 科 5 种，占总种数的 13.16%。蛔虫目的毛线科种类最多，达 8 种，占线虫动物总种数的 21.05%；毛圆形科为 4 种，占总种数的 10.53%，居第二位；蛔虫科、毛首科和垫刃目的异皮科各有 3 种，分占总种数的 7.89%，并列第三位。毛线科、毛圆形科、蛔虫科、毛首科和异皮科的种类为优势种群。

从生态角度分析，38 种线形动物均为寄生种类。蛔虫目的种类主要寄生于牛、马、羊、猪等重要的养殖动物，寄生部位主要是消化器官；垫刃目的 5 种寄生线虫主要寄主是小麦、大豆、地瓜和花生。

（三）环节动物

黄河三角洲陆生环节动物种类极少，主要是寡毛纲的蚯蚓类。目前文献记载该地区仅有参环毛蚓（*Pheretima asiatica*）、直立环毛蚓（*P. tschiliensis*）和缟蚯蚓（*Allolobophora caliginosa*）3 种，环毛蚓是森林土壤和农田中最常见的种类。上述 3 种蚯蚓多生于具有腐烂草、树叶等有机质较丰富的湿土中，在此不再详述。

（四）软体动物

黄河三角洲软体动物除淡水类群外，陆生种类相对较少，约有 10 种，包括琥珀螺科、钻头螺科、槲果螺科、拟阿勇蛞蝓科、巴蜗牛科、蛞蝓科 6 科，其中灰巴蜗牛（*Bradybaena ravida*）、野蛞蝓（*Agriolimax agrestis*）等为广布种。大多数的陆生种类生活在潮湿的灌木丛、草丛、腐殖质较丰富的泥土中以及石块腐木或落叶下，均为对农业和园艺有害的动物，如野蛞蝓、黄蛞蝓（*Limax flavus*）、灰巴蜗牛、滑槲果螺（*Cochlicopa lubrica*）和较常见的达氏巨盾蛞蝓（*Macrochlamys davidi*）、同型巴蜗牛（*Bradybaena similaris*）等。

（五）节肢动物

黄河三角洲陆生节肢动物种类繁多，重要的包括蛛形纲、昆虫纲、多足纲等。

1. 蛛形纲

黄河三角洲有蝎类、蜘蛛类及蜱螨类，它们与农林业生产及经济活动有着密切的关系。

蝎目（Scorpionida）：蝎类为夜行、食肉性动物，黄河三角洲野生蝎类仅钳蝎科中的蝎（*Buthus martensi*）1 种，主要分布于暗湿土和砖、石缝中。

蜱螨目（Acarina）：黄河三角洲共记录蜱螨目 3 科 12 种。其中叶螨科 7 种，占螨类种数的 58.33%，居第一位；植绥螨科 4 种，占总种数的 33.30%，居第二位；真足螨科仅麦真足螨（*Penthalus major*）1 种。12 种螨类广生于农田、果园、菜地等，其中对农林作物有严重危害的是叶螨科种类，其适应性强，分布广泛，为重点防治对象。此外，土壤螨类也是螨的重要组成部分，有关内容在土壤动物中叙述。

蜘蛛目（Araneide）：蜘蛛目种类丰富，栖息范围广泛。山东省农林蜘蛛类已知 143 种，隶属于 27 科 76 属。黄河三角洲已记录蜘蛛目 56 种，分别隶属于 16 科 36 属，占山东省蜘蛛目总种数的 39.16%。蟹蛛科种数最多，为 12 种，占黄河三角洲蜘蛛目总种数的 21.43%；其次为狼蛛科，计 9 种，占总种数的 16.07%；再次为圆蛛科，计 8 种，占总种数的 14.29%。上述 3 科种数已占总种数的 51.79%，为蜘蛛目优势种群。

在黄河三角洲分布比较广泛的种类有大腹圆蛛（*Araneae ventricosus*）、横带球腹蛛（*Theridion angulithorax*）、温室球腹蛛（*Th. tepidariorum*）、芦苇卷叶蛛（*Dictyna arundinacea*）、中华猫蛛（*Ulobrous sinensis*）、草间小黑蛛（*Erigonidium graminicolum*）、北国壁钱蛛（*Uroctea lesserti*）、黑腹狼蛛（*Lycosa coelestis*）、中华狼蛛（*L. sinensis*）、三突花蛛（*Misumenops tricuspidatus*）、草皮逍遥蛛（*Philodromus cespitum*）、蚁形狼逍遥蛛（*Thanatus formicinus*）、娇长逍遥蛛（*Tibellus tenelus*）、浊斑扁蝇虎（*Menemerus confusus*）、黑色蝇虎（*Plexippus paykulli*）、棕管巢蛛（*Clubiona japoncola*）等，这些均为优势种。麦田里的优势种主要有星花豹蛛（*Pardosa astrigera*）、漏斗蛛（*Agelena*）、芦苇卷叶蛛、鞍形花蟹蛛（*Xysticus ephippiatus*）等；玉米田里的优势种为草间小黑蛛、星花豹蛛、鞍形花蟹蛛等。多种蜘蛛捕食昆虫，是重要的昆虫天敌。

2. 多足纲

黄河三角洲多足类动物种类很少，常见的有模棘蜈蚣（*Scolopendra*

subspinipes）、马陆（*Julus*）、蚰蜒（*Scutigera coleoptrata*）等，数量较多，它们属于大型土壤动物，在生态系统食物链中占据一定地位。

3. 昆虫纲

黄河三角洲共有昆虫 782 种，隶属于 12 个目 133 个科。

目的组成： 根据各目所含的种数统计，含有 50 种以下的寡种目有 7 个，占所有目数的 58.33%；含有 51~100 种的多种目有 2 个，占所有目数的 16.67%；含有 100 种以上的大目有鳞翅目（261 种）、鞘翅目（151 种）和膜翅目（111 种），占所有目数的 25%，但其所含的种数占黄河三角洲昆虫总种数的 66.88%。

科的组成： 按科的大小分析，含有 1 种的科有 39 个，占所有科的 29.32%，其所含有的种数仅占昆虫总种数的 4.99%；含有 2~4 种的寡种科有 48 个，占所有科的 36.09%，共含有 130 种，占昆虫总种数的 16.62%；含有 5~14 种的较大科有 33 个，占所有科的 24.81%，共含有 266 种，占昆虫总种数的 34.02%；含有 15~19 种的大科有 6 科，占所有科的 4.51%，共含有 100 种，占昆虫总种数的 12.79%；含有 20 种以上的科有尺蛾科（21 种）、天蛾科（22 种）、天牛科（24 种）、蝗科（32 种）、螟蛾科（42 种）、蚜科（44 种）、夜蛾科（67 种）7 个科，占所有科的 5.26%，共含有 252 种，占昆虫总种数的 32.22%。

区系组成： 黄河三角洲昆虫种类以古北区种类为主，如丽金龟科的铜绿异丽金龟（*Anomala corpulenta*）、黄褐丽金龟（*A. exoleta*）、中华弧丽金龟（*Popillia quadriguttata*）、无斑弧丽金龟（*P. mutans*）、毛喙丽金龟（*Adoretus hirsutus*）、苹毛丽金龟（*Proagopertha lucidula*）等；其次为古北区和东洋区共有广布种类，如华北大黑鳃金龟（*Holotrichia oblita*）、毛黄鳃金龟（*H. trichophord*）、华阿鳃金龟（*Apogonia chinensis*）、黑阿鳃金龟（*A. cupreoviridis*）、小灰粉鳃金龟（*Melolontha frater*）、黑绒鳃金龟（*Serica orientalis*）、阔胫绒金龟（*Maladera verticalis*）、小阔胫绒金龟（*M. ovatula*）等；少有东洋区种类，如豆突眼长蝽（*Chauliops fallax*）、棉缘蝽（*Anoplocnemis* *curvipes*）等，以该区为山东省分布的北限。

山东省在动物地理区划中属于古北界华北区中的黄淮温带粮棉亚区，其昆虫区系主要为东方种类所控制，属东方类型，但因平原地区缺少阻碍昆虫分布的大屏障，再加上长期人类经济活动与农业耕作的影响，形成了南北区系在本区的交混状态，某些西伯利亚种可向南超越此区，一些真正的热带种类亦能伸达于此，中亚细亚草原型蝗虫曾于境内被发现。从昆虫地理区划上分析，山东省可分为五个区系，黄河三角洲属于鲁北平原滨海区的鲁北滨海亚区。

黄河三角洲地区草地面积大，荒地多，东亚飞蝗种群数量大，有的年份酿成灾害，危及本区农业生产。

（六）土壤无脊椎动物

黄河三角洲共有土壤动物 38 种，分别隶属于线虫动物门、环节动物门、软体动物门、节肢动物门 4 门 8 纲。土壤动物各类群中，以蜱螨目的种数最多，达 10 种，占总种数的 26.32%；其次为鞘翅目，有 6 种，占总种数的 15.79%；再次为弹尾目，有 5 种，占总种数的 13.16%；其他类群的种类较少，在 1~3 种之间。按不同的集虫方法分析得出的结果不同，三种不同集虫方法中，以中小型土壤动物（干法）最多，大型土壤动物次之，中小型土壤动物（湿法）最少。

第二节　黄河三角洲脊椎动物多样性

一、鱼类

根据资料，黄河三角洲近海海域和淡水水体中共有鱼类206种，隶属于21目66科，其中软骨鱼纲有3目8科10种，硬骨鱼纲有18目58科196种（附录5）。国家二级重点保护鱼类2种，分别为海龙科海马属的日本海马（*Hippocampus japonicus*）和冠海马（*H. coronatus*）。从目这一分类等级上来看，鲤形目和鲈形目种类最多，各有62种，分别占总种类数的30.1%。

从分布区域来看，淡水鱼类有102种，海洋性鱼类有112种，其中部分鱼类在淡水水体和海洋中均有分布，分别是鳀科的刀鲚（*Coilia ectenes*）和凤鲚（*C. mystus*），银鱼科的大银鱼（*Protosalanx hyalocranius*）、安氏新银鱼（*Neosalanx andersoni*）、尖头银鱼（*Salanx acuticeps*）和有明银鱼（*S. ariakensis*），鰕虎鱼科的暗缟鰕虎鱼（*Tridentiger obscurus*）和纹缟鰕虎鱼（*T. trigonocephalus*）。这些鱼类已经长期适应了黄河三角洲地区的淡水生境。

根据已有资料，黄河三角洲地区的102种淡水鱼类中，以鲤形目居多，共有62种，占淡水鱼类的60.8%，其次是鲈形目19种和鲑形目9种。优势种类以鲤科中的鲤（*Cyprinus carpio*）、鲫（*Carassius auratus*）、花䱻（*Hemibarbus maculatus*）、麦穗鱼（*Pseudorasbora parva*）、棒花鱼（*Abbottina rivularis*）、赤眼鳟（*Squaliobarbus curriculus*）、白鲦（*Hemiculter leucisculus*）和中华鳑鲏（*Rhodeus sinensis*），鳅科的泥鳅（*Misgurnus anguillicaudatus*），鲇科的鲇（*Parasilurus asotus*），鲿科的黄颡鱼（*Pseudobagrus fulvidraco*），鳉科的青鳉（*Oryzias latipes*），合鳃科的黄鳝（*Monopterus albus*），攀鲈科的圆尾斗鱼（*Macropodus chinensis*）以及鳢科的乌鳢（*Channa argus*）为主。本地区的淡水鱼类多见于水库、河道、湖泊等生境中，部分经济型种

类多为人工放养，主要以草鱼（*Ctenopharyngodon idellus*）、鲢鱼（*Hypophthalmichthys molitrix*）和鳙鱼（*Aristichthy nobilis*）为主。

根据中国水产科学研究院黄海水产研究所、国家科委海洋组等单位组织的黄河口及其附近海域的渔业资源调查结果，在 112 种海洋性鱼类中，鲈形目居多，有 45 种，占海洋性鱼类的 40.2%，其次是鲀形目和鲽形目。青鳞沙丁鱼（*Sardinella zunasi*）、斑鰶（*Clupanodon punctatus*）、黄鲫（*Setipinna taty*）、日本鳀（*Engraulis japonicus*）、刀鲚（*Coilia ectenes*）、大银鱼（*Protosalanx hyalocranius*）、鮻（*Liza haematocheila*）、鲈（*Lateolabrax japonicus*）、棘头梅童鱼（*Collichthys lucidus*）、黄姑鱼（*Nibea albiflora*）、鲐鱼（*Pneumatophorus japonicus*）、短吻舌鳎（*Cynoglossus abbreviatus*）、矛尾鰕虎鱼（*Chaeturichthys stigmatias*）、红狼牙鰕虎鱼（*Odontamblyopus rubicundus*）等经济鱼类为优势种。

二、两栖类

黄河三角洲地区的两栖类动物资源较少，仅有 6 种，隶属于 1 目 3 科（附录 6），分别是蟾蜍科的中华蟾蜍（*Bufo gargarizans*）、花背蟾蜍（*B. raddei*），蛙科的泽蛙（*Fejervarya limnocharis*）、黑斑蛙（*Pelophylax nigromaculatus*）、金线蛙（*P. plancyi*）和姬蛙科的北方狭口蛙（*Kaloula borealis*）。

中华大蟾蜍为广布种，生活在多种生境中，主要见于湿润的淡水水体附近，在黄河三角洲地区主要见于河流、水库、公园内的人工湿地等地区，一般在夜间和雨后较为活跃。花背蟾蜍主要分布在我国北方，适应能力较强，能够生活在半荒漠地区，也可以生活在盐碱沼泽地、林间草地、沙荒湿地中，多在静水水体中产卵繁殖。泽蛙，又称泽陆蛙，主要分布在我国华北及沂南地区，黄河三角洲地区位于其分布区的北端。泽蛙主要生活于平原、丘陵等地的淡水沼泽、水塘、水沟以及附近的草丛中，主要在夜间活动。黑斑蛙，又称黑斑侧褶蛙，是常见蛙类，分布范围较广，在多种淡水水体中均有分布。金线蛙，又称金线侧褶蛙，黄河三角洲分布的应为金线蛙指名亚种（*R.*

p. plancyi），主要在沼泽、水塘等静水水域中生活，喜欢水草较多的生境。北方狭口蛙主要分布在华北和东北地区，生活在水坑、土穴或石块下，平时不太容易被发现，多于暴雨后的夜晚活动。

三、爬行类

黄河三角洲地区分布的爬行动物共有 12 种，隶属于 3 目 5 科（附录 7）。其中龟鳖目有 2 种，分别为乌龟（*Chinemys reevesii*）和鳖（*Pelodiscus sinensis*）。蜥蜴目 3 种，分别为无蹼壁虎（*Gekko swinhonis*）、丽斑麻蜥（*Eremias argus*）和山地麻蜥（*E. brenchleyi*）。蛇目 7 种，分别为赤链蛇（*Dinodon rufozonatum*）、黄脊游蛇（*Coluber spinalis*）、红点锦蛇（*Elaphe rufodorsata*）、双斑锦蛇（*E. bimaculata*）、棕黑锦蛇（*E. schrenckii*）、白条锦蛇（*E. dione*）和虎斑颈槽蛇（*Rhabdophis tigrinus*）。

这 12 种爬行动物中，乌龟为国家二级重点保护动物，栖息于淡水河流、湖泊、水库等生境，具有半水栖、半陆栖性。鳖的生活环境和乌龟相似，但多栖息于水体中，偶尔会到岸边活动。无蹼壁虎主要在建筑周围活动，具有夜行性，白天隐蔽。山地麻蜥和丽斑麻蜥曾被视为同一种，但最新研究认为二者为两个独立个体，均是平原及丘陵地带的常见蜥蜴，见于农田、山地、荒漠草地等生境中。7 种蛇类中，以赤链蛇、白条锦蛇和虎斑颈槽蛇较为常见，它们的生活环境较为一致，多见于农田、草地以及农村建筑附近。

另外，在田家怡等（1999c）编著的《黄河三角洲生物多样性研究》中还曾收录了棱皮龟（*Dermochelys coriacea*）、青灰海蛇（*Hydrophis caerulescens*）、青环海蛇（*H. cyanocinctus*）、淡灰海蛇（*H. ornatus*）和平颏海蛇（*Lapemis hardwickii*）5 种爬行动物，但这 5 种动物在渤海海域已多年未有记录，且渤海海域的环境并不适宜这 5 种动物生存，这 5 种动物可能已经在该区域消失，或者之前的记录为迷路至此的个体。

四、鸟类

黄河三角洲地区鸟类资源众多，根据历史文献及资料，该地区有记录的鸟类有394种，隶属于 24 目 74 科（附录 8），其中国家一级重点保护鸟类 26 种，国家二级重点保护鸟类 70 种。在分类单元上，雀形目种类最多，有 161 种，占 40.9%；鸻形目第二，有 73 种，占 18.5%；雁形目第三，有 37 种，占 9.4%；鹈形目和鹰形目均有 24 种，各占 6.1%；鹤形目 17 种，占 4.3%。从生态习性上来看，除鸣禽（雀形目）外，游禽、涉禽等水鸟是最大的类群，包括雁形目、潜鸟目、䴙䴘目、鹱形目、红鹳目、鹳形目、鹈形目、鲣鸟目、鹤形目、鸻形目等多个类群，这和当地的环境密切相关。从居留型来看，该区域的鸟类以旅鸟为主，但部分类群中还存在留鸟、夏候鸟以及冬候鸟，例如雁形目中的绿头鸭（*Anas platyrhynchos*）、斑嘴鸭（*Anas poecilorhyncha zonorhyncha*）等，本地区既有繁殖个体，也有越冬个体，还有一些是留鸟。

在 26 种国家一级重点保护物种中，中华秋沙鸭（*Mergus squamatus*）、黑脚信天翁（*Diomedea nigripes*）、黑头白鹮（*Threskiornis melanocephalus*）、黑脸琵鹭（*Platalea minor*）、卷羽鹈鹕（*Pelecanus crispus*）、秃鹫（*Aegypius monachus*）、玉带海雕（*Haliaeetus leucoryphus*）等均属于比较罕见的种类，并不稳定出现，其他的几种国家一级重点保护物种则有着相对稳定的记录，但除白鹤（*Grus Leucogeranus*）等鹤形目鸟类、黑嘴鸥（*Larus saundersi*）、东方白鹳（*Ciconia boyciana*）等有着比较大的种群数量外，其他种类的数量并不多，如青头潜鸭（*Aythya baeri*）、黄胸鹀（*Emberiza aureola*）等。

黄河三角洲位于东亚－澳大利亚候鸟迁徙路线上，是鸟类迁徙的重要停歇地，多种受胁鸟类以及国家重点保护鸟类在此停歇栖息，多个鸟种的种群数量超过途经该路线总种群的 1%，该区域被国际鸟盟列为国际重点鸟区之一。该区域的鸟类具有比较清晰的分布格局：近海海域主要以鸥类、鸬鹚等为主；而在滩涂生境中，鸟类则主要以鸬鹚类、鹭类、燕鸥类以及部分鸥类为主；在河流、湖泊、邻近的农田等生境中则主要以雁鸭类和鹤类为主；此外，一些雀形目鸟类多见于林地生境和村落附近。

国内外的多家科研机构和团队对该地区的鸟类展开了多项研究工作，具体请参考"脊椎动物研究概述"中的鸟类部分。

五、哺乳类

黄河三角洲地区生境较为单一，哺乳动物资源相对较少。根据已有历史资料、新闻报道以及调查数据，该地区有记录的哺乳类动物有 25 种，隶属于 6 目 14 科（附录 9），其中国家一级重点保护动物 1 种，为西太平洋斑海豹（*Phoca largha*）；国家二级重点保护动物 3 种，分别为赤狐（*Vulpes vulpes*）、豹猫（*Prionailurus bengalensis*）和东亚江豚（*Neophocaena sunameri*）。

斑海豹生活在西北太平洋地区，我国的渤海辽东湾地区是其繁殖区之一，黄河三角洲地区离斑海豹的繁殖区相对较远，偶尔会有斑海豹迷路至此。2020 年 2 月 18 日，东营胜利油田的职工在该区域发现了一头斑海豹幼崽。东亚江豚是该区域的另一种海洋性哺乳动物，在黄河三角洲近海区域有稳定的记录，多见于黄河三角洲自然保护区南侧海域。据保护区工作人员观测，此处的东亚江豚多成"小群"活动，一般 2~3 头或 4~5 头一起，春季和秋季渔汛期间更容易见到。2020 年 9 月，东营市海洋和渔业监督监察支队曾在东营经济技术开发区金泥湾附近河道成功救助过一头搁浅受困的东亚江豚。陆生哺乳动物中，赤狐和豹猫均为国家二级重点保护动物，但在黄河三角洲地区并不多见。

另外，田家怡等（1999c）编著的《黄河三角洲生物多样性研究》还收录了小温鲸（*Balaenoptera acutorostrata*）、伪虎鲸（*Pseudorca crassidens*）和宽吻海豚（*Tursiops truncatus*）3 种哺乳动物，但这 3 种海洋性哺乳动物在黄河三角洲附近海域出现的概率极低，有很大的可能是迷路至此，和东亚江豚的稳定分布有着显著的区别。

陆生脊椎动物中，无大型兽类，以中小型兽类为主。其中又以啮齿目居多，共有 7 种。其他类群中，食肉目有 6 种，其中赤狐和豹猫在该区域的数量极其稀少，而黄鼬（*Mustela sibirica*）、艾鼬（*M. eversmanni*）、狗獾（*Meles meles*）和猪獾
（*Arctonyx callaris*）在该地区主要见于农田和旷野生境中。其中黄鼬和猪獾的数量相
对较多，在农村地区较容易见到，但近年来种群数量也呈下降趋势。翼手目有 5 种，
均是比较广布和常见的种类，其中伏翼（*Pipistrellus pipistrellus*）最为常见，另外 4 种
分别是东方蝙蝠（*Vespertilio sinensis*）、须鼠耳蝠（*Myotis mystacinus*）、萨氏伏翼
（*Hypsugo savii*）和大菊头蝠（*Rhinolophus luctus*）。食虫目有 4 种，其中刺猬（*Erinaceus
amurensis*）和小麝鼩（*Crocidura suaveolens*）比较常见，多见于城郊和乡村地区，
麝鼹（*Scaptochirus moschatus*）和普通鼩鼱（*Sorex araneus*）相对较少。兔形目的
草兔（*Lepus capensis*）比较常见，其栖息生境广泛，在本地区为优势哺乳动物。

第三节　脊椎动物研究概述

一、鱼类

黄河三角洲地区鱼类的相关研究较少，经检索文献发现，在 20 世纪 90 年代，
潘怀剑和田家怡曾对该地区的 8 条河流、3 个水库以及 1 个湖泊的淡水鱼类多样性及
水体污染对淡水鱼类的影响进行了分析，该报告共调查了 102 种淡水鱼类及其亚种，
隶属于 9 目 17 科 65 属。水体污染对当地鱼类的多样性影响较大，少数河流中鱼类已
经绝迹。在海洋鱼类方面，中国水产科学研究院黄海水产研究所、国家科委海洋组等
单位曾组织过黄河口及其附近海域的渔业资源调查，但目前已多年未有其他研究人员
对这方面进行再次调查。

此外，也有针对具体类群的研究。2000~2001 年，苑春亭等人（2002）对黄河

三角洲地区的银鱼种类及其分布特征进行了初步研究，确定了黄河三角洲 4 种银鱼的分布情况。

二、两栖类

黄河三角洲地区两栖类动物资源较少，且从大的地理分布上缺少特有种和稀有种类，一直不被人关注，截至目前尚未有科研团队或机构对黄河三角洲地区的两栖类动物资源分布进行系统调查，未来值得关注。

三、爬行类

同两栖类一样，黄河三角洲地区爬行类动物资源较少，缺少特有和稀有种类，尚未有科研团队或机构对该区域爬行类动物资源分布进行系统研究。

四、鸟类

黄河三角洲作为山东省鸟类资源最丰富的地区之一，也是国际重点鸟区之一，此处良好的湿地环境为许多鸟类提供繁殖地、越冬地以及迁徙停歇地。有多种国家重点保护鸟类在此栖息，得到了各方的关注，因此对鸟类的研究工作开展得相对较多，省内外的多家科研单位都曾在此进行过鸟类科研工作，涉及多个研究方面。

（一）鸟类多样性研究

对鸟类的研究中，和鸟类多样性相关的最多，比如，黄河三角洲国家级自然保护区管理局常年有鸟类多样性调查工作，也有针对特定类群的持续监测，比如越冬鹤类、东方白鹳等。在此地区开展的鸟类多样性监测工作多集中在黄河三角洲国家级自然保护区内。除保护区管理局外，自 20 世纪 90 年代，省内外多家科研机构和团队也在黄河三角洲地区开展过鸟类多样性方面的研究工作。1992 年，赛道建等人发表在《山东林业科技》的《黄河三角洲鸟类研究》一文共记录鸟类 160 种。1996 年，赵延茂等人发表在《野生动物》上的《山东黄河三角洲国家级自然保护区鸟类调查》

共记录鸟类 265 种。1999 年，田家怡发表在《滨州教育学院院报》中的《黄河三角洲鸟类多样性研究》一文共收录鸟类 272 种。连海燕等人（2018）在 2015 年 1 月至 2017 年 12 月开展的鸟类资源监测中，共记录鸟类 169 种。吕丽（2019）在 2015 年 1 月至 2018 年 12 月期间开展的"黄河三角洲湿地鸟类多样性及其生境选择"研究共调查鸟类 176 种，其中以鸻形目鸟类居多，占总种类的 32.9%。并且，作者在调查过程中发现，调查到的鸟类种类数逐渐变少，油气开采、农田开垦以及旅游业的开发可能是主要的影响因素。另外，该研究还发现芦苇湿地以及海滩湿地是该区域鸟类最喜欢的生境。

除全区域的系统调查外，还有部分研究对特定季节的鸟类群落进行过调查。例如，赛道建等（1996）在《黄河三角洲夏季鸟类生态的初步研究》一文中发布了 1987 年对黄河三角洲夏季鸟类生态的研究工作，共记录 62 种在不同生境中筑巢繁殖的鸟类，其后该团队又进行了补充调查，对繁殖鸟类群落特征进行了初步研究，共发现繁殖鸟类 64 种，其中夏候鸟占 67.2%，生态型中涉禽和游禽共占 45.3%。孙孝平等人（2015）在 2014 年 10 月至 2015 年 1 月开展了"黄河三角洲自然保护区秋冬季水鸟群落组成与生境关系分析"的研究工作，该研究在秋季迁徙期记录水鸟 54 种，在冬季越冬期记录水鸟 31 种，并且发现天然水域是水鸟群落的主要分布区。

也有许多研究对特定生境中的鸟类多样性进行了调查研究。1996~1998 年期间，贾建华和田家怡（2003）对黄河三角洲湿地鸟类开展了 3 年的调查，鉴定出湿地鸟类 199 种。同一时期，贾文泽等（2002b）对浅海滩涂湿地鸟类多样性也进行了调查研究，共记录鸟类 132 种。马金生等人（1999）对黄河三角洲的水鸟资源进行了调查，记录水鸟 54 种。王刚（2010）在其硕士论文《黄河三角洲湿地鸟类群落研究》中介绍，于 2008 年 9 月到 2009 年 6 月间记录 72 种水鸟，并且发现不同湿地类型在鸟类群落组成上存在差异，涉禽偏好滩涂生境，而游禽偏好芦苇湿地。植物多样性、栖息地类型多样性、植被高度、植被盖度、水面积比例、水位与湿地水鸟群落结构成显著相关。植被类型多样性、栖息地类型多样性、水面积比例与水鸟群落结构显著正相关。植物盖度和植物高度过高或过低都会影响水鸟群落结构。黄子强等人（2018a）在2014年开展的"黄河三角洲水鸟多样性调查及种群数量监测"工作中共记录水鸟45种，其在2016年继续开展的"2016年黄河入海口北侧水鸟群落组成及多样性"研究中，共记录水鸟77种，并且发现春季和秋季水鸟种类较多，说明该地区是迁徙水鸟的重要停歇地之一。

有学者对黄河三角洲的部分类群进行了调查，比如张希画（2012）在2005~2010年期间对黄河三角洲国家级自然保护区的雁鸭种类及数量进行了监测，共记录雁鸭类35种，并且发现有13种超过了东亚雁鸭类迁徙路线1%的标准，多数物种在该地区越冬，表明该地区对雁鸭类的越冬具有重要意义。2000年，黄河三角洲国家级自然保护区的工作人员在《山东林业科技》杂志上发表了数篇对本地区鸻形目鸟类的研究，涉及群落组成、迁徙规律、伴生鸟类等方面（吕卷章等，2000a，2000b；赵长征等，2000）。赵延茂等人于2001年发表的《黄河三角洲自然保护区鸻形目鸟类研究》中记录了该地区有17种鸻鹬类种群数量超过了1%的国际标准，说明本地区对鸻鹬类的迁徙有着重要的意义。

此外，在鸟类新记录方面，也有部分学者发表了相关研究成果。2000年，朱书玉等人曾发表了雪雁这一该地区的鸟类新记录。2013年，单凯和于君宝在《四川动物》上发表了《黄河三角洲发现的山东省鸟类新记录》一文，确认截至2013年，多年来在黄河三角洲地区发现了24种山东省鸟类新记录，并对居留型和分布习性进行了描述。此后，王立冬等人于2014年12月在黄河三角洲国家级自然保护区滩涂湿地首次发现蒙古百灵一只，也是山东省鸟类新记录。

在黄河三角洲自然保护区以外的地区开展的鸟类调查工作相对较少。根据资料，董林水等人（2018）曾在2015年11月至2016年10月期间对滨州市城区的绿地鸟类多样性进行过调查，共记录到鸟类56种，以雀形目居多，并且发现滨州城区鸟类以古北种为主。春季、秋季和初冬候鸟过境时间段内，研究区鸟类的物种数量及密度明显多于其余月份。

（二）鸟类保护

在鸟类保护研究领域，有学者对湿地恢复对鸟类群落的作用以及入侵物种和环境污染物对鸟类的影响做过相关研究工作。

王明春（2008）在2007年3月至2008年2月期间，对黄河三角洲地区不同阶段的湿地恢复区和未恢复区的鸟类群落结构、群落多样性以及群落动态的差异进行了研究，发现恢复阶段的长短对鸟类群落组成及多样性具有重要影响，但有些类群更倾向于选择未恢复区。通过比较，作者认为湿地恢复可能主要通过影响湿地鸟类的生境因子来影响鸟类群落特征。

田家怡等人（2008）对入侵物种米草对滩涂鸟类的影响进行了研究，通过对比2005年和2000年的数据，作者发现米草入侵导致了黄河三角洲调查区域内鸟类种类数减少，多样性降低，并且认为主要原因是米草入侵导致了适宜鸟类觅食和栖息的生境变少或丧失。

曲阜师范大学杨月伟教授的团队近年来在黄河三角洲地区以东方白鹳、黑嘴鸥和鸥嘴噪鸥为研究对象，分析了重金属对鸟类生理以及繁殖的影响。研究发现，东方白鹳羽毛中的重金属 Cr 和 Cd、Cd 和 Ni 之间成显著正相关关系，Cr 与 Mn、Cr 与 Ni、Mn 与 Ni 之间成极显著正相关关系。黄河三角洲湿地内东方白鹳羽毛中的重金属含量在整体趋势上表现为 Cr>Zn>Mn>Cu>Ni>Mn>Pb>Fe>Cd。孵化失败的黑嘴鸥卵壳中重金属 Cr、Mn、Pb、Fe 的含量均显著高于孵化成功的卵壳；孵化失败的卵壳中重金属 Cu 的含量极显著高于孵化成功的卵壳；而孵化失败的卵壳中重金属 Ni 的平均含量低于孵化成功的卵壳；孵化失败与孵化成功的卵壳中重金属 Zn、Ni 含量之间的差异不显著。说明重金属 Cr、Mn、Cu、Pb、Fe 可能会对黑嘴鸥卵的孵化造成影响。

山东大学王玉志副教授的团队曾对该区域风电场对鸟类的影响进行过专门的研究，选定了渤海湾南岸的滨州和东营地区作为研究地点，分析了风电场对鸟类多样性、分布以及行为的影响，发现有风机的生境中，鸟类多样性要低于无风机区域，但常见种类的行为并无明显差异，绝大多数鸟类在穿越风机区域时都能够从高度和水平距离上规避风机（石婷婷，2020）。

此外，黄河三角洲国家级自然保护区工作人员也一直在开展对禽流感的监测工作。

（三）针对特定鸟类的相关研究

黄河三角洲生境类型多样，有大面积的芦苇沼泽、盐地碱蓬盐沼、各类草甸、旱柳林等植被类型，以及农田、养殖塘、浅海水域、滩涂等生态系统，为各类动植物尤其是鸟类的迁徙、觅食、越冬、生长发育和繁衍、休憩等创造了良好的生境条件。根据各种资料统计，共记录鸟类 380 多种，包括中华秋沙鸭（*Mergus squamatus*）、丹顶鹤（*Grus japonensis*）、白鹤（*Grus leucogeranus*）、大鸨（*Otis tarda*）等重要种类，其中丹顶鹤、东方白鹳（*Ciconia boyciana*）、卷羽鹈鹕（*Pelecanus crispus*）、大天鹅（*Cygnus cygnus*）、黑嘴鸥（*Saundersilarus saundersi*）等珍稀濒危保护物种在黄河三角洲越冬、繁殖或迁徙停留，使黄河三角洲成为多种珍稀濒危鸟类的越冬地和迁徙停留地。

1. 东方白鹳

东方白鹳是国家 I 级保护物种、CITES 附录 I 物种、中国生物多样性红色名录濒危物种、IUCN 濒危物种红色名录濒危物种，是黄河三角洲地区最有价值的鸟类之一，也是未来国家公园的重点保护鸟类，它的生存和健康状况是黄河三角洲自然保护区生态系统健康与否的重要标志，在生物多样性保护和指示方面具有重要意义。

东方白鹳全球种群数量约 3 000 只，主要繁殖于我国东北地区和俄罗斯的远东地区，越冬于我国长江中下游地区，其繁殖地南迁明显，目前在黄河三角洲区域内已有稳定的繁殖种群出现。1997 年在黄河三角洲国家级自然保护区内首次发现迁徙种群，2002 年开始出现夏季逗留个体，2003 年首次在电线杆上发现一对东方白鹳的巢，此后一直到 2010 年，东方白鹳在保护区的繁殖种群一直壮大，对其相关的保护措施以及生物学研究工作也逐步展开（连海燕，2011）。此外，保护区工作人员也曾在

2005 年对东方白鹳的繁殖行为进行过初步观察（周莉，2006）。目前，东方白鹳在国家保护区的繁殖种群稳步增加，成为东方白鹳全球最大繁殖地，荣膺"中国东方白鹳之乡"称号。

2. 黑嘴鸥

黑嘴鸥为国家一级重点保护动物、中国生物多样性红色名录濒危物种、IUCN 濒危物种红色名录濒危物种，全球种群数量为 21 000~22 000 只，分布于中国、日本、朝鲜、韩国、俄罗斯、越南等地，在中国主要繁殖于辽宁南部的盘锦、河北、山东渤海湾沿岸以及江苏盐城沿海等东部沿海地区。黄河三角洲是黑嘴鸥在我国的三大繁殖地之一，也是全球第二大繁殖地，荣膺"中国黑嘴鸥之乡"称号。1992 年，保护区工作人员首次在黄河三角洲发现了黑嘴鸥，并开展了环志及 DNA 分析工作（赵长征等，2004）。黄河三角洲大汶流管理站的工作人员刘海防（2015）在 1998~2014 年间对保护区内的黑嘴鸥的繁殖状况进行过调查，发现黑嘴鸥的繁殖生境主要是地势低洼地以及潮间带内，繁殖期通常从 4 月下旬持续到 7 月中旬，种群数量呈逐年增加的趋势。此后，张亚楠在其硕士论文《黑嘴鸥遗传多样性及超常窝卵数发生机制》中对黄河三角洲地区的黑嘴鸥种群进行了研究。该研究发现，截至 2016 年， 黄河三角洲地区的黑嘴鸥种群增长迅速，达到 7 112 只，并且有着较高的遗传多样性。同时，该研究发现，黄河三角洲地区的黑嘴鸥繁殖种群存在明显的种内巢寄生行为和婚外配行为。在超常窝卵数的巢中，种内巢寄生的比例达到了 100%，婚外配比例占到了 42%；在正常窝卵数的巢中，种内巢寄生的比例为 0，婚外配的比例为 33.3%。为了保护黑嘴鸥的繁殖，在保护区的一千二保护站北边建立了防潮坝，对种群的稳定和增加起到了重要作用，此区域的盐地碱蓬群落、芦苇群落等为黑嘴鸥的繁殖和觅食提供了必需的生境。

3. 丹顶鹤

丹顶鹤是国家一级重点保护动物、CITES 附录 I 物种、中国生物多样性红色名录濒危物种、IUCN 濒危物种红色名录濒危物种。丹顶鹤全球种群数量为 2 800~3 000 只，分布于中国东北、蒙古东部、俄罗斯乌苏里江东岸、朝鲜、韩国和日本北海道，在中国主要繁殖于东北的黑龙江、吉林、辽宁和内蒙古达里诺尔湖等地，越冬于江苏、上海、山东等地的沿海滩涂及长江中下游地区，偶尔也见于江西鄱阳湖和台湾。黄河三角洲已是丹顶鹤重要越冬地和集中分布区，最多时可超过 100 只，是其越冬的最北界和潜在的繁殖地。丹顶鹤在黄河三角洲的越冬和栖息受到科研人员的关注。舒莹（2004）通过遥感和地理信息系统对黄河三角洲地区 1986~2001 年期间的丹顶鹤生境的动态变化进行了分析，结果发现，适合丹顶鹤栖息的生境面积不断减少，生境破碎化程度不断升高。适应丹顶鹤栖息的各生境类型的面积，除了轻干扰、深积水的鱼类苇田（人类活动造成）有所增加外，其余大多呈减少趋势。总的来说，丹顶鹤栖息生境质量呈下降趋势。并且，作者发现迁徙期影响丹顶鹤生境选择的主要因子是干扰，最适生境为远离人类干扰、有浅水域分布、植被覆盖率较低的地区；越冬期影响丹顶鹤生境选择的主要因子是食物，它们最喜欢在人类干扰相对较小、有水域分布、动物性食物占主导地位、植被覆盖率较低的地区栖息。曹铭昌等（2011）对黄河三角洲自然保护区的丹顶鹤生境选择机制进行了研究，结果发现，景观尺度是影响丹顶鹤生境选择的主要尺度，景观尺度因子通过与微生境和斑块尺度因子的独立和联合作用制约着丹顶鹤在保护区的生境选择和空间分布格局。作者建议加强对盐地碱蓬滩涂、芦苇沼泽、水体等湿地生境的保护和管理，规范和控制保护区内人类活动强度。孙兴海（2016）在其硕士论文《黄河三角洲丹顶鹤迁徙期食物组成及对滩涂蟹类取食的季节性差异研究》中提到，丹顶鹤的春季迁徙期主要集中在 2 月 14 日至 3 月 15 日，秋季迁徙期集中在 11 月 15 日至 12 月 5 日，主要利用盐地碱蓬滩涂和芦苇滩涂两种生境，滩涂蟹类在其中占比最高，达 94.2%，主要以天津厚蟹和宽身大眼蟹为主。上述这些工作为丹顶鹤的保护提供了重要的参考资料。2016 年以来，随着生态保护的深入和生态环境的改善，丹顶鹤种群数量有增加的趋势，但互花米草入侵对丹顶鹤的危害已经引起各方面的关注。2000 年以来，外来入侵植物互花米草入侵到黄河三角洲近海，并快速蔓延，目前已对盐地碱蓬群落、芦苇群落等造成了严重危害，同时也影响了丹顶鹤的越冬和栖息。自然保护区已经开始对互花米草进行治理，并取得了明显成效。随着黄河三角洲生态环境的不断改善，丹顶鹤开始在这里繁殖。2019年6月，保护区首次记录到丹顶鹤在黄河三角洲自然条件下繁殖的现象，表明黄河三角洲有可能成为丹顶鹤在中国新的繁殖地，在丹顶鹤越冬、迁徙和繁殖中发挥更大作用，对维持全球丹顶鹤种群具有重要意义。

4. 白鹤

白鹤是国家 I 级保护物种、CITES 附录 I 物种、中国生物多样性红色名录极危物种、IUCN 濒危物种红色名录极危物种，是典型的水禽。白鹤全球种群数量为 3 500~4 000 只，其中东部种群繁殖于我国东北地区和俄罗斯的远东地区，越冬于我国长江中下游地区，黄河三角洲是其重要的中途停歇地。保护区科研人员的观测表明，无论是春季迁徙还是秋季迁徙，黄河三角洲都是白鹤的重要停歇区。加强黄河三角洲白鹤栖息地的保护和相关研究尤为重要。此外，黄河三角洲还是白鹤重要的越冬地，是目前已知其越冬的最北界，也是全球第二大越冬地，对维持全球的白鹤种群具有重要意义。

5. 卷羽鹈鹕

卷羽鹈鹕是国家 II 级保护物种、CITES 附录 I 物种、中国生物多样性红色名录濒危物种、IUCN 濒危物种红色名录近危物种。全球种群数量为 11 400~13 400 只，东亚种群数量不足 150 只，是东亚 – 澳大利西亚迁飞区上最濒危的物种之一。黄河三角洲在 2005 年首次发现卷羽鹈鹕，其后每年春、秋迁徙季节均有记录，2015 年记录到 84 只，几乎为东亚地区的全部野外种群，成为目前已知的卷羽鹈鹕在东亚地区的最大迁徙停歇地，充分凸显了黄河三角洲湿地在卷羽鹈鹕保护方面的重要性。

6. 灰鹤

灰鹤是国家二级重点保护动物，在黄河三角洲地区分布广泛，越冬区域较广。赛道建等人（1991）已经对灰鹤在该地区的越冬情况进行了调查，发现黄河口等边缘地带群体大、数量多，群体数量波动也大，在河漫滩上夜宿时常和豆雁混群而栖；内陆群体小，多为4~6只家族性群体活动。根据现有观测，灰鹤在黄河三角洲地区的越冬个体数量稳定在数千只，有些年份可能达到上万只。

7. 黑脸琵鹭

黑脸琵鹭是世界濒危鸟类、国家一级重点保护动物。自2002年单凯等人在黄河三角洲自然保护区发现黑脸琵鹭后，保护区工作人员又对其在保护区内进行了重点调查（王广豪等，2006），经过数年的研究，基本确定了黑脸琵鹭迁徙过程中在黄河三角洲地区的停歇规律，主要集中在10月下旬至11月上旬，春季迁徙期则难以见到。

8. 其他鸟类

大天鹅、雁鸭类鸟类在黄河三角洲地区已经很普遍，相关的研究也很多。

除上述重要鸟类外，也有人对其他鸟种的情况进行过专门研究，比如朱书玉等人（2001）曾对震旦鸦雀在黄河三角洲自然保护区的分布及数量进行过研究。单凯等人（2005）曾对黑翅鸢在黄河三角洲地区的分布及生态习性进行过研究。此外，还有部分鸟类研究工作涉及黄河三角洲地区，比如张欣宇（2014）开展的"不同地区斑背大尾莺繁殖期领域鸣声差异研究"工作中，黄河三角洲国家级自然保护区作为其中一个采样点被纳入了分析中，在多地区的调查中，共得到66种音节型，其中黄河三角洲的种群所独有的有5个，为其采样地里种群中最高的一个。

五、哺乳动物

黄河三角洲地区的哺乳动物种类相对较少，开展的研究工作更是少之又少，已经多年没有系统的多样性调查。2021年2月随着新的《国家重点保护野生动物名录》的颁布，原先被列为"三有"的赤狐和豹猫已经提升为国家二级重点保护动物，而这两种动物在本地区的分布情况并不为人所知，相关资料极少，这两种动物在该地区的分布吸需调查。

第四节 研究案例
——黄河三角洲底栖动物研究

一、研究方法

1. 研究区域概况

鉴于对底栖动物的研究较为薄弱且缺乏资料，课题组于 2018 年对黄河三角洲底栖动物进行了专题研究。黄河三角洲位于山东省东营市垦利区黄河口镇境内，北临渤海，东靠莱州湾，与辽东半岛隔海相望。黄河三角洲背陆面海，受亚欧大陆和太平洋的共同影响，属暖温带季风型大陆性气候，雨热同期，四季分明。该区域地处海陆交界、咸淡水交汇地带，自然湿地与人工湿地面积广阔，受海洋潮汐、资源开发等影响，形成以芦苇（*Phragmites australis*）、盐地碱蓬（*Suaeda salsa*）和柽柳（*Tamarix chinensis*）群落为主的植被分布；受海水变迁、河流改道等影响，形成以海岸带附近为咸水湿地、河流沿岸为淡水湿地的景观格局。根据植被类型和水体含盐量，可将黄河三角洲湿地类型划分为芦苇湿地（包括芦苇浅滩和芦苇深滩）、盐地碱蓬湿地、柽柳湿地以及鲜有植被覆盖的河滩和潮间带。其中，盐地碱蓬湿地和潮间带为咸水湿地，芦苇湿地、柽柳湿地和河滩为淡水湿地。

2. 样地设置

根据黄河三角洲（36° 55'~38° 16' N 和 117° 31'~119° 18' E）内水质特征、植被分布与环境条件的不同，本次研究在夏季和秋季分别选取潮间带（CJD）、盐地碱蓬湿地（CJP）、芦苇浅滩湿地（LWQ）、芦苇深滩湿地（LWS）、柽柳湿地（CL）和入海河流滩涂（TT）6 种不同生境的湿地进行调查，每种生境选择 3 个样地，共计 18 个样地，样地标号和生境状况见表 3-1。

表 3-1　黄河三角洲不同湿地内的样地状况

生境类型	样地标号	生境状况
潮间带	CJD1	水深约 30 cm，海水，动态水体
	CJD2	
	CJD3	
芦苇浅滩	LWQ1	水深少于 50 cm，淡水，静态水体
	LWQ2	
	LWQ3	
芦苇深滩	LWS1	水深 2~4 m，淡水，缓动态水体
	LWS2	
	LWS3	
柽柳区	CL1	入海河流沿岸，河流水深 2~4 m，淡水，缓动态水体，柽柳附近多草本
	CL2	
	CL3	
盐地碱蓬区	CJP1	水深约 30 cm，海水，动态水体，植物物种单一且稀疏
	CJP2	
	CJP3	
入海河流滩涂	TT1	水深 0.5~1 m，淡水，缓动态水体
	TT2	
	TT3	

3. 样品采集

于 2018 年 6 月（夏季）和 9 月（秋季）分别对研究样地进行生物采集，采样点分布见图 3-1。采样时使用 pH 仪、溶氧仪和照度计对不同样地的水体酸碱度（pH）、水温（WT）、溶解氧（DO）、气温（AT）和照度进行测定，根据植被在地面的垂直投影面积比例估算植被盖度（VC），并采样分析大型底栖动物和土壤微生物的种类组成、数量分布、多样性指数等指标。

对大型底栖动物使用 0.05 m^2 的箱式采泥器采集，每个样地采集 2 次平行样品，然后合并为样地样品。所获样品经过 40 目网筛分选冲洗后，用 70% 的乙醇溶液固定保存，带回实验室在显微镜下进行鉴定和计数。大型底栖动物的采集、保存、鉴定等遵照《海洋调查规范第 6 部分：海洋生物调查》和前人研究。

微生物样品的采集是在样地内取同等深度混合底泥约 10 g，装入标号的密封袋，在冰桶内保存并及时进行 16S rDNA 扩增子测序（16S rDNA Amplicon Sequencing），来确定微生物种类及丰度。

4. 大型底栖动物的数据处理

对不同季节和生境的大型底栖动物进行鉴定和计数后，记录各样地内大型底栖动物的种类名称、种类数、个体数和总数，根据其生活方式类型和功能摄食类群分类统计，通过计算和比较 Berger-Parker 优势度指数（d）、Margalef 物种丰富度指数（D）、Shannon-Wiener 多样性指数（H'）和 Pielou 均匀度指数（J），进行大型底栖动物生物多样性分析，来反映大型底栖动物群落结构的差异。

优势度指数（d）：$d = \dfrac{n_i}{N}$

Margalef 物种丰富度指数（D）：$D = (S-1)/\ln N$

Shannon-Wiener 多样性指数（H'）：$H' = -\sum_{i=1}^{S}(\dfrac{n_i}{N})\log_2(\dfrac{n_i}{N})$

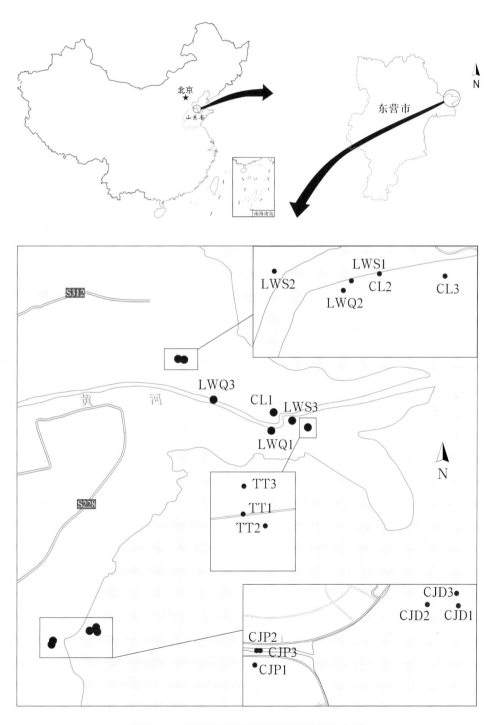

图 3-1　黄河三角洲位置和采样点分布图

Pielou 均匀度指数（J）：$J = H'/\ln S$

式中：n_i 为第 i 种大型底栖动物的个体数；N 为采集大型底栖动物的总个体数；S 为统计到的大型底栖动物的物种数目。

二、黄河三角洲湿地大型底栖动物的群落结构

1. 大型底栖动物物种分布

本次调查在黄河三角洲 6 种生境 18 个样地上共采集到大型底栖动物 1 798 头，隶属于 46 科 52 属 57 种，其中夏季采集到大型底栖动物 1 103 头，隶属于 21 科 23 属 25 种；秋季采集到大型底栖动物 695 头，隶属于 40 科 46 属 50 种。夏、秋季大型底栖动物在黄河三角洲各生境的分布见表 3-2。

采集到的大型底栖动物以节肢动物门（Arthropoda，47.44%）和软体动物门（Mollusca，46.38%）为主。其中，软体动物门中的腹足纲（Gastropoda，22.91%）和双壳纲（Bivalvia，23.47%）、节肢动物门中的软甲纲（Malacostraca，25.81%）和昆虫纲（Insecta，21.19%）的大型底栖动物占总数的 80% 以上（图 3-2）。

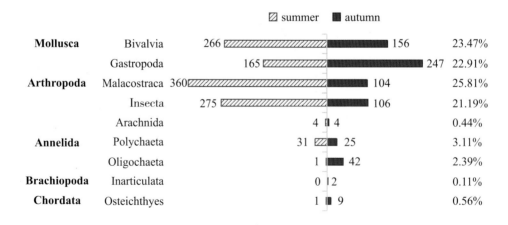

图 3-2 黄河三角洲夏、秋季大型底栖动物在门水平和纲水平的个体数和占比

表3-2　黄河三角洲大型底栖动物采集名录

门	纲	学名	夏季						秋季					
			CJD	LWQ	LWS	CL	CJP	TT	CJD	LWQ	LWS	CL	CJP	TT
Mollusca	Bivalvia	Endopleura lubrica	+				+		+				+	+
		Mactra veneriformis	+						+				+	
		Mactra chinensis							+					
		Ruditapes philippinarum							+					
		Corbicula fluminea		+		+								
		Sinonovacula constricta											+	
		Cultellus attenuatus											+	
		Laternula marilina	+				+							
		Potamocorbula ustulata								+				
	Gastropoda	Bullacta exarata	+						+					
		Umbonium thomasi	+						+					
		Nassarius	+						+	+				
		Parafossarulus striatulus												
		Gyraulus convexiusculus								+				
		Radix auricularia								+				
		Assiminea violacea		+						+			+	+
		Assiminea latericea		+			+						+	
		Rapana venosa											+	
		Succinea								+				
		Elachisina ziczac								+				
		Bithynia longicornis								+				
		Stenothyra glabra												
		Agadina syimpsoni								+				+
		Glossaulax didyma	+						+				+	
		Pyrhila pisum	+										+	
Arthropoda	Malacostraca	Macrophthalmus japonicus							+					+
		Macrophthalmus dilatatum							+				+	+
		Hemigrapsus penicillatus											+	

表 3-2　黄河三角洲大型底栖动物采集名录（续）

门	纲	学名	夏季						秋季					
			CJD	LWQ	LWS	CL	CJP	TT	CJD	LWQ	LWS	CL	CJP	TT
Arthropoda	Malacostraca	Helice tridens					+	+	+			+	+	+
		Eriocheir sinensis			+					+	+	+		
		Gammarus					+	+				+		+
		Porcellio								+	+			
		Armadillidium vulgare									+			
		Palaemon gravieri											+	
	Eumetabola	Chironmidae a		+	+	+				+	+			
		Chironmidae b		+		+				+	+	+		
		Chironmidae c				+								
		Formica cunicularia		+	+					+	+			
		Ephydridae									+			
		Aquarius elongatus									+			
		Corixidae									+	+		
		Tipula				+								
		Pisaura				+								
	Arachnida	Pirata subpiraticus		+		+				+				
		Tetragnathidae								+				
		Cyclosa										+		
Annelida	Polychaeta	Glycera chirori	+						+					
		Diopatra amboinensis		+					+					
		Capitella capitata						+		+				+
		Perinereis aibuhitensis					+							
		Arenicola cristata												
	Oligochaeta	Pheretima tschiliensis					+						+	
		Pristina									+			
Brachiopoda	Inarticulata	Lingula anatina							+					
Chordata	Actinopteri	Periophthalmus magnuspinnatus							+				+	
		Rhinogobius giurinus			+				+	+		+		+
		Acanthogobius flavimanus							+					

2. 大型底栖动物生活方式类群

对采集到的大型底栖动物根据生活类型进行分类统计得到，黄河三角洲夏季大型底栖动物以钻蚀型和底埋型为主，秋季以底栖型和底埋型为主。其中，潮间带生境的大型底栖动物以底栖型和底埋型为主；芦苇浅滩、芦苇深滩和柽柳区生境大型底栖动物的优势类群，夏季以钻蚀型为主，秋季则存在大量自由移动型底栖动物；盐地碱蓬湿地内各类型的大型底栖动物均有分布；入海河流滩涂夏季优势类型为底埋型大型底栖动物，秋季则以底埋型和底栖型大型底栖动物居多。在黄河三角洲6种生境中均未采集到固着型大型底栖动物（图3-3）。

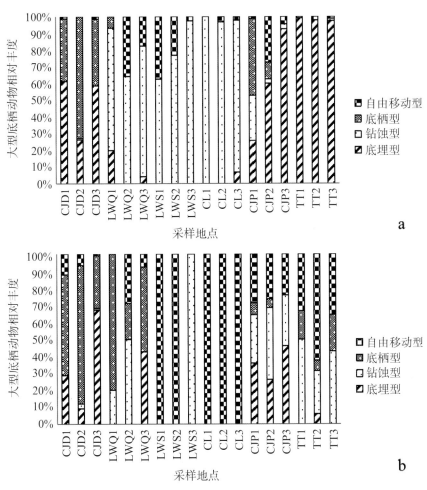

图 3-3　夏季（a）和秋季（b）各样地不同生活类型大型底栖动物的相对丰度

3. 大型底栖动物功能摄食类群

根据功能摄食类群分类，黄河三角洲各生境的大型底栖动物优势类群存在差异。两季内盐地碱蓬湿地和入海河流滩涂的优势类群均为滤食者，潮间带的优势类群为滤食者和刮食者。夏季，芦苇浅滩、芦苇深滩和柽柳湿地的大型底栖动物优势类群为直接收集者；秋季，湿地内则呈现出各种不同的趋势（图 3-4）。

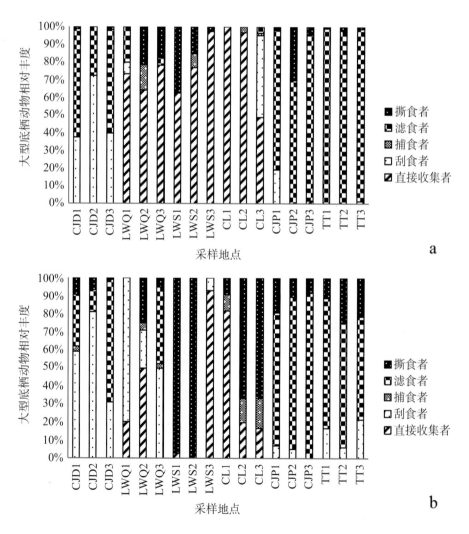

图 3-4　夏季（a）和秋季（b）各样地不同功能摄食类群大型底栖动物的相对丰度

三、季节对大型底栖动物群落结构的影响

1.K-S 检验

根据 K-S 检验结果（表 3-3），夏季和秋季黄河三角洲大型动物的物种数、总数、Margalef 丰富度指数、Shannon-Wiener 多样性指数和 Pielou 均匀度指数的 P 值均大于 0.05，说明大型底栖动物的群落结构多样性数据呈正态分布。

表 3-3　K-S 检验下的黄河三角洲夏季和秋季大型底栖动物物种数、总数、Margalef 丰富度指数、Shannon-Wiener 多样性指数和 Pielou 均匀度指数的 P 值

季节	Species number	Total number	Margalef richness index	Shannon-Wiener diversity index	Pielou evenness index
Summer	0.593	0.927	0.966	0.968	0.676
Autumn	0.843	0.364	0.793	0.992	0.456

2.t 检验

黄河三角洲湿地夏季和秋季的大型底栖动物群落结构存在显著差异（表 3-4）。对整个黄河三角洲来说，秋季的大型底栖动物的种类数、Shannon-Wiener 多样性指数、Margalef 丰富度指数和 Pielou 均匀度指数均显著高于夏季。秋季潮间带、盐地碱蓬和入海河流滩涂生境内的大型底栖动物物种数量显著高于夏季，物种数的增多也使得盐地碱蓬湿地和滩涂地的丰富度指数增大，同时，入海河流滩涂的多样性指数和均匀度指数也是秋季大于夏季，但盐地碱蓬和滩涂湿地的大型底栖动物总数却有所下降。秋季柽柳湿地的丰富度指数和均匀度指数高于夏季。芦苇浅滩和芦苇深滩的大型底栖动物多样性在两个季节内无显著差异。

表 3-4　夏、秋季不同生境（CJD、LWQ、LWS、CL、CJP 和 TT）和
整个黄河三角洲（YRD）大型底栖动物物种数、总数、Margalef 指数、Shannon-
Wiener 指数和 Pielou 指数的 t 检验

生境	物种数	总个体数	Margalef 丰富度指数	Shannon-Wiener 多样性指数	Pielou 均匀度指数
CJD	−4.000[*]	−1.233	−2.628	0.212	2.653
LWQ	−2.405	−1.511	−1.467	−2.002	−0.942
LWS	−1.225	−0.848	−0.574	−0.677	−0.305
CL	−0.277	2.509	−1.757	−2.803[*]	−3.818[*]
CJP	−4.000[*]	3.741[**]	−6.387[**]	−2.416	−1.213
TT	−10.607[**]	5.176[**]	−10.151[**]	−18.547[**]	−24.710[**]
YRD	−3.369[**]	2.043[*]	−4.752[**]	−3.748[**]	−2.939[**]

[*]: $P < 0.05$，差异显著；[**]: $P < 0.01$，差异极显著。

四、生境对大型底栖动物群落结构的影响

1. 多样性分析

我们对不同生境的大型底栖动物的 Shannon-Wiener 多样性指数、Margalef 丰富度指数和 Pielou 均匀度指数进行比较和分析得出（图 3-5），夏季，黄河三角洲内有植被覆盖的生境（即 LWQ、LWS、CL 和 CJP）之间大型底栖动物的丰富度指数、多样性指数和均匀度指数均无显著差异，此时黄河三角洲 Shannon-Wiener 多样性指数和 Margalef 丰富度指数最高的生境为 CJD，最低的生境为 TT。这可能是由于 TT 生境淹水面积小且无植被保温保墒，大部分大型动物在五六月份不适应此生境，而此生境的适宜蟹类——天津厚蟹在此时多为大眼幼体，不易采集且可能会迁移至更适宜其生长的淡水区。同时 TT 生境由于钩虾（*Gammarus*）的大量存在，Pielou 均匀度指数最低。秋季，LWS 的丰富度指数和多样性指数显著低于无植物覆盖的生境（即 CJD 和 TT）。

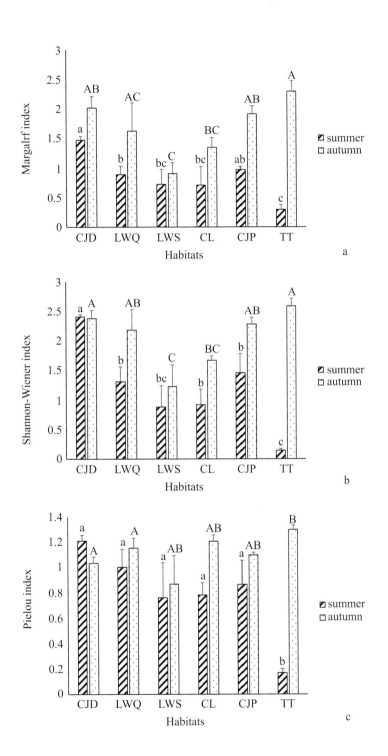

图 3-5　黄河三角洲夏季和秋季各生境大型底栖动物的 Margalef 丰富度指数（a）、Shannon-Wiener 多样性指数（b）和 Pielou 均匀度指数（c）（mean+SE）条形图

注：不同小写字母代表夏季不同生境指数的显著差异（$P<0.05$），不同大写字母代表秋季不同生境指数的显著差异（$P<0.05$）。

2.Spearman 相关性分析

为了进一步探究生境对大型底栖生物多样性的影响机制，我们对大型底栖生物不同类型的相对丰度与环境影响因子进行了 Spearman 相关性分析。

根据黄河三角洲不同生活类型的大型底栖动物与环境影响因素的 Spearman 相关性分析（表 3-5）可以看出，夏季植被盖度和溶解氧是影响大型底栖生物群落结构的主要因素。植被盖度与底埋型和底栖型大型底栖动物的丰度成显著负相关，与钻蚀型大型底栖动物的丰度成显著正相关。溶解氧与底埋型和底栖型大型底栖动物的丰度成显著负相关，与钻蚀型和自由移动型大型底栖动物的丰度成正相关。秋季，不同生境间湿地的植被盖度是影响大型底栖动物群落结构的主要因素。植被盖度与底埋型、钻蚀型和底栖型大型底栖生物丰度成负相关，与自由移动型大型底栖动物的丰度成正相关。

**表 3-5　黄河三角洲夏、秋季大型底栖动物生活类群与
环境影响因子的 Spearman 相关性分析特征值（r 值）**

季节	环境影响因子	底埋型	钻蚀型	底栖型	自由移动型
夏季	VC	-0.729^{**}	0.916^{**}	-0.519^{*}	0.199
	WT	-0.649^{**}	0.004	0.492^{*}	0.038
	AT	-0.553^{*}	0.017	0.254	0.308
	pH	-0.572^{*}	0.211	−0.038	0.039
	DO	-0.695^{**}	0.674^{**}	-0.636^{**}	0.487^{*}
秋季	VC	-0.525^{*}	-0.476^{*}	-0.623^{**}	0.508^{*}
	WT	−0.129	0.611	0.424	0.080
	AT	−0.184	0.464	0.671^{**}	0.002
	pH	0.016	−0.055	0.467	0.032
	DO	−0.168	−0.143	−0.103	0.554^{*}

注：VC，植被盖度；WT，水温；AT，气温；pH，酸碱度；DO，溶解氧。

*：$P<0.05$，差异显著；**：$P<0.01$，差异极显著。

根据黄河三角洲大型底栖动物的功能摄食类群与环境影响因素的 Spearman 相关性分析（表 3-6）可以看出，夏季，直接收集者的相对丰度与植被盖度和气温成显著正相关，与 pH 成正相关；刮食者的丰度与气温成负相关；捕食者的丰度与水温和 pH 成正相关；滤食者的相对丰度与植被盖度、气温、溶解氧和 pH 均成显著负相关；撕食者的丰度与溶解氧成显著正相关。秋季，刮食者的丰度与植被盖度成显著正相关，撕食者的丰度与植被盖度成负相关、与气温成正相关。

表 3-6　黄河三角洲夏、秋季大型底栖动物功能摄食类群与环境影响因子的 Spearman 相关性分析的 r 值

季节	环境影响因子	直接收集者	刮食者	捕食者	滤食者	撕食者
夏季	VC	0.929^{**}	−0.317	0.399	-0.729^{**}	−0.13
	WT	0.368	0.093	0.523^{*}	-0.650^{**}	−0.149
	AT	0.775^{**}	-0.536^{*}	0.463	-0.672^{**}	0.310
	pH	0.533^{*}	0.149	0.547^{*}	-0.742^{**}	−0.051
	DO	0.122	−0.082	0.289	−0.458	0.624^{**}
秋季	VC	−0.047	0.693^{**}	−0.032	0.006	-0.570^{*}
	WT	−0.113	0.390	0.236	0.022	−0.092
	AT	−0.171	−0.199	0.226	0.063	0.541^{*}
	pH	0.226	−0.456	0.028	0.256	−0.105
	DO	0.041	−0.192	−0.089	0.304	−0.047

注：VC，植被盖度；WT，水温；AT，气温；pH，酸碱度；DO，溶解氧。
*：$P<0.05$，差异显著；**：$P<0.01$，差异极显著。

本章小结

本研究在黄河三角洲典型湿地内共采集到大型底栖动物 57 种。大型底栖动物物种数相对较低。近年来，对山东黄河三角洲国家级自然保护区的生态修复和管理规划逐渐加强，自然湿地面积减少，人工湿地面积日渐增加，可能是由于黄河三角洲大型底栖动物物种数相对较低。

本研究发现，季节对大型底栖动物群落结构有显著影响。秋季黄河三角洲大型底栖动物的多样性指数和丰富度指数显著高于夏季。

本研究发现，生境对黄河三角洲大型底栖动物群落结构有显著影响。综合夏、秋季环境因子对大型底栖动物不同生活类型和功能摄食类群的影响得出，生境中的植被盖度是影响黄河三角洲大型底栖动物群落结构的重要因素。植物与底栖动物的关系十分复杂，不仅植物凋落物可以影响大型底栖动物群落结构，植物物种和盖度的差异也能引起水中碳、氮含量、pH 和溶解氧的变化，进而使得大型底栖生物的群落结构根据水环境适宜性产生差异。因此在剖析湿地环境对大型底栖动物群落结构的影响和理解湿地植物与大型底栖动物的关系的相关研究中，可能需要考虑水体内有机质、植物分泌物等环境因素和理化性质的影响。

（本章执笔：王玉志、贺同利、徐恺、胡运彪、刘建）

第四章
黄河三角洲生态系统
及土壤微生物多样性研究

第一节　黄河三角洲生态系统研究进展

一、黄河三角洲主要的生态系统类型

黄河三角洲拥有丰富多样的生态系统。主要包括湿地生态系统和林地、草地、农田等类型，以及相关的功能、过程等多样性。主要的生态系统类型如下。

（一）湿地生态系统

湿地生态系统是黄河三角洲最主要和最典型的生态系统类型，包含以下亚湿地系统类型。

1. 新淤地湿地生态系统

集中分布于黄河入海口附近，与滩涂湿地生态系统交错分布，向陆与光板地、盐碱荒地生态系统呈复区分布。新淤地湿地生态系统是我国暖温带最年轻、最广阔、保存最完整的湿地生态系统。该系统主要由天然柳林、芦苇沼泽构成，成土年幼，系统极不稳定，极易退化为重盐碱荒地，甚至退化为盐碱光板地。

2. 滩涂湿地生态系统

集中分布于环渤海沿岸和黄河入海口两侧，与渤海直接相连。该系统主要由滩涂光板地、盐地碱蓬盐沼、芦苇沼泽、柽柳灌丛等组成。在日潮线以下分布着广阔的滩涂，地面几乎无植被覆盖；在日潮线以上至年高潮线之间，以一年生盐生植物盐地碱蓬群落为主，也有柽柳群落分布。滩涂湿地的贝类、蟹类及近海的浮游动植物丰富，也吸引了众多的鸟类，是鸟类分布最多的区域，丹顶鹤、黑嘴鸥等珍稀、保护鸟类也多在这一区域觅食。需要注意的是，外来入侵植物互花米草的快速蔓延影响了芦苇、碱蓬的生长，大大降低了物种多样性，从而影响了丹

顶鹤等种类的觅食和迁徙停留。

3. 河流、淡水沼泽和浅水生态系统

淡水水域是黄河三角洲最常见和典型的湿地生态系统，包括河流、池塘、常年积水区等。主要群落类型有芦苇沼泽、香蒲沼泽、眼子菜群落等。水禽大多在这一区域分布，浮游动植物和鱼类很丰富。黄河补水是淡水湿地的主要淡水来源，保证生态用水是关键因素。

（二）林地生态系统

由于土壤盐渍化，黄河三角洲地区没有地带性的落叶栎林，只有零星分布的天然柳林和人工栽培而成的刺槐林，也包括柽柳灌丛形成的生态系统，这是黄河三角洲比较稀有的类型，需要特别关注。

（三）草地生态系统

草地生态系统的含义较广，草甸、人工草地等都属于草地生态系统。黄河三角洲地区有各类草甸及人工草场。主要草甸类型有白茅草甸、芦苇草甸、荻草甸、盐地碱蓬草甸、獐毛草甸、罗布麻草甸、一年生杂类草草甸等。草地生态系统拥有多种多样的鸟类、昆虫、啮齿类和野兔类草食动物。土壤盐渍程度往往决定着草地类型的变化。此外，开垦、采油等生产活动容易导致土壤盐渍化，使草地生态系统退化为以盐地碱蓬为主的草甸，甚至退化为寸草不生的光板地。

（四）次生盐荒地生态系统

由于开垦、人为活动干扰形成的次生生态系统。由光板地、一年生盐生植物、多年生禾草类盐生植物、多年生杂草类植物、柽柳灌丛等亚类构成，群落建群种主要有一年生禾草、蒿类、碱蓬、柽柳、獐毛、补血草等。如破坏和退化成光板地，恢复极为困难。

（五）农田生态系统

农田生态系统主要分布在自然保护区以外，是目前黄河三角洲农业生产的主要场所。主要有水田和旱田两类，前者主要是水稻田生态系统，后者以玉米、小麦、大豆、棉花等为主。需要注意的是，耕作或者灌溉不可能引起局部地段的次生盐渍化。

二、黄河三角洲生态系统研究

（一）生态系统类型研究

目前研究比较多的是黄河三角洲的生态系统类型。有学者认为，从三角洲顶点向海，随着离海距离的不同，地面高程、成土年龄、土壤盐渍化程度、地下水埋深以及植被类型均呈明显的圈层带状分布，生态系统也因此呈明显的区域分异，自海向陆依次分布着滩涂湿地、盐碱荒地和农耕地三个主要生态系统。在目前的黄河入海口及沿黄两岸，湿地、新淤地分布比较集中，由于黄河水渗透的作用，新淤地土壤盐渍化程度很低。远离入海口，由于淡水浸洗程度降低，土壤盐渍化程度增强，次生盐渍化的盐碱荒地生态系统逐渐占优势。黄河三角洲生态系统类型主要有滩涂湿地生态系统、光板地、盐碱荒地生态系统、新淤地脆弱农业生态系统、农耕地生态系统等类型（郗金标等，2002）。

（二）生态系统特征研究

有学者从黄河三角洲生态系统特征方面进行了研究。王仁卿等（2021）根据长期研究，总结了黄河三角洲生态系统的特征，主要有新生性、原始性、多样性、脆弱性、不稳定性等。

（三）生态系统恢复研究

关于黄河三角洲生态系统保护与恢复的研究和文献较多，主要集中在退化原因和机制、保护和恢复的途径、措施等方面。2000 年以来黄河三角洲的生态修复工作取得了明显的成效。

（四）生态系统服务功能和生态产品价值实现研究

近年来，关于黄河三角洲生态系统服务功能和生态产品价值实现方面的研究较多，本书的五、六、七章将做专门介绍。

第二节 黄河三角洲土壤微生物概况

一、黄河三角洲湿地土壤研究进展

黄河三角洲湿地地处渤海西岸、渤海湾与莱州湾湾口，属于典型的滨海河口湿地，具有中国暖温带地区最完整、最广阔、最年轻的新生湿地生态系统。在黄河径流泥沙和海洋动力的共同作用下，河口尾闾不断淤积、延伸、摆动、改道，循环演变，三角洲既有延伸又有蚀退，植被正向、逆向演替迅速，总的趋势是海岸线不断向海域延伸，新的陆地面积不断出现。湿地土壤的形成发育过程伴随着三角洲的成陆过程，不断受到黄河改道和尾闾淤积、延伸、抬高、摆动、改道，海岸线变迁，海水侵袭，潜水浸润，大气降水，地面蒸发，植被演替，人为干扰等多种因素的影响，在形成发育方向、阶段、属性等方面发生了各种变化，从而形成了不同类型的土壤。从形成时间来看，黄河三角洲的土壤成土时间晚，最多不超过百年，生物作用影响不够深远。从气候和成土母质看，土壤母质是由黄河水自黄土高原搬运而来，填充了渤海凹陷形成一层次生碳酸盐风化壳。由于该区域生态环境脆弱、环境条件复杂，新形成的隐域性潮土很容易受

海水的顶托、侧渗、浸渍作用而形成盐土（赵延茂等，1995）。据统计，每年约有5%
的农业用地因返盐沦为重盐碱地或盐碱荒地（郗金标等，2002）。吴志芬等人（1994）
在研究中指出，由于每年3~6月和10~11月黄河三角洲少雨干旱、蒸发强烈，造成了
土壤的两个返盐期。在研究区的取样中，土壤pH为8.3~8.5，含盐量0.4%~1.5%，其
中氯化钠占70%~90%，土壤盐渍化程度及土壤含盐量在宏观上表现出随距海远近和
海拔高低呈明显的带状分布的特点。由于土壤盐分的积累和迁移，加之基底含盐量、
土体构型、潜水状况、微地貌、人类活动等因素，致使土壤类型组合复杂。姚荣江等
人（2006）运用经典统计学和地统计学相结合的方法研究了黄河三角洲土壤盐分和含
水量的空间变异性，结果表明，研究区土壤盐分（中等变异强度）和含水量（除表层
土外为弱变异强度）普遍较高，土壤表层积盐作用明显；受结构性因素和随机性因素
的共同作用，各土层盐分和含水量均具有中等的空间相关性。表层土壤盐分和含水量
的空间分布主要受到微地形和气候条件的影响，地下水性质是影响深度土壤盐分及含
水量空间分布的主要因素。崔宝山等人（2008）的研究也表明，黄河三角洲土壤含盐
量与地下水位成极显著负相关。

目前，关于黄河三角洲土壤养分含量的研究多为比较研究，主要是比较不同植物
群落（丁秋祎等，2009；王大伟等，2020）、不同演替阶段（侯本栋等，2007；武亚楠等，
2020）、不同土地利用模式（邢尚军等，2008；刘传孝等，2020）、不同造林模式或
植被恢复模式（郗金标等，2007）下的土壤养分含量特征。从整体上看，以上研究的
核心在于分析黄河三角洲湿地的土壤和植被特征之间的关系，多数研究结果表明，随
着湿地土壤含盐量减少，土壤有机质和全氮含量逐渐增加，植物群落的种类组成、分
布都深受土壤含盐量的影响。Zhang等人（2007）观察到土壤含盐量是影响黄河三角
洲植被演替的主要环境因子之一。Cui等人（2009）的研究表明地下水位深度显著影
响了芦苇（*Phragmites australis*）的生长和群落分布。另一方面，随着植被演替的进行，
土壤全碳、全氮呈现增加趋势，演替中期各理化性质变异系数相对较大，不同元素间
关系复杂。Zhang等人（2021）的研究则表明互花米草（*Spartina alterniflora*）的入

侵在增加土壤全碳的同时降低了碳的稳定性，盐度是制约土壤有机碳的主要因素。增加不同类型人工林可以防止土壤返盐退化，提高土壤有机质，增强土壤肥力。土壤含水量同样在土壤碳动态中起到重要作用。Qu 等人（2020）的研究发现，土壤含水量增加会通过增加微生物的生物量和改变土壤理化性质（pH 和电导率）来增加土壤有机碳的分解。在土壤酶活性研究方面，已有的研究主要包括土壤脲酶、过氧化氢酶、过氧化物酶、转化酶、磷酸酶活性等。李传荣等人（2006）研究发现，脲酶和多酚氧化酶可以作为湿地土壤质量评价的指标。侯龙鱼等人（2007）的研究表明，土壤氧化还原酶的活性与土壤中各主要营养元素关系密切，随着离海距离的增加，土壤脲酶、过氧化氢酶的活性沿湿地演替的方向升高，过氧化物酶的活性降低。另外，还有一些关于黄河三角洲土壤中污染物的来源和性质的研究，如多氯联苯（刘静等，2007）、多环芳烃等（罗雪梅等，2007）。

二、黄河三角洲湿地微生物研究进展

土壤微生物（soil microorganism）是生态系统的重要组成部分，它对土壤肥力的形成、污染物降解、土壤结构保持等起着积极作用（Zak et al., 2003）。土壤微生物群落是土壤生物区系中最重要的功能成分，它们对于环境的变化十分敏感，其结构和功能会迅速地对环境条件的变化做出响应（Lemke et al., 1997）。微生物多样性用以表征生物有机体不同尺度上的复杂性和变异性，主要指微生物分类群和分类群内的遗传多样性，以及包括群落结构的变异、复杂的相互作用、营养水平（tropic level）和组成数量变化（功能多样性）在内的生态多样性（Johnsen et al., 2001）。

1. 土壤微生物的功能多样性

土壤微生物群落在生态系统中的能量流动、物质循环以及有机质的周转方面扮演着重要角色（Bauhus et al., 1999）。它们为陆地生态系统提供营养来源，同时在土壤腐殖化、污染物降解、维持土壤结构等方面起着重要作用（Diaz-Raviña et al.,

1993）。了解微生物群落功能多样性是微生物生态学研究的核心内容之一，由于土壤本身十分复杂，植被、环境因素等也显著影响着土壤微生物的活性和群落功能多样性，因此对微生物群落代谢功能进行清晰、彻底的研究相对困难（Zak et al., 1994）。

土壤微生物的数量和种类十分丰富，主要包括细菌、放线菌、真菌、藻类等，估计每克土壤中有 4×10^3~4×10^4 个种（Borneman et al., 1996）。它们是土壤营养元素碳、氮、磷、硫等转化、循环的动力，与土壤和植被质量及生态系统可持续性之间存在紧密的联系。微生物多样性和土壤功能之间的关系是如今土壤学研究的重点，研究者认为 80% ~ 90% 土壤过程的发生都有微生物参与（Nannipieri et al., 2003）。土壤微生物的代谢类型较多，通常认为土壤微生物功能多样性是定量描述土壤环境中微生物群落变化特征的重要指标之一。目前用于微生物群落分析的技术主要有传统的培养方法（稀释平板法、Biolog 微平板法）、基于生物标记物的测定方法（脂肪酸法、微生物醌法等）以及近几十年发展起来的分子生物学技术。由于培养技术仅能分离 1% ~10% 的土壤微生物（Borneman et al., 1996），且分离培养后微生物的生理特性易发生改变等，群落水平分子生物学技术便蓬勃发展起来，弥补了传统微生物培养和鉴定方法不能真实反映待测环境的不足，被广泛应用于比较微生物生态学，这些技术主要包括：自动化核糖体基因间隙分析（automated ribosomal intergenic spaceranalysis，ARISA），变性 / 温度梯度凝胶电泳（denaturinggradient/ temperature gradient gel electrophoresis，DGGE/TGGE），单链构象多态性（single strand conformationpolymorphism, SSCP），长度多态片段 PCR（lengtheterogeneity-PCR，LH-PCR），末端限制性片段长度多态性分析（terminal restriction fragment lengthpolymorphism，T-RFLP），16S rRNA 基因克隆文库等（李丹等，2011）。由美国 Biolog 公司开发的自动微生物鉴定系统是一种简单、快速、以群落水平碳源利用类型为基础的氧化还原技术。自 1989 年问世以来，经过不断升级，该技术目前已经可用于鉴定包括细菌、酵母、丝状真菌在内的 2 000 多种微生物，几乎涵盖了主要的人类、动物和植物病原菌以及环境微生物（李振高等，2008）。1991 年，Garland 和 Mills 开始将这种方法应用于土壤微生物生态学研究。由于不同种类或者类群的微生物群落利用碳源的能力不同，因此不同的碳源利用模式即可表征微生物群落差异（Garland et al., 1991）。

Biolog 微孔板最初是由 Biolog 公司根据细菌代谢的氧化还原过程推出的适于环境、临床细菌鉴定的 Biolog Microstation 自动鉴定系统，可用于鉴定 1 900 多种细菌、酵母和霉菌，Garland 和 Mills（1991）首次将该方法应用于描述微生物的群落特征。现在已有多种 Biolog 微平板实现了商业化，主要包括革兰氏阳性板（GP）、革兰氏阴性板（GN）、生态板（ECO）、丝状菌鉴定板（YT）、酵母菌鉴定板（FF）、SPF1、SPF2、可针对具体研究情况自配底物的 MT 板等（田雅楠等，2011）。GN 板含有 95 种不同碳源，ECO 板包含三份重复的 31 种碳源，其原理为：微生物在利用 ECO 板上各孔中碳源的过程中产生自由电子，从而引起四唑染料发生还原显色反应，变为紫红色，颜色的深浅可以反映微生物对碳源的利用程度，由于微生物对不同碳源的利用能力很大程度上取决于微生物的种类和固有性质，因此在一块微平板上同时测定微生物对不同单一碳源的利用能力，就可以鉴定纯种微生物或比较分析不同的微生物群落（席劲瑛等，2003），从而得出其微生物群落水平多样性（Community-level physiological profiling，CLPP）。二十多年来，Biolog 微孔板法已经广泛应用于各种对环境中微生物群落的研究中。由于 Biolog 系统是一种有选择性的系统，微生物生长环境异于土壤环境，温度、湿度、渗透压等的不同可能会引起微生物对碳底物实际利用能力的改变。它所得出的结构和功能方面的信息是基于能在 Biolog 系统内生长的微生物，通过功能多样性差异来反映物种多样性的差异，可能会低估物种上的不同。尽管如此，就大尺度野外取样研究而言，快速、简便地获得有关微生物群落总体活性与代谢功能的信息是十分重要的（Zak et al., 1994）。

2. 土壤微生物的结构多样性

磷脂脂肪酸（phospholipid fatty acid，PLFA）是除古细菌外，几乎所有微生物细胞膜磷脂的组成成分（Langworthy，1985），不同类群的微生物能通过相应的生化途径合成特定的PLFA。其只存在于活体细胞膜中，一旦生物细胞死亡，磷脂类化合物会迅速降解（Vestal et al., 1989），因此可以用之表征微生物的群落结构和组成。它们的含量在自然生理条件下相对稳定，约占细胞干质量的5%。根据脂肪酸的种类及组成比例可鉴别微生物群落结构多样性变化。磷脂脂肪酸图谱分析法是一种非培养的、根据检测土壤微生物磷脂脂肪酸的种类和含量来分析微生物群落结构的微生物群落测定方法。磷脂脂肪酸图谱分析法是一种采用生物标记分子的方法，它不依赖微生物培养技术，不受质粒损失或增加的影响，几乎也不受有机体变化的影响，能直接有效地提供微生物群落中的信息，适合跟踪研究微生物群落结构的动态变化；在细胞死亡后，微生物细胞膜中的PLFA会很快分解掉（White et al., 1979），因此该方法可以表征整个活的微生物群落，在微生物生态学的研究中得到了越来越多的应用。该方法的测定主要包括土壤样品的磷脂脂肪酸提取、纯化、甲脂化，图谱的鉴定等步骤。目前比较常用的图谱鉴定系统有气相色谱质谱联用系统（Gas Chromatography-Mass Spectrometry，GC-MS）、美国MIDI公司开发的Sherlock MIS（Sherlock Microbial Identification System）4.5以及液相色谱质谱联用系统（High Performance Liquid Chromatography-Mass Spectrometry，HPLC-MS），以上几种平台均能准确、快速地解读脂肪酸谱图，定性和定量地分析各种常见的磷脂脂肪酸。与传统的、基于培养的微生物分离技术及生理学、分析生物学方法相比，PLFA方法最大的优越性在于无须分离和培养技术即可获知微生物群落结构，结果更真实、客观，且可以定量地描述环境中微生物群落的结构特征。虽然磷脂脂肪酸图谱分析法较传统方法有很多优势，但该方法因过分依赖特征脂肪酸标记，也存在一些不足（张瑞娟等，2011），如某些脂肪酸无法与已知土壤中特定的微生物对应，或不清楚某些微生物的特定脂肪酸，不同种类微生物的特征脂肪酸有可能重叠，不能从菌种和菌株的水平精确描述微生物的种类等。因此该方法是一种适合对微生物群落整体结构进行可靠、快速分析的研究方法。

磷脂脂肪酸图谱的改变就代表着微生物种群的改变，单位重量土壤中 PLFAs 的总量用以表征微生物的生物量，不同种类 PLFAs 的含量用以表征各类群微生物的生物量。该分析方法已被广泛应用于土壤微生物群落组成和结构变化的研究中，如在农田耕作措施或施肥作用影响下的微生物群落结构变化，重金属污染对于微生物群落结构变化的影响，不同植被影响下微生物群落结构的改变等。

3. 土壤微生物的遗传多样性

近二三十年来，以核酸分析技术为主的分子生物学技术的广泛应用开拓了分子生物学与生态学的交叉领域，为从更精细水平上揭示生物多样性提供了可能。常见的分析方法包括 16S rDNA 文库建立、测序，末端限制性片段长度多态性分析（T-RFLP），变性 / 温度梯度凝胶电泳（DGGE/TGGE），单链构象多态性（SSCP）分析，自动化核糖体基因间隙分析（ARISA）等。在环境微生物 DNA 分析中，近年来以 16S rDNA、23S rDNA 以及 16~23S rDNA 间区（ISR）的序列分析为分类和鉴定中的热点。其中，因原核生物的 16S rDNA 区域分子大小适中，具有保守序列、高变异序列等优点而被广泛应用于环境微生物多样性的研究中。以上方法的共通点主要包括两个步骤：首先从环境中抽提微生物基因组 DNA，然后进行 PCR（Polymerase chain reaction，聚合酶链式反应）反应。因此，能否从环境样品中提取到完整、纯净的基因组 DNA 是实验中至关重要的一步。随后的 PCR 反应存在一个共通的不足之处——反应进行过程中会导致一些错误（陈彦闯等，2009），主要包括模板污染（如果进行多次重复纯化将影响 DNA 产量，损失部分多样性），复杂样品扩增偏好性导致重复性差（"通用"引物导致某些模板与引物之间的亲和程度不高，以及拷贝数小的模板被扩增的几率就小，因此并不能扩增出这类模板），"嵌合体"的形成等。所以应尽量优化 PCR

反应条件，减少非特异性扩增和"嵌合体"的形成，才能真实地反映模板 DNA 中的遗传信息。

尽管基于 PCR（PCR-based）的群落多样性研究技术存在着一些偏好性，如不同样品 DNA 提取效率存在差异，引物的选择导致的差异（biases in primer selectivity），同源序列的解读存在困难（difficulty in interpreting homopolymeric regions of sequence）等（Kunin et al., 2010；von Wintzingerode et al., 1997），但当引物选取相对恰当时，更多短序列的测序将优于少量的长序列测序（Liu et al., 2007）。自从 2005 年 Margulies 等人发明第二代测序技术（next-generation DNA sequencing method）以来，这种高通量、低成本的测序技术已经被应用于多种生态系统的微生物多样性研究中，如海洋（Teske et al., 2008）、土壤（Lumini et al., 2010；Roesch et al., 2007；Rousk et al., 2010）、肠道（Wu et al., 2010）等，为深入、细致地研究微生物群落结构提供了可能（Sogin et al., 2006；Sundquist et al., 2007；Acosta-Martínez et al., 2008）。

核酸探针杂交技术是 20 世纪 70 年代发展起来的无须 PCR 反应的快速、灵敏、具有高度特异性的分子生物学技术（郝大程等，2009）。目前用于微生物多样性研究的探针主要有 3 类：双链 DNA、单链 DNA 和 RNA 以及寡核苷酸探针。应用最为广泛的杂交方式是荧光原位杂交（Fluorescence in situ hybridization，FISH）。20 世纪 90 年代后，基因芯片技术开始应用于对环境微生物的分析，其原理是采用光导原位合成或显微印刷等方法，将大量 DNA 探针片段有序地固化于支持物的表面，然后与已标记的生物样品中的 DNA 分子杂交，再对杂交信号进行检测分析，就可以快速得出该样品大量的遗传信息（郝大程等，2009）。基因芯片主要包括系统发育寡核苷酸序列（Phylogenetic Oligonucleotide Arrays，POAs），如 16S rDNA 基因芯片，用于检测原核微生物多样性；功能基因序列（Functional Gene Arrays，FGAs），如针对固氮基因的基因芯片，可以检测样品中可进行固氮的微生物的分布等（Gentry et al., 2006）。

4. 黄河三角洲湿地微生物多样性研究进展

与黄河三角洲植被分布格局、不同植被恢复类型对土壤性质以及植物多样性的影响等研究相比，涉及湿地微生物的研究开始较晚而且相对较少。刘芳等人（2007）采集了黄河三角洲湿地 1 个位点 9 个不同深度的土壤样品（其地上为柽柳群落），并分析了不同深度土壤中的细菌、古菌的群落结构。研究结果表明，二者都随土壤深度的增加呈现出规律的层状分布，细菌群落多样性下降，而古菌群落多样性有上升的趋势。土壤中分布着各种硫酸盐还原菌、产甲烷古菌、光合细菌等丰富的细菌、古菌资源。Nie 等人（2009）研究了根际作用对于受到石油污染以及盐碱化土壤中的细菌丰度和多样性的影响。结果表明，与光板地相比，根际土壤中盐分含量低而水分含量高，总细菌数量和烃降解菌数量相对较高。Chi 等人（2021）研究了自然盐度梯度下黄河三角洲不同植被区的微生物群落多样性和功能，发现盐度在滨海湿地微生物群落形成过程中起着重要作用，会使微生物形成特定的功能区。总石油碳氢化合物（total petroleum hydrocarbon）浓度对于根际和非根际土壤中细菌丰度的影响显著不同。根际微生物的丰度和多样性水平对于退化湿地生态系统的功能维持具有重要作用。Wang 等人（2010）研究了黄河三角洲 5 种常见植物根际微生物群落的数量、活性和多样性，并与光板地进行了比较，结果表明，季节、盐分含量对微生物群落有显著影响，盐分含量与微生物数量、活性之间为显著线性负相关，并提出 3 种嗜盐微生物（*Pseudomonas mendoeina*、*Burkholdevia glumae* 和 *Acinetobacter johnsonii*）可以应用于退化湿地的修复中。Yu 等人（2011）应用 T-RFLP 与克隆文库分析方法（clone library analyses）比较了受石油污染的土壤在生物修复前后的细菌群落组成变化，结果表明，Delta 变形菌纲（Delta-proteobacteria）、厚壁菌门（Firmicutes）、放线菌门（Actinobacteria）、酸杆菌门（Acidobacteria）和海洋浮霉状菌门（Planctomycetes）被抑制，而 Alpha 和 Beta 变形菌纲（Alpha-/Beta-proteobacteria）以及 Gamma 变形菌纲（Gamma-proteobacteria）的某些未知微生物增多。从以上研究可以看出，尽管有关湿地微生物的研究开始较晚，但是进展却十分迅速。近年来的研究重点集中在对于盐碱土壤或受石油污染土壤中的微生物群落的分析方面，其研究目的是探索可用于退化湿地生物修复的微生物资源，为退化湿地的修复提供必要的理论依据。随着分子技术水平的提高和研究的不断深入，对根际作用对于微生物的影响以及微生物群落在湿地生态系统中的功能的认识将更加准确、细致。土壤微生物对环境的作用主要是通过群落代谢功能差异来实现的，微生物群落多样性的变化能较早地反映土壤质量的变化过程，是评价自然或人为干扰引起的土壤变化的重要指示因子（林先贵等，2008），因此明确不同环境中微生物群落的作用、深入了解其群落功能和结构变化对于整个生态系统的研究具有重要意义。

第三节 土壤微生物研究方法

一、研究区概况

黄河三角洲地处 117° 31'~119° 18' E 和 36° 55'~38° 16' N 之间，位于渤海湾南岸和莱州湾西岸，以东营市垦利区胜坨镇宁海为轴点，北起套尔河口、南至支脉河口，向东散开呈扇状，海拔高程低于 15 m，面积达 5 400 km²。该区属暖温带半湿润气候，全区年均温 12.3 ℃，极端最低气温 −23.3 ℃，极端最高气温 41.9 ℃，年平均日照时数 2 590~ 2 830 h，平均无霜期 210 d。降水量 542.3~842 mm，降水多集中在夏季，夏季降水量占全年降水量的 63.9%，年蒸降比为 3.6:1（郗金标等，2002）。黄河三角洲拥有中国暖温带最年轻、最广阔、保存最完整的新生湿地生态系统，有着丰富的土地、油气、生物、海洋和旅游资源，是东北亚内陆和环西太平洋鸟类迁徙的重要中转站、越冬栖息和繁殖地（赵延茂等，1995）。

黄河是三角洲地貌类型的主要塑造者，受近代黄河三角洲的形成和演变控制，该地区地貌形态复杂、类型较多，主要分为陆上、潮滩和潮下带地貌。由于黄河含沙量高，年输沙量大，巨量的泥沙在黄河河口附近大量淤积，填海造陆速度很快。河口侵蚀使基准面不断抬高、河道不断向海内延伸，河床逐年上升，泄洪排沙能力逐年降低，当淤积发生到一定程度时则发生尾闾改道，另寻它径入海。按照淤积→延伸→抬高→摆动→改道的规律不断演变，平均每 10 年左右黄河尾闾有一次较大改道，使黄河三角洲陆地面积不断扩大，历经 150 余年，海岸线不断向海推进，逐渐淤积形成近代黄河三角洲（赵延茂等，1995）。因黄河定期性涨水状况不同，一年中存在"桃、伏、秋、凌"四汛，受黄河两岸工农业生产用水和引黄灌溉的发展，进入 20 世纪 90 年代之后，黄河常出现断流，且断流时间越来越早，断流历时越来越长。为了实现开发建设与生态保护的有机统一，开创高效生态经济发展新模式，促进区域协调发展，国务院分别于 2009 年 11 月、2011 年 1 月批复《山东半岛蓝色经济区发展规划》和《黄河三角洲高效生态经济区发展规划》，为黄河三角洲区域的发展带来千载难逢的历史机遇。

本研究应用时空替代法，在黄河三角洲国家级自然保护区内，选取一条能够表征植被原生演替过程的典型植被样带进行研究。沿与海岸线垂直方向，顺序为光板地→盐地碱蓬群落（SS）→柽柳群落（TC）→补血草群落（LS）→芦苇群落（PA）。分别于 2008 年 4 月、9 月，2009 年 9 月进行植物群落调查和土壤样品采集。从植被、土壤、微生物三者关系角度展开研究，通过测定土壤中水分（Moisture content）、pH（pH_{H_2O}）、电导率（EC）、有机质（SOM）含量、全氮（N_t）含量，确定植被演替过程中春、秋两季不同深度土壤理化性质的变化规律。对土壤微生物多样性的研究主要从以下三方面深入进行。

微生物的功能多样性： 包括利用 Biolog 系统对黄河三角洲滨海湿地春、秋季典型植被不同深度土壤微生物的碳源利用功能进行研究，探讨其与环境因子之间的相互关系；利用静态气室法进行土壤呼吸熵、微生物量碳计算。

微生物的结构多样性： 利用磷脂脂肪酸图谱分析法（PLFA）研究黄河三角洲原生演替中土壤微生物群落的结构多样性，探讨其与土壤理化性质之间的相互关系。

微生物的遗传多样性： 利用高通量测定方法对黄河三角洲秋季滨海湿地光板地以及 4 种典型植物群落 0~20 cm 深度（A 层）土壤微生物的种类进行估算，计算其遗传多样性指数，并进行优势菌群分析，探讨其与土壤理化性质间的相互关系。

二、样品采集

调查光板地和 4 种典型植物群落，在每一群落类型中选取 3 个样地，每一样地内均采用五点取样法，清除土壤表层杂物后，取 0~20 cm（A 层）、20~40 cm（B 层）两层土样，各层土样分别混匀后用无菌袋装盛，放于冰盒中，尽快带回实验室处理。土壤样品取自各植物样方的正中点（图 4-1）。在实验室进一步混匀样品后，按各具体实验的不同要求将其分为若干份，分别置于室温、4 ℃、-80 ℃（冷冻干燥后）、-20 ℃，进行土壤理化性质、Biolog、PLFA 分析以及总基因组 DNA 提取。用于土壤理化性质、Biolog、PLFA 分析的土壤样品采集于 2008 年 4 月、9 月，进行高通量测序分析的土壤样品采集于 2009 年 9 月，提取后将基因组 DNA 置于 -80 ℃冰箱中保存。各样地土壤样品每一指标重复测定 3 次。

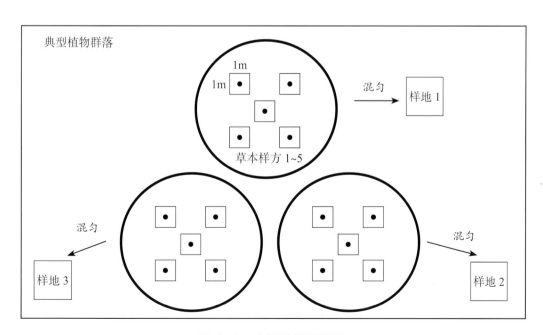

图 4-1　土壤采样示意图

三、土壤理化性质测定

1. 重量含水率测定

称取 15~20 g 新鲜土壤放入培养皿盖中，于 100℃~105℃烘干至恒重，按以下公式计算（李酉开，1983）：

$$含水量（\%）=（湿土重-干土重）\times 100\%/ 干土重$$

2. 土壤 pH 测定

称取过 1 mm 筛的风干土壤样品 4.00 g，置于 50 mL 离心管中。向离心管中加入 10 mL 预除 CO_2 的去离子水，以 180 rpm 振荡 30 min，取出静置 30 min 后，用 pH 计（PHS-3C，雷磁，中国）测定（李酉开，1983）。

3. 土壤电导率（EC）测定

称取过 1 mm 筛的风干土壤样品 4.00 g，置于 50 mL 离心管中。向离心管中加入 20 mL 预除 CO_2 的去离子水，以 180 rpm 振荡 30 min，取出静置 30 min 后，用经 KCl 标准溶液校正后的电导率仪（DDS-12A，丽达，中国）测定（李酉开，1983）。

4. 土壤有机碳（Corg）含量测定

采用重铬酸钾容重法测定（鲁如坤，2000）。称取过 0.25 mm 筛的风干土壤样品 0.2 g 加入消煮管，加入粉末状 Ag_2SO_4 0.1 g，加入 10 mL 0.136 mol/L 的 $K_2Cr_2O_7$-H_2SO_4 的标准溶液，摇匀后在试管口加一小漏斗。消煮仪预热至 181℃~185℃，将溶液放入消煮管后控制在 180℃左右，在管中液体沸腾并出现气泡时开始计时，煮沸 5 min，取下冷却片刻，用水冲洗小漏斗内外壁。冷却后将试管内容物全部洗入 250 mL 的三角瓶中，使瓶内液体总体积在 60~80 mL 之间（此时为橙黄色或淡黄色），加入 3~4 滴邻菲罗啉指示剂，用 0.2 mol/L 的 $FeSO_4$ 溶液由淡绿色滴定至棕红色。同时做两个空白对照，用 0.5 g SiO_2 代替样品，取其平均值。按以下公式计算：

$$土壤有机碳含量\ X\% = [(V_0-V) \times c \times 0.003 \times 1.1 \times 100]/m$$

$$土壤有机质含量\ X\% = 土壤有机碳含量\ X\% \times 1.724$$

式中：V_0 为滴定空白时消耗的 $FeSO_4$ 溶液毫升数，单位是 mL；V 为滴定样品时消耗的 $FeSO_4$ 溶液毫升数，单位是 mL；c 为 $FeSO_4$ 标准溶液浓度，单位是 mol/L；0.003 为 1/4 碳原子的摩尔质量数 3 g/mol $\times 10^{-3}$，将 mL 转化成 L 的系数；1.1 为氧化校正系数；1.724 为由有机碳转换为有机质的系数；m 为烘干土样质量，单位是 g。

5. 土壤全氮（N_t）含量测定

采用重铬酸钾 - 硫酸消化法测定（鲁如坤，2000）。称取过 0.25 mm 筛的风干土壤样品约 1 g，放入干燥的消煮管中。加入浓硫酸 5 mL，并在瓶口加一只小漏斗，放在消煮炉上消煮 15 min，直至黑色碳粒完全消失为止，取出消煮管冷却。冷却后加入 5 mL 饱和重铬酸钾溶液微沸 5 min，消化结束后，将所有液体转入凯氏瓶中蒸馏。在三角瓶内预先加入 25 mL 2% 的硼酸吸收液和 1 滴定氮混合指示剂。将三角瓶接在冷凝管的下端，并使冷凝管浸在三角瓶的液面下。5 min 后，取出三角瓶，在冷凝管下端取 1 滴蒸出液于白色瓷板上，加 1 滴纳氏试剂，如无黄色出现，即表示蒸馏完全，否则继续蒸馏至完全。蒸馏完全后，用 0.02 mol/L 盐酸标准溶液滴定，测定的同时做空白试验，按以下公式计算：

$$土壤全氮含量\ X\% = [(V_0-V) \times c \times 0.014 \times 100]/m$$

式中：V_0 为滴定空白时消耗的 H_2SO_4 溶液毫升数，单位是 mL；V 为滴定样品时消耗的 H_2SO_4 溶液毫升数，单位是 mL；c 为硫酸（$1/2\ H_2SO_4$）标准溶液浓度，单位是 mol/L；0.014 为氮原子的摩尔质量数 $\times 10^{-3}$，将 mL 转化成 L 的系数；m 为烘干土样质量，单位是 g。

四、土壤微生物测定

1. 土壤微生物生物量碳和基础呼吸

土壤微生物生物量碳（Microbial biomass，C_{mic}）和基础呼吸（Microbial basal respiration，BAS）的测定方法（Anderson et al., 1978）：

称取相当于 5 g 干土重的鲜土样品，调节至土壤最大持水量的 50% ± 5%，在 25℃ ± 1℃ 的环境里密闭培养 24 h。在密闭培养的容器中置入小烧杯，烧杯中加入 5 mL 0.2 mol/L 的 NaOH 溶液来吸收 CO_2。培养结束后向烧杯中加入过量的 $BaCl_2$ 溶液，用 0.1mol/L 的 HCl 溶液滴定，酚酞为指示剂。对土壤微生物生物量进行碳测定时，先在每 g 新鲜土壤中加入 0.02 g 葡萄糖，再用静态气室法培养 4 h 后滴定。根据以下公式计算 C_{mic}：

$$C_{mic}(mg/g) = 40.04y + 0.037$$

式中：y 的单位为 mL CO_2/(h · g)。

2. 土壤微生物群落水平生理（Community level physiological profiles, CLPPs）图谱

土壤样品用 0.1 mol/L 磷酸缓冲液（pH = 8.0）逐级稀释至 10^{-3}，然后接种到 Biolog-ECO（BIOLOG, Hayward, CA94545, U.S.A）板。每隔 12 h 读取 590 nm 和 750 nm 吸光值，连续读 7 d（SpectraMax®190, Molecular Devices, CA, U.S.A）。用 72 h 吸光值按表 4-1 中的公式计算土壤微生物功能多样性指数。RDA（redundancy analysis）分析和蒙特卡罗检验（Monte Carlo permutation test，迭代次数 =999）应用 R 软件（R Development Core Team Vegan, 2009）Vegan 运算包（Oksanen et al., 2009）完成，绘图软件为 Origin 7.0。

表 4-1　土壤微生物功能多样性指数计算公式

多样性指数	表征含义	公式	说明
AWCD 值 (Average Well Color Development)	衡量微生物群落利用不同碳源的整体能力	$AWCD\,(590\text{–}750\,nm) = \Sigma(N_i 590\text{–}750)/31$	$N_i = C_i - R_i$；C 为反应孔吸光度，R 为对照孔吸光度，N_i590 负值清零，N_i750 小于 0.06 清零
香农 - 威纳多样性指数 (Shannon-Wiener heterogeneity index)	表征微生物群落利用碳源能力的多样性	$(H'_{Biolog}) = -\Sigma(P_i \ln P_i)$	P_i 为第 i 孔相对吸光值与整个平板相对吸光值和的比率
Gini 指数 (Gini index)	表征微生物群落对不同碳源的利用程度和模式，侧重对差异性的描述	$(Gini) = \dfrac{\sum\limits_{i=1}^{w}\sum\limits_{j=1}^{w}\left\|n_i - n_j\right\|}{2 \times 31^2 \times AWCD}$	

3. 土壤微生物磷脂脂肪酸（phospholipid fatty acid，PLFA）图谱

　　称取 37 g 冷冻干燥的土壤样品于聚四氟乙烯离心管中，加入含 75 mL 甲醇、37.5 mL 氯仿和 30 mL 0.05 mol/L 的磷酸缓冲液（pH = 7.4）的单相萃取混合液震荡提取 1 h。以 2 000 rpm 离心 30 min 后，将上清液转移至分液漏斗。加入 37.5 mL 氯仿和 37.5 mL 蒸馏水后，充分摇晃振荡 15 min，放气，在暗处静置过夜。

　　第二天将下层溶液过滤至圆底烧瓶，放入旋转蒸发仪蒸干（不超过 37 ℃）。向烧瓶中加入 1 mL 氯仿重新溶解提取出的脂质，并转移至硅胶柱（Agilent Silica Box，500 mg，6 mL，在转移提取液之前先依次用 3 mL 甲醇、3 mL 氯仿和 2 mL×1 mL 正

己烷冲洗）。依次用 5 mL 氯仿和丙酮洗脱中性脂和糖脂，将磷脂以 5 mL 甲醇洗脱至干净玻璃试管，用氮气吹干。

将样品重新溶于 1 mL 的甲醇、甲苯（体积比 1:1）中，加入 1 mL 0.2 mol/L 的 KOH- 甲醇溶液，混匀，在 37 ℃下保持 15 min。冷却至室温后，加入 2 mL 正己烷、氯仿（正己烷和氯仿按 4:1 的体积比）和 0.3 mol/L 的乙酸溶液，混匀。加入 2 mL 去离子水，摇匀，涡旋混合 30 s，静置分层，保留上清液。再加入 2 mL 正己烷和氯仿混合液到水相，合并正己烷（约 4 mL）。用氮气吹干，重新定容，上气相色谱仪（HP 7890A Series GC system, Agilent, CA, USA）测定，在 –20 ℃的条件下存放。

GC 条件：30 m × 0.32 mm × 0.25 μm 的毛细管柱，不分流进样，进样口温度 230 ℃，检测器温度 270 ℃，升温程序 150 ℃（4 min）~ 4 ℃ /min~250 ℃（5 min）。载气为氦气，流量为 0.8 mL/min，磷脂脂肪酸的识别采用 Bacterial Acid Methyl Esters CP Mix（Supelco, Bellefonte, Pennsylvania, USA）。脂肪酸含量测定以 PLFA 19:0 为内标，色谱峰面积定量。细菌总生物量以 PLFA i15:0、a15:0、15:0、i16:0、17:0、cy17:0、cy19:0 之和估算；革兰氏阴性菌生物量以 2-OH 14:0、3-OH 14:0、2-OH 16:0、cy17:0 之和估算；革兰氏阳性菌生物量以 i15:0、a15:0、i16:0、i17:0 之和估算。真菌生物量根据 18:1 ω 9c 的总浓度来估算（Hill et al., 2000; Cai et al., 2003; Larkin, 2003）。

4. 高通量测序及数据分析

将各样地秋季 A 层平行土壤样品混匀，用试剂盒法〔Omega E.Z.N.A.（tm） Stool DNA Kit〕提取每一典型植物群落 8 g 土壤样品中的微生物总基因组 DNA （gDNA）。提取后用 AxyPrep™ DNA Gel Extraction Kit 纯化。以纯化后的 DNA 为模板，细菌 16S rRNA 基因的通用引物（*Escherichia coli* positions 8 to 533：E8F 5'-AGA GTT TGA TCC TGG CTC AG-3' & E533R 5'-TTA CCG CGG CTG CTG GCA C-3'）进行扩增（测序引物含 454 接头和标签序列）。50 μL PCR 反应体系组成如下：< 100 ng DNA 模板，5 × PCR 反应缓冲液（*TransStart™ FastPfu* Buffer, TransGen Biotech）10 μL，2.5 mM dNTPs，引物各 0.4 μM，0.5 U *Pfu* polymerase（*TransStart*™ *FastPfu* DNA Polymerase，TransGen Biotech）。循环条件为 95℃预变性 3 min，95℃变性 0.5 min，52℃ 退火 0.5 min，72℃延伸 0.5 min，共 25 个循环；最后 72℃延伸 10 min。PCR 扩增后，用 TBS-380 Mini-Fluorometer （Promega Corporation, CA, USA）确定反应产物的浓度，用 Roche GS-FLX 454 测序平台（Roche, Mannheim, Germany）进行测序。

数据分析过程如下：对得到的全部序列进行比对（Alignment），去除引物和长度小于 200 bp 的序列。用 DNADIST 程序的 PHYLIP（version 3.68）计算 DNA 距离矩阵。该矩阵用于确定 OTU（operational taxonomic units）的数量。一般认为，遗传距离小于 3% 的序列对应的微生物属于同一种 （Species）（Stackebrandt et al., 1994）。利用 MOTHUR 程序（http://www.mothur.org）计算 3% 遗传距离的稀释曲线（Rarefaction curve）、ACE（abundance based coverage estimator）、Chaos1（bias-corrected Chao1 richness estimator）、Shannon 和 Simpson 多样性指数。利用 SILVA 数据库（http://www.arb-silva.de）进行 16S rRNA 基因序列比对，确定序列对应微生物的分类学地位。同时，还利用 Good （1953）提出的 Coverage C 来估算高通量测序的覆盖度。

$$C = [10 - (n_1/N)] \times 100\,\%$$

式中：C 为覆盖率；n_1 为只含有一条序列的 OUT 的数目；N 为全部测序序列的总数。

所有序列已经提交至 NCBI SRA（Sequence Read Archive）数据库，检索号为 SRA 036600.1。

第四节 黄河三角洲土壤微生物多样性研究结果

一、土壤微生物的功能多样性

1. 土壤微生物群落的变化特征

群落水平生理（CLPPs）图谱是野外大尺度上研究土壤微生物群落的重要研究方法。尽管应用培养的研究方法与微生物群落原位的生存环境有区别，但因其可以快速、准确地反映微生物群落的功能多样性以及新陈代谢能力，仍然是一种被许多研究广泛应用的重要研究方法（Garland et al., 1991；Zak et al., 1994）。AWCD 值（Average Well Color Development）为平均光吸收率，可以反映微生物群落利用不同底物的整体能力（Harch et al., 1997）。Shannone-Wiener 指数（$H'_{Vegetation}$）用来评价微生物群落的丰富度和利用碳源能力的多样性（Lupwayi et al., 2001）。Gini 指数是指微生物群落利用单一碳底物的均匀度，能够反映对不同碳源的利用程度和模式，侧重差异性的描述（Harch et al., 1997）。微生物群落的基础呼吸（BAS）用以表征微生物群落在分解过程中碳、氮的转化情况。微生物生物量碳（C_{mic}）是土壤有机质中的活性成分，能够在土壤有机质变化之前反映土壤情况的变化，是土壤健康和环境质量变化的重要生物指示因子（Debosz et al., 1999）。土壤微生物熵（C_{mic}/C_{org}）是微生物生物量碳与土壤有机碳的比值，可以表征生态系统中的碳平衡，能够敏感地反映外界土壤环境的变化（Aceves et al., 1999）。

在本研究中，随着植被原生演替的进行，微生物群落也表现出了相应的有规律的变化。由 Kruskale-Wallis 检验（表4–2）可知，不同季节 A 层土壤微生物群落各指标均有显著（$P< 0.05$）或极显著（$P< 0.01$）差异。B 层土壤中表征微生物群落生物量和活性的指标（AWCD、BAS、C_{mic}、C_{mic}/C_{org}）也表现出了显著（$P< 0.05$）或极显著（$P< 0.01$）差异。土壤微生物生物量碳（C_{mic}）、基础呼吸（BAS）以及 AWCD 值均表现出增大的趋势，反映了微生物群落利用土壤中不同碳源的能力逐步提高，生物量逐渐增大（图4–2）。AWCD 最低值出现在秋季光板地 A 层土壤，平均值为 0.02 ± 0.01，而最高值为春季芦苇群落 A 层土壤的 0.45 ± 0.01。微生物群落基础呼吸（BAS）的变化范围在 9.06 ~25.26 之间，反映了微生物群落活性、数量在植物群落演替过程中的变化情况。不同季节土壤微生物的数量和活性均随着深度的增加而降低，代谢活动发生了明显的变化，除秋季 B 层土壤微生物群落的 AWCD 值高于 A 层外，其他 B 层土壤微生物群落的特征指标（BAS、C_{mic}、C_{mic}/C_{org}）均不高于 A 层。春季自碱蓬群落起，Shannone-Wiener（H'_{Biolog}）表现出了增大的趋势。除光板地 Gini 均匀度指数明显大于其他样品外，春季土壤微生物群落功能多样性指数没有表现出明显的变化趋势，而且春季 H'_{Biolog} 以及秋季 H'_{Biolog}、Gini 均无显著差异。

表4–2　微生物群落各指标的 Kruskale-Wallis 检验

不同季节、土层	香农-威纳多样性指数	Gini index	AWCD	基础呼吸	生物量碳	生物量碳/有机碳
SP-A	*	*	**	**	**	**
SP-B	ns	*	**	**	**	**
AU-A	*	*	*	*	**	**
AU-B	ns	ns	**	*	**	*

*: $P<0.05$，差异显著；**: $P<0.01$，差异极显著；ns：差异不显著。

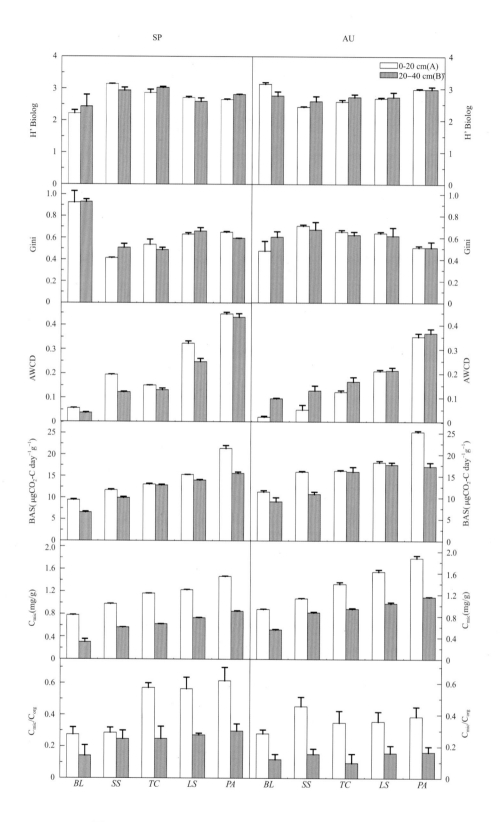

图 4-2　不同季节、深度土壤微生物群落指标差异

注：图中数据为平均值 ±SE，n=3。

2. 土壤微生物群落的变化特征

微生物群落各指标与春季植物群落多样性、土壤理化性质的 Spearman 相关分析见表 4-3、表 4-4 微生物群落各指标与秋季植物群落多样性、土壤理化性质的 Spearman 相关分析见表 4-5、表 4-6。A 层土壤中，表征微生物群落活性和数量的指标 AWCD、BAS、C_{mic} 与植物群落多样性指数 Shannone-Wiener 指数（$H'_{Vegetation}$）、Simpson 指数（$DS'_{Vegetation}$）、Pielou's 指数（JP）以及土壤有机质（SOM）含量均成极显著正相关（$P < 0.01$），与全氮（N_t）含量成显著正相关（$P < 0.05$），与土壤电导率（EC）和 pH 均成极显著负相关（$P < 0.01$）。而 B 层土壤中的 pH 与植物群落多样性指标、重量含水量均无显著相关性，N_t 含量仅与 Pielou's 指数（JP）表现为显著正相关（$P < 0.05$）。

图 4-3 中 RDA 分析表明，将不同季节、相同演替阶段的样点聚在一起，它们之间的欧氏距离（Euclidean distance）均小于不同演替阶段的样点，表明受检验的环境因子对于微生物群落的变化有显著影响。春、秋两季主成分 1 的贡献值分别为 84.6% 和 79.8%，主成分 2 的贡献值分别为 7.0% 和 7.2%。进一步通过蒙特卡罗检验（Monte Carlo permutation）得知，在被检验的土壤理化指标（Moisture content、pH、EC、SOM、N_t、C_{org}/N_t）中，对于微生物群落的功能多样性有显著影响的为 SOM 和 EC（$P < 0.05$）。秋季 A 层土壤中，土壤（6 个指标）和植被（3 个指标）对于微生物群落功能多样性的变异贡献率分别为 31.9% 和 20.6%，两者共同的贡献率为 35.1%。图中另外一个特征是，无论春季或秋季，各样点基本按演替顺序沿 Axis 1 增大的方向依次排列，且 SOM 所指大致方向与其相同，而 EC 所指方向与其相反，因此可认为该轴增大的方向表征了植物群落演替进行的方向。随着演替的进行，A 层土壤中微生物群落可利用的 6 种碳源与 Moisture content、SOM、C_{org}/N_t 表现为正相关，尤其是羧酸类（CA）、氨基酸类（AA）与 SOM 之间的关系密切。B 层土壤中微生物群落可利用的 6 种碳源与 SOM、N_t、C_{org}/N_t 表现为正相关，其中羧酸类（CA）、糖类（CH）与 SOM 关系密切。

表 4-3 微生物群落功能指标与春季 A 层土壤理化性质的 Spearman 相关分析

微生物	Moisture content	EC	pH $_{(H_2O)}$	SOM	N_t	C_{org}/N_t	C_{mic}/C_{org}	H' $_{Biolog}$	Gini	AWCD	BAS	C_{mic}
H' $_{Biolog}$	ns	ns	ns	ns	-0.664**	0.664**	ns	1				
Gini	ns	ns	ns	ns	0.714**	-0.679**	ns	-0.939**	1			
AWCD	ns	-0.857**	ns	ns	ns	ns	0.602*	ns	ns	1		
BAS	-0.561*	-0.961**	ns	ns	ns	ns	0.828**	ns	ns	0.900**	1	
C_{mic}	-0.552*	-0.964**	ns	ns	ns	ns	0.810**	ns	ns	0.893**	0.986**	1

*：$P<0.05$，差异显著；**：$P<0.01$，差异极显著；ns：差异不显著。

表 4-4 微生物群落功能指标与春季 B 层土壤理化性质的 Spearman 相关分析

微生物	Moisture content	EC	pH $_{(H_2O)}$	SOM	N_t	C_{org}/N_t	C_{mic}/C_{org}	H' $_{Biolog}$	Gini	AWCD	BAS	C_{mic}
H' $_{Biolog}$	ns	ns	ns	ns	ns	ns	ns	1				
Gini	ns	ns	ns	ns	ns	ns	ns	-0.604*	1			
AWCD	ns	ns	-0.903**	0.881**	-0.922**	0.929**	0.906**	ns	ns	1		
BAS	ns	ns	-0.954**	0.942**	-0.945**	0.964**	0.869**	ns	ns	0.975**	1	
C_{mic}	ns	ns	-0.951**	0.929**	-0.956**	0.964**	0.917**	ns	ns	0.950**	0.979**	1

*：$P<0.05$，差异显著；**：$P<0.01$，差异极显著；ns：差异不显著。

表 4-5　微生物群落功能指标与秋季植物多样性、A 层土壤理化性质的 Spearman 相关分析

指标	$H'_{vegetation}$	$DS'_{vegetation}$	JP	Moisture content	EC	$pH_{(H_2O)}$	SOM	N_t	C_{org}/N_t	C_{mic}/C_{org}	H'_{Biolog}	Gini	AWCD	BAS	C_{mic}
H'_{Biolog}	ns	ns	ns	ns	ns	ns	ns	ns	-0.622*	ns	1				
Gini	ns	ns	ns	ns	ns	ns	ns	ns	ns	ns	-0.878**	1			
AWCD	0.979**	0.971**	0.766**	0.670**	-0.889**	-0.682**	0.740**	0.571*	ns	ns	ns	ns	1		
BAS	0.963**	0.940**	0.708**	0.734**	-0.874**	-0.699**	0.687**	0.534*	ns	ns	ns	ns	0.961**	1	
C_{mic}	0.928**	0.913**	0.671**	0.670**	-0.961**	-0.648**	0.749**	0.509*	ns	ns	ns	ns	0.936**	0.920**	1

*：$P<0.05$，差异显著；**：$P<0.01$，差异极显著；ns，差异不显著。

表 4-6　微生物群落功能指标与秋季植物多样性、B 层土壤理化性质的 Spearman 相关分析

指标	$H'_{vegetation}$	$DS'_{vegetation}$	JP	Moisture content	EC	$pH_{(H_2O)}$	SOM	N_t	C_{org}/N_t	C_{mic}/C_{org}	H'_{Biolog}	Gini	AWCD	BAS	C_{mic}
H'_{Biolog}	ns	ns	ns	ns	ns	ns	ns	ns	ns	ns	1				
Gini	ns	ns	ns	ns	ns	ns	ns	ns	ns	ns	-0.971**	1			
AWCD	0.930**	0.930**	0.783**	-0.772**	-0.890**	ns	ns	ns	ns	ns	0.650*	ns	1		
BAS	0.937**	0.965**	0.762**	-0.625*	-0.869*	ns	ns	ns	ns	ns	ns	ns	0.846**	1	
C_{mic}	0.944**	0.937**	0.797**	-0.672*	-0.928**	ns	ns	ns	ns	ns	0.699*	-0.622*	0.961**	0.850**	1

*：$P<0.05$，差异显著；**：$P<0.01$，差异极显著；ns，差异不显著。

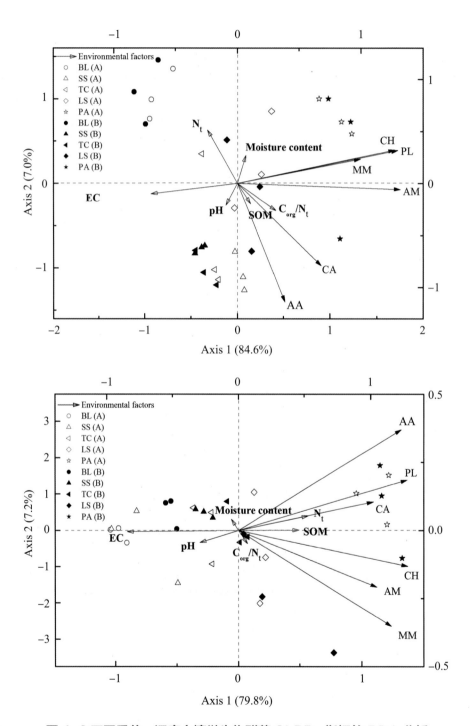

图 4-3 不同季节、深度土壤微生物群落 CLPPs 指标的 RDA 分析

注：图中空心符号表示 0~20 cm；实心符号表示 20~40 cm。AA，氨基酸类；AM，酰胺类；CA，羧酸类；CH，糖类；MM，杂类；PL，多聚物类。

近年来，有一些研究表明，植物群落多样性对于土壤微生物群落的生物量、结构和碳源代谢能力有显著影响（Zak et al., 2003；Frouz et al., 2008）。也有一些研究发现，植物群落的多样性对于微生物指标没有显著影响（Broughton et al., 2000；Malý et al., 2000）。图 4-4 是对植物与土壤微生物在自然生态系统中关系的概括总结。我们的研究结果是 AWCD、BAS、C_{mic} 与植物群落多样性指数 Shannone-Wiener 指数（$H'_{Vegetation}$）、Simpson 指数（$DS'_{Vegetation}$）、Pielou's 指数（JP）以及土壤有机质（SOM）含量均成极显著正相关（$P<0.01$）。RDA 分析也表明，SOM 对于微生物群落的不同碳源代谢能力有显著影响。这表明土壤微生物居住空间的异质性对于土壤微生物的多样性具有很大的影响。土壤资源的空间异质性导致了微环境的多样性，从而能够容纳更多种类的微生物存在于不同的资源当中。

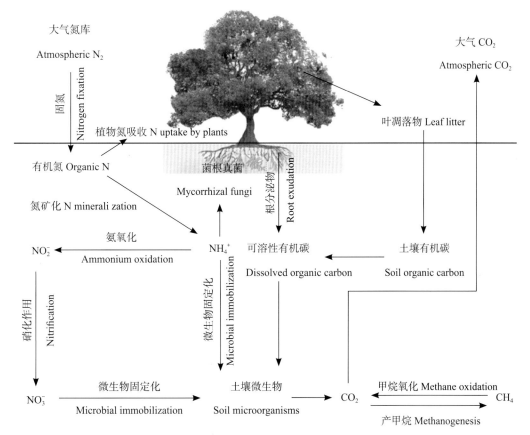

图 4-4　植物与土壤微生物在自然生态系统中的关系

（蒋婧等，2010）

另外，不同季节、演替阶段的微生物群落的数量、活性和功能多样性是显著不同的，反映了湿地植被对于土壤微生物群落在分解过程中生理状态的影响。可以看出植物群落改变的直接结果是土壤中凋落物质和量的变化，而凋落物是土壤中有机质和微生物群落进行分解活动的主要物质来源。已有研究表明，土壤有机质含量与微生物生物量碳显著相关（Blume et al., 2002；Frouz et al., 2008）。我们认为，一种可能的解释是，植物群落演替过程中对于 SOM 需求的增加是促使微生物生物量和活性提高的潜在动力。微生物群落的改变，将分解产生更多的有机质来满足植物的需求。研究区域内随着植物群落演替的进行，持续的脱盐碱使得土壤有机质更加丰富，变得更适宜微生物群落的分解活动，微生物群落数量和活性的提高又进一步增强了湿地生态系统中植被与土壤间的稳定性。另一方面，植物的根系作用也可能是直接或间接造成微生物群落改变的原因。RDA 分析表明，补血草群落（LS）下的土壤微生物群落与氨基酸类（AA）、糖类（CH）的利用密切相关，而芦苇群落（PA）下的微生物群落则主要利用羧酸（CA）、杂类（MM）、多聚物（PL）和氨基酸（AA）进行新陈代谢。光板地的微生物功能多样性指数（H'_{Biolog}）和均匀度指数（Gini）比碱蓬群落的高，但是以 AWCD 值和 BAS 表征的活性却低于碱蓬群落，说明植被对于其下的微生物群落具有选择性（Kowalchuk et al., 2002），使得根际微生物群落多样性低于光板地。尽管高盐环境对于光板地的微生物生物量和活性起到了抑制作用，但是并未降低其多样性水平，那些能够适应盐碱环境的微生物群落得以保留。这表明微生物对于环境有良好的适应能力，一旦环境发生变化，微生物群落的组成或利用底物的方式也将随之发生变化（Wardle et al., 2004）。

3. 小结

上述部分主要研究了黄河三角洲原生演替中土壤微生物的功能多样性特征，并探讨其与土壤电导率（EC）、有机质（SOM）含量等环境因子之间的相互关系。研究结果表明，随着植物群落演替的进行，微生物群落也表现出了相应的有规律的变化。土壤微生物生物量碳（C_{mic}）、基础呼吸（BAS）以及 AWCD 值均表现出增大的趋势，反映了微生物群落利用土壤中不同碳源的能力逐步提高，生物量逐渐增大。秋季植物群落多样性、土壤理化性质的 Spearman 相关分析表明，上层土壤中，表征微生物群落活性和数量的指标与植物群落多样性指数以及土壤有机质（SOM）含量均成极显著正相关（$P<0.01$），与全氮（N_t）含量成显著正相关（$P<0.05$），与土壤电导率（EC）和 pH 均呈极显著负相关（$P<0.01$）。RDA 分析表明，研究中涉及的植被和土壤理化指标对于微生物群落的变化有显著性影响，反映了湿地植被对于土壤微生物群落在分解过程中生理状态的影响。植物群落改变而引起的土壤中凋落物质和量的变化是微生物群落改变的主要驱动力。随着植物群落演替的进行，持续的脱盐碱使得土壤有机质更加丰富，变得更适宜微生物群落的分解活动，微生物群落数量和活性的提高又进一步增强了湿地生态系统中植被与土壤间的稳定性。另一方面，植物的根系作用也可能是直接或间接造成微生物群落改变的原因。

二、土壤微生物的结构多样性

1. 土壤微生物群落的变化特征

表 4-7 显示了不同季节和深度的黄河三角洲典型湿地植物群落微生物结构多样性差异情况。可以看出，春季 A 层土壤除真菌、细菌总含量（以 PFLAs 表示：nmol PLFA/g dry soil）有显著差异外（$P<0.05$），其他指标没有差异；而春季 B 层土壤中，仅革兰氏阴性菌（GN）表现出了显著差异（$P<0.05$）。与春季各层土壤不同，秋季 A 层土壤中的细菌、革兰氏阳性菌（GP）、革兰氏阳性/阴性菌（GP/GN）以及细菌/真菌均有显著差异（$P<0.05$），B 层土壤中真菌和细菌总含量也表现出了显著差异（$P<0.05$）。

表 4-7　不同季节、土层中微生物群落各指标的 Kruskale-Wallis 检验

不同季节、土层	真菌 Fungi	细菌 Bacteria	革兰氏阴性菌 GN	革兰氏阳性菌 GP	革兰氏阳性 / 阴性菌 GP/GN	细菌 / 真菌 Bac/Fungi
SP-A	*	*	ns	ns	ns	ns
SP-B	ns	ns	*	ns	ns	ns
AU-A	ns	*	ns	*	*	*
AU-B	*	*	ns	ns	ns	ns

差异显著度水平："*" $P < 0.05$；"ns"表示差异不显著。

　　由图 4-5 可以看出，随着植被演替的进行，春季土壤中不同深度细菌、真菌总量均表现出先减小后增大的趋势，而秋季土壤中不同深度细菌、真菌总量却基本是逐渐增大的趋势。秋季芦苇群落下 A 层每 g 干土中的细菌、真菌含量都是最高的，分别为 7.70 ± 1.44 nmol PLFA 和 1.76 ± 0.26 nmol PLFA。另一个明显的特征为，春季 B 层土壤中的细菌和真菌含量均高于 A 层土壤，尤其在演替初期，B 层土壤中真菌含量远高于 A 层土壤，而秋季多数 B 层土壤中的细菌和真菌含量均低于 A 层土壤，说明细菌或真菌总量并不都是随深度的增加而降低的。革兰氏阴性或阳性菌在各演替阶段并没有表现出明显的变化趋势。GP/GN 的比值在 0.03~1.11 之间，除秋季光板地 B 层土壤的 GP/GN 值大于 1 外，其余各植物群落下土壤中革兰氏阴性菌的含量均明显高于革兰氏阳性菌。细菌 / 真菌的比值在 1.45~21.45 之间，在各演替阶段并没有表现出明显的变化趋势。

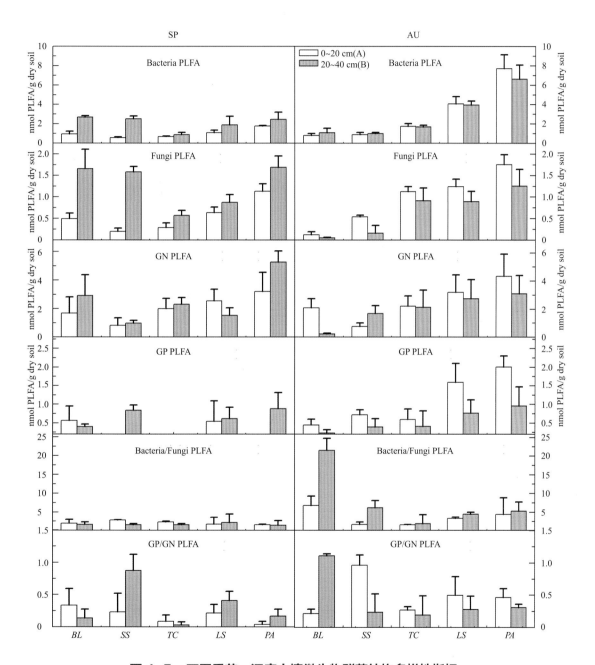

图 4-5　不同季节、深度土壤微生物群落结构多样性指标

注：图中数据为平均值 ±SE，n=3。

2. 土壤微生物结构多样性与理化性质的关系

微生物群落磷脂脂肪酸分析所得各指标与秋季植物群落多样性、春秋季土壤理化性质的 Spearman 相关分析见表 4-8~表 4-11。秋季土壤中细菌和真菌含量与植物多样性指数 $H'_{Vegetation}$、$DS'_{Vegetation}$、JP 均有显著或极显著正相关关系（$P< 0.05$ 或 $P<0.01$）。A 层土壤中的革兰氏阳性菌（GP）含量与植物多样性指数 $H'_{Vegetation}$、$DS'_{Vegetation}$、JP 成极显著正相关（$P<0.01$），而 B 层土壤中的革兰氏阴性菌（GN）含量与植物多样性指数成显著正相关（$P< 0.05$），GP 仅与 JP 成显著正相关（$P< 0.05$）。比较不同季节 A、B 两层土壤微生物指标与植被、土壤理化性质之间的关系可以发现，秋季 A 层土壤中三者间的相互关系最为复杂，如土壤中真菌含量与重量含水量成正相关而与 pH 成负相关，细菌含量与有机质含量（SOM）和全氮含量（N_t）均为正相关等。另外，春季革兰氏阴性菌（GN）含量与 SOM 成负相关，而秋季 GN 含量却与 SOM 成显著正相关（$P< 0.05$）。从整体上看，无论是春季还是秋季，A 层土壤中微生物群落各指标之间或植被、土壤理化性质之间的相互关系均比 B 层土壤复杂。

春、秋季土壤理化因子对于微生物群落结构多样性的 RDA 分析见图 4-6、图 4-7。春、秋两季主成分 1 的贡献值分别为 62.5% 和 27.7%，主成分 2 的贡献值分别为 2.9% 和 5.8%。进一步通过蒙特卡罗检验（Monte Carlo permutation）得知，在被检验的土壤理化指标（Moisture content、pH、EC、SOM、N_t、C_{org}/N_t）中，春季对于微生物的结构多样性有显著影响（$P< 0.05$）的为土壤电导率，秋季为土壤重量含水量和电导率。从 1、2 两主成分的贡献值来看，春季两主成分的贡献值之和大于 60%，各个环境指标相对较好地解释了土壤微生物群落的变化情况，而秋季贡献值之和较小，从另外一个角度反映了微生物群落结构的复杂性，仅第 1、2 主成分并不能完全解释影响微生物群落结构变化的因素。

越来越多的研究表明，土壤中微生物群落的分布并不是高度随机的，而是呈现出一定的生物地理学特征（Martiny et al., 2006）。通常认为，植物根际土壤中分布的革兰氏阴性菌要比革兰氏阳性菌多（Söderberg et al., 2004），我们的研究支持了这一结果，但在本研究中二者的比值并未表现出明显的变化规律，说明还存在影响土壤中微生物群落分布的其他生物地理学指标，需要进一步研究。

表 4-8 微生物群落结构指标与春季 A 层土壤理化性质的 Spearman 相关分析

微生物	Moisture content	EC	$pH_{(H_2O)}$	SOM	N_t	C_{org}/N_t	C_{mic}/C_{org}	Fungi	Bacteria	GN	GP	GP/GN	Bac/Fungi
Fungi	ns	ns	ns	ns	ns	ns	0.609*	1					
Bacteria	ns	-0.650**	-0.555*	ns	ns	ns	ns	ns	1				
GN	ns	ns	ns	-0.624*	ns	-0.532*	0.665**	ns	ns	1			
GP	ns	ns	ns	ns	0.651*	-0.536*	ns	ns	ns	ns	1		
GP/GN	ns	0.534*	ns	ns	0.526*	ns	-0.732**	-0.724**	ns	ns	0.551*	1	
Bac/Fungi	ns	ns	ns	ns	ns	ns	ns	-0.780**	ns	ns	ns	0.563*	1

差异显著度水平："**" $P < 0.01$；"*" $P < 0.05$；"ns" 表示差异不显著。

表 4-9 微生物群落结构指标与春季 B 层土壤理化性质的 Spearman 相关分析

微生物	Moisture content	EC	$pH_{(H_2O)}$	SOM	N_t	C_{org}/N_t	C_{mic}/C_{org}	Fungi	Bacteria	GN	GP	GP/GN	Bac/Fungi
Fungi	ns	ns	ns	ns	ns	ns	ns	1					
Bacteria	ns	ns	ns	ns	ns	ns	ns	ns	1				
GN	ns	-0.564*	ns	0.532*	ns	ns	ns	ns	ns	1			
GP	0.565*	ns	ns	ns	ns	ns	0.581*	ns	ns	ns	1		
GP/GN	ns	ns	ns	ns	ns	ns	ns	ns	ns	ns	0.723	1	
Bac/Fungi	ns	ns	ns	ns	ns	ns	ns	-0.768**	ns	ns	ns	ns	1

差异显著度水平："**" $P < 0.01$；"*" $P < 0.05$；"ns" 表示差异不显著。

表 4-10 微生物群落结构指标与秋季植物群落多样性、A 层土壤理化性质的 Spearman 相关分析

微生物	H'$_{\text{Vegetation}}$	DS'$_{\text{Vegetation}}$	JP	Moisture content	EC	pH$_{\text{(H}_2\text{O)}}$	SOM	N$_t$	C$_{org}$/N$_t$	C$_{mic}$/C$_{org}$	Fungi	Bacteria	GN	GP	GP/GN	Bac/Fungi
Fungi	0.656**	0.656**	0.595*	0.575*	ns	−0.754**	ns	ns	ns	ns	1					
Bacteria	0.814**	0.828**	0.771**	ns	ns	−0.796**	0.700**	0.647**	ns	ns	0.704**	1				
GN	ns	ns	ns	ns	ns	ns	0.586*	ns	ns	ns	ns	0.696**	1			
GP	0.853**	0.817**	0.828**	ns	ns	−0.821**	ns	ns	ns	0.546*	0.593*	0.650*	0.525*	1		
GP/GN	ns	ns	ns	ns	ns	ns	ns	ns	ns	0.797**	ns	ns	ns	ns	1	
Bac/Fungi	ns	ns	ns	ns	−0.516**	ns	ns	ns	−0.607*	ns	ns	ns	ns	ns	ns	1

差异显著水平："**" $P<0.01$；"*" $P<0.05$；"ns" 表示差异不显著。

表 4-11 微生物群落结构指标与秋季植物群落多样性、B 层土壤理化性质的 Spearman 相关分析

微生物	H'$_{\text{Vegetation}}$	DS'$_{\text{Vegetation}}$	JP	Moisture content	EC	pH$_{\text{(H}_2\text{O)}}$	SOM	N$_t$	C$_{org}$/N$_t$	C$_{mic}$/C$_{org}$	Fungi	Bacteria	GN	GP	GP/GN	Bac/Fungi
Fungi	0.771**	0.787**	0.666**	−0.565*	−0.606*	−0.744**	0.701**	ns	ns	ns	1					
Bacteria	0.602*	0.588*	0.598*	ns	ns	−0.598*	0.621*	0.545*	ns	ns	0.642**	1				
GN	0.591*	0.595*	0.530*	−0.516*	ns	−0.593*	ns	ns	ns	ns	0.820**	ns	1			
GP	ns	ns	0.521*	ns	ns	ns	ns	ns	ns	ns	ns	ns	ns	1		
GP/GN	ns	ns	ns	ns	ns	ns	ns	ns	ns	ns	−0.689**	ns	−0.756**	ns	1	
Bac/Fungi	ns	ns	ns	ns	ns	ns	ns	0.761**	ns	ns	ns	ns	ns	ns	ns	1

差异显著水平："**" $P<0.01$；"*" $P<0.05$；"ns" 表示差异不显著。

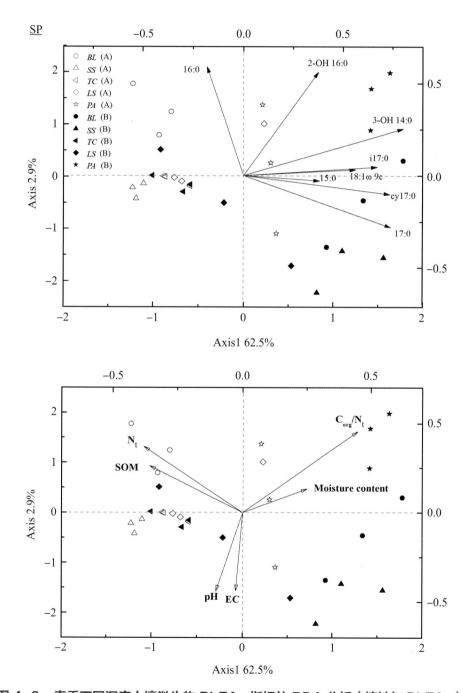

图 4-6　春季不同深度土壤微生物 PLFAs 指标的 RDA 分析（植被与 PLFAs）

注：图中空心符号表示 0~20 cm；实心符号表示 20~40 cm。

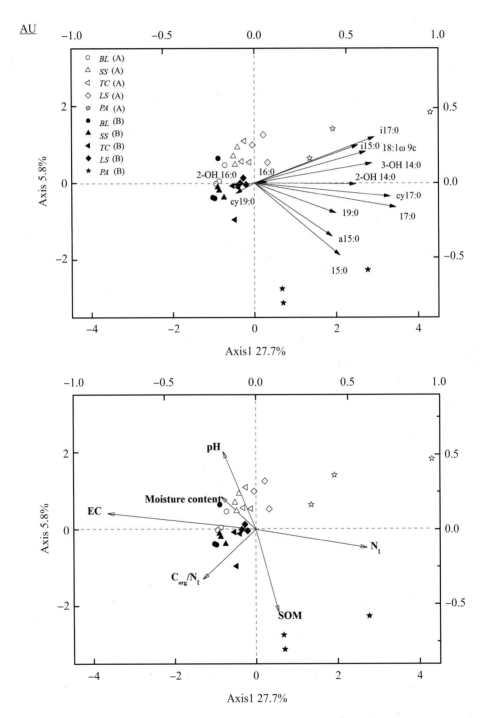

图 4-7　秋季不同深度土壤微生物 PLFAs 指标的 RDA 分析（植被与 PLFAs）

注：图中空心符号表示 0~20 cm；实心符号表示 20~40 cm。

另外，与微生物群落功能多样性（CLPP）不同，微生物群落结构（PLFA）的差异更多依赖于其可利用资源的性质。本章的研究进一步说明土壤微生物大多是受"碳"源限制的（Wardle, 1992），微生物生物量同有机质含量（SOM）显著相关。通过蒙特卡罗检验发现，土壤电导率（EC）对于不同季节微生物群落的结构均有显著影响（$P < 0.05$）。这表明盐分含量对于微生物群落的结构多样性也具有显著影响。Grayston 等人（2001）研究了草原生态系统不同季节和植被下土壤微生物的功能和结构多样性后得出了相似的结论。他们同时还发现，微生物群落结构随季节变化较微生物生物量碳（C_{mic}）和基础呼吸（BAS）差异明显。随着土壤条件的改善和微生物生物量的增多，真菌在土壤中的比例也增大了。而在我们的研究中，细菌／真菌的比值在各演替阶段并没有表现出明显的变化趋势。Wu 等人（2009）研究发现，pH 是影响土壤微生物群落组成的重要理化因子之一，随着 pH 增大，革兰氏阴性菌和革兰氏阳性菌的数量都提高了，而 Frostegård 等人（1993）却认为，随着 pH 增大，革兰氏阴性菌数量增多，而革兰氏阳性菌数量减少。本研究中，pH 与秋季土壤中真菌和细菌的总量成显著负相关关系（$P < 0.05$），与革兰氏阴性或阳性菌的数量并无明显相互关系。

3. 小结

上述部分研究了黄河三角洲原生演替中微生物群落的结构多样性特征，并探讨了其与主要土壤理化性质间的相互关系。研究结果表明，随着植被演替的进行，春季不同深度土壤中细菌、真菌总量均表现出先减小后增大的趋势，而秋季不同深度土壤中的细菌、真菌总量却基本呈逐渐增大的趋势。细菌、真菌含量最高峰出现在秋季芦苇群落 A 层土壤中。植物根际土壤中分布的革兰氏阴性菌比革兰氏阳性菌多。Spearman 相关分析表明，秋季土壤中细菌和真菌含量与植物多样性指数 $H'_{Vegetation}$、$DS'_{Vegetation}$、JP 均有显著（$P < 0.05$）或极显著（$P < 0.01$）正相关关系。由春、秋季土壤理化指标对于微生物群落结构多样性的 RDA 分析得知，土壤电导率（EC）对于春、秋季土壤微生物群落的结构均有显著影响（$P < 0.05$）。与 CLPPs 分析得到的结果相似，PLFAs 分析进一步说明土壤微生物生物量同有机质含量（SOM）显著相关，主要是受"碳"源限制。

三、土壤微生物遗传多样性

1. 高通量测序的统计学分析

本研究利用高通量测序方法，共读取各个典型植物群落的土壤样品中微生物 16S rRNA 基因序列 66 849 条，其中 57 684 条长度大于 200 bp 的片段经比对属于细菌。图 4-8 为高通量测序序列长度分布图，经过统计得知，片段长度大于 400 bp 的序列占序列总数的 72.32%。各样品序列测序量在 9 944 ～ 12 722 条之间，平均为 11 537 条，测序的覆盖度均大于 80%（表 4-12），表明测序量基本能够反映该区域细菌群落的种类和结构。

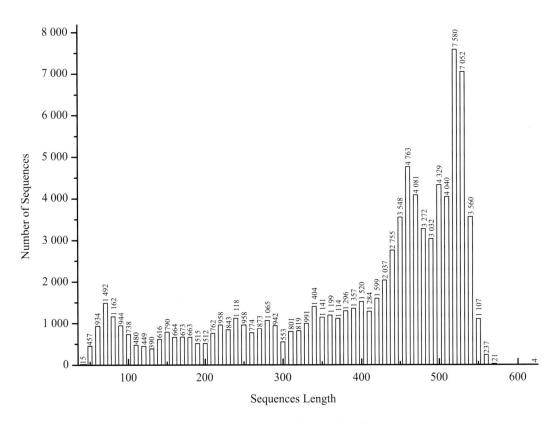

图 4-8　高通量测序序列长度分布图

表 4-12　遗传距离 3% 细菌群落多样性分析

Plot (bare land/community)	Multiplex identifier	Reads	OTU	ACE	Chao	H' Pyrosequencing	DS' Pyrosequencing	Coverage /%
						3%		
Saline bare land (BL)	ACACGACGAC	11 656	2 891	11 425 (11 130, 11 731)	6 840 (6 347, 7 405)	6.38 (6.34, 6.42)	0.0083 (0.0078, 0.0087)	87.78
Suaeda salsa (SS)	ACACGTAGTA	11 086	3 661	14 215 (13 886, 14 554)	8 317 (7 805, 8 893)	7.04 (7, 70.070)	0.0044 (0.0040, 0.0047)	84.72
Tamarix chinensis (TC)	ACACTACTCG	12 276	2 573	10 091 (9 816, 10 376)	6 217 (5 725, 6 785)	6.32 (6.28, 6.35)	0.0060 (0.0057, 0.0063)	81.85
Lionium sienense (LS)	ACGACACGTA	9 944	3 146	11 474 (11 190, 11 769)	7 032 (6 570, 7 557)	6.85 (6.81, 6.89)	0.0056 (0.0051, 0.0061)	86.65
Phragmite saustralis (PA)	ACGAGTAGAC	12 722	3 665	13 190 (12 890, 13 500)	8 460 (7 921, 9 067)	6.94 (6.91, 6.98)	0.0036 (0.0035, 0.0038)	84.77

注：括号中表示置信区间为 95% 的数值。

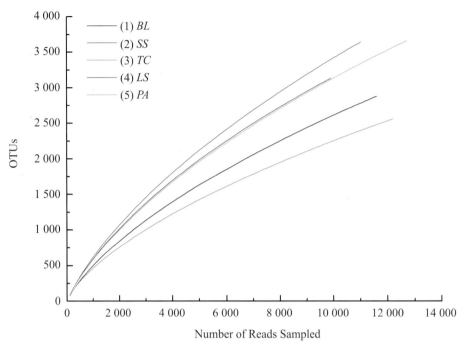

图 4-9 遗传距离 3% 16S rRNA 基因序列高通量测序稀释曲线

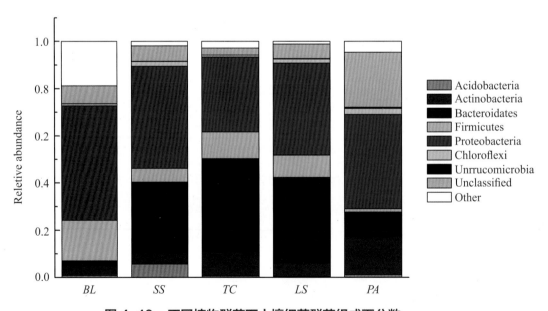

图 4-10 不同植物群落下土壤细菌群落组成百分数

图 4-9 表明，土壤样品的稀释曲线均已趋于平稳，不同样品所需最小测序数量不同，土壤中的微生物资源种类比我们预期的要丰富得多。为了进一步了解研究区域细菌群落的种类多少，以公式 $Y=a-be^{-cx}$ 进行曲线拟合，估算达到平滑期时各样品最少测序量为 3 500，理论上的种类将会在 3 861～5 437 之间（表 4-13）。另外，表 4-12 还说明在不同的演替阶段中，芦苇群落的 $DS'_{Pyrosequencing}$ 指数最小，为 0.0036，而光板地的最大，为 0.0083。这表明与光板地相比，当植被演替到达末期时，微生物群落的异质性得到了较大的提高。$H'_{Pyrosequencing}$ 的变化范围为 6.32～7.04。该指数在各演替阶段的大小顺序为：碱蓬群落（SS）＞芦苇群落（PA）＞补血草群落（LS）＞光板地（BL）＞柽柳群落。由此可知，$H'_{Pyrosequencing}$ 的变化趋势同植被演替进程并不一致。植物和微生物在生态系统中分别扮演着生产者和分解者的功能，二者联系密切。高等绿色植物是主要的生产者，它们的凋落物和根系分泌物为土壤微生物提供无机碳和资源；分解

表 4-13　以 $Y=a-be^{-cx}$ 拟合高通量测序的稀释曲线所得各参数值

演替阶段	a	b	c	R-square
光板地（BL）	4 386（4 279, 4 493）	4 250（4 152, 4 348）	8.735（8.382, 9.089）e-005	0.9992
碱蓬群落（SS）	5 437（5 316, 5 558）	5 316（5 206, 5 426）	9.565（9.209, 9.921）e-005	0.9993
柽柳群落（TC）	3 861（3 759, 3 962）	3 698（3 605, 3 792）	8.390（8.016, 8.763）e-005	0.999
补血草群落（LS）	4 336（4 219, 4 453）	4 285（4 181, 4 389）	1.229（1.117, 1.288）e-004	0.9987
芦苇群落（PA）	5 268（5 154, 5 381）	5 106（5 004, 5 209）	8.772（8.444, 9.100）e-005	0.9992

注：括号中表示置信区间为 95% 的数值。

者降解有机物和某些生物多聚物（如淀粉、果胶、蛋白质等），并将其归还至土壤中，这些营养元素又将间接调控植物生长和群落组成（Wardle et al., 2004）。因此，植被演替过程中土壤微生物群落异质性的提高可能与 H'$_{vegetation}$ 的增大相关。本研究主要从三个方面探讨了春、秋季黄河三角洲湿地典型植被不同深度（A、B 层）的土壤微生物多样性，包含功能多样性、结构多样性、遗传多样性。微生物群落功能多样性的特征集中表现在随植被演替进行，微生物群落也表现出了相应的有规律的变化。

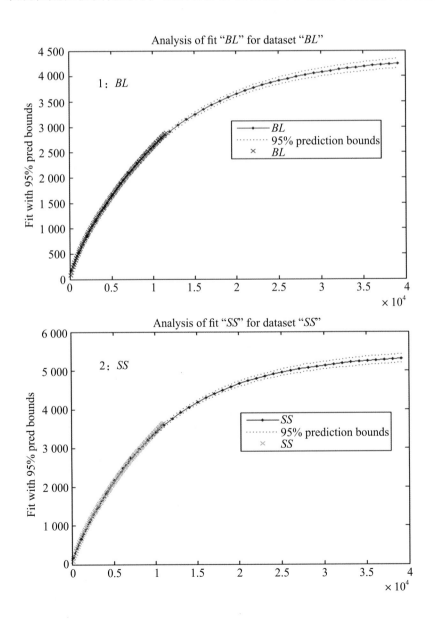

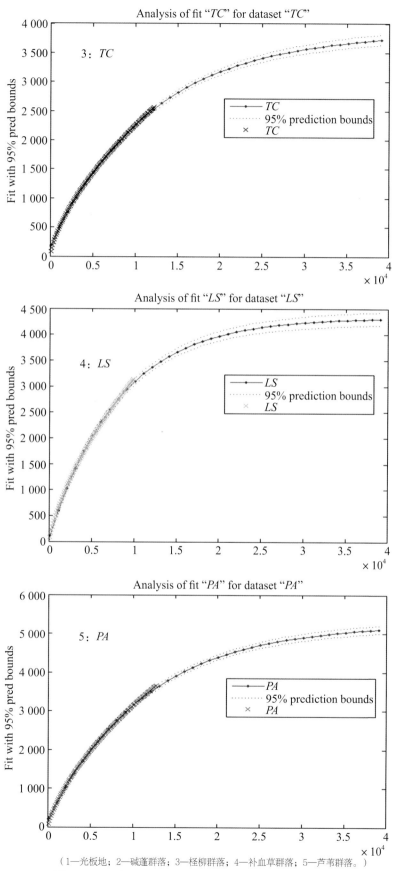

（1—光板地；2—碱蓬群落；3—柽柳群落；4—补血草群落；5—芦苇群落。）

图 4-11　以 Y=a-be⁻ᶜˣ 拟合高通量测序的稀释曲线

2. 高通量测序分析土壤菌群结构

图 4-10 表明，所有 57 684 条序列分属于细菌的 20 个门，其中主要的门包括 Proteobacteria（变形菌门）、Bacteroidetes（拟杆菌门）、Firmicutes（厚壁菌门）、Actinobacteria（放线菌门）、Acidobacteria（酸杆菌门）、Chloroflexi（绿弯菌门）、Verrucomicrobia（疣微菌门），所占比例分别为 40.45%、23.54%、9.01%、8.31%、1.74%、1.60%、0.21%，其中属于 Proteobacteria、Bacteroidetes、Firmicutes、Actinobacteria 门的序列总和占全部序列的 81%，这些微生物在其他相关研究中也曾被报道为优势菌群（Hollister et al., 2010；Will et al., 2010）。这表明，尽管取样地点与研究目的不同，但是处于相同生境中的微生物类群具有相似性。对各门、纲、目、科、属相对含量分布的进一步研究表明，不同演替阶段的主要土壤微生物群落结构存在明显不同（图 4-11、图 4-12），如：Firmicutes 的相对含量从 17.2%（BL）下降至 1.3%（PA），Bacteroidetes 的相对含量从 1.9%（BL）上升至 36.3%（LS），*Actinobacteria* 的相对含量也从 4.3%（BL）上升至 16.3%（PA），以下将结合植被演替过程进行详细探讨。

3. 土壤微生物遗传多样性与理化性质的关系

自然界中可以影响土壤微生物群落多样性的因素很多，如植被类型、土壤结构、化学组成、气候变化等（Ahn et al., 2009；Truu et al., 2009；Zhao et al., 2010）。湿地生态系统水分情况的变化可导致土壤和沉积物中含氧量的变化，进而影响微生物的群落组成。曾有研究表明，水分含量对于湿地微生物群落结构十分重要（Yu et al., 2009；Tang et al., 2011），但我们的研究中并没有表现出来。Sardinh 等人（2003）研究发现，在酸性土壤环境中，盐分含量是影响土壤微生物群落的主要环境因子之一，而我们的研究表明同样的作用也发生在碱性环境中。经过之前的分析得知，黄河三角洲滨海湿地植被演替中表现出显著差异的土壤性质主要为 EC、SOM、N_t 等，因此我们将研究重点集中到与这些环境因子代谢相关的微生物种类上面进一步分析。

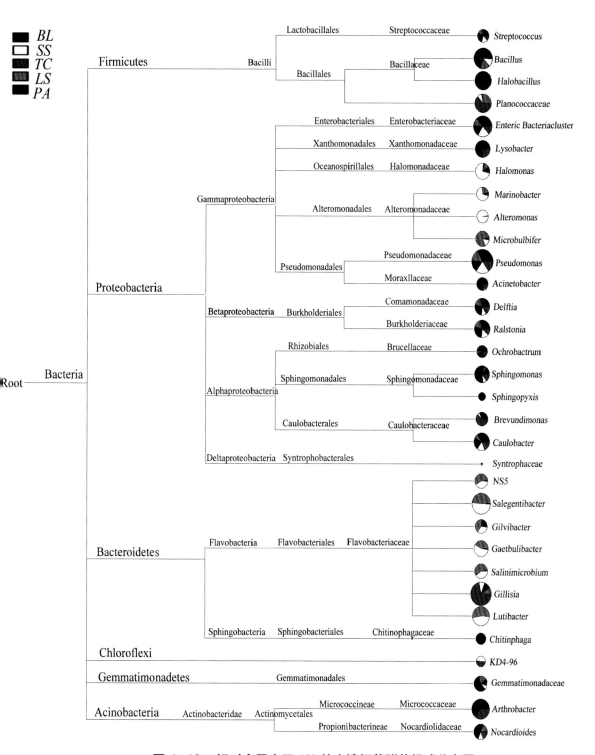

图 4-12 相对含量大于 1% 的土壤细菌群落组成分布图

将相对含量大于 1% 的序列作为代表序列总结于图 4-12 中。光板地的代表微生物种类主要包括 Firmicutes（厚壁菌门）的 *Halobacillus*（嗜热枯草芽孢杆菌属）和 *Bacillus*（枯草芽孢杆菌属），Alphaprotecobateria（甲型变形菌纲）的 *Ochrobactrum*（苍白杆菌属）、*Sphingomonas*（鞘氨醇单胞菌属）、*Caulobacter*（柄杆菌属），Betaprotecobacteria（Beta 变形菌纲）的 *Delftia* 和 *Ralstonia* 属，Gammaprotecobacteria（丙型变形菌纲）的 *Pseudomonas*（假单胞菌属）、*Acinetobacter*（不动杆菌属）。在我们的研究中，光板地的 *Bacillus*、*Halobacillus* 分别占全部测序量的 70.39% 和 98.65%，同时光板地中厚壁菌门的相对含量为 26.17%。曾经所有的革兰氏阳性菌都归为厚壁菌门，后来 GC 含量高的革兰氏阳性菌被归入放线菌门。厚壁菌门大多数细菌的共同特征是能够用产生孢子的形式来对抗极端恶劣的生境，如 *Bacillus*，经常在有关极端环境微生物的报道中出现，如在盐湖和盐碱环境中检测到 *Bacillus*（Jiang et al., 2006），这与盐生环境是相适应的。与光板地的情况显著不同，演替末期的补血草、芦苇群落的微生物种类主要包括 Gammaprotecobacteria（丙型变形菌纲）的 *Lysobacter* 属，Actinobacteria（放线菌门）的 *Arthrobacter*（节杆菌属）和 Bacteroidetes（拟杆菌门）的 Flavobacteria（黄杆菌纲）。这些微生物的主要生境都是土壤，放线菌门、拟杆菌门的大多数微生物主要降解纤维素，甚至还有许多难降解的芳香族化合物，对于土壤的矿化起到十分重要的作用。以革兰氏阴性菌、好氧菌、不产生孢子的 *Pseudomonas* 为代表的微生物类群在各植被类型下土壤中所占比例相似，这与其代谢类型多样、适应能力强密不可分。有报道表明它们可以参与各种有机物的碳循环，代谢类型多样，还可以作为生物治理因子（bioremediation agents）代谢环境中的化学污染物，如甲苯（toluene）、四氯化碳（carbon tetrachloride）、芳香有机物（aromatic organic compounds）、氰化物（cyanide）等（O'Mahony et al., 2006；Yen et al., 1991；Sepulveda-Torres, et al., 1999），因而受到越来越多的关注。

4. 小结

上述部分应用高通量测序方法分析了黄河三角洲原生演替中土壤微生物的遗传多样性特征，并探讨了其与主要土壤理化性质之间的相互关系。针对不同植物群落的高通量测序研究共读取到 66 849 条序列，其中 57 684 条长度大于 200 bp 的片段经比对属于细菌。片段长度大于 400 bp 的序列占序列总数的 72.32%，测序的覆盖度均大于 80%，表明测序量基本能够反映该区域细菌群落的种类和结构。所得序列分属于细菌的 20 个门，其中主要的门包括 Proteobacteria、Bacteroidetes、Firmicutes、Actinobacteria、Acidobacteria、Chloroflexi、Verrucomicrobia。属于 Proteobacteria、Bacteroidetes、Firmicute、Actinobacteria 门的序列总和占所有序列的 81%。对各门、纲、目、科、属相对含量的分布研究表明，不同演替阶段土壤中的主要微生物群落结构不同。由高通量测序所得序列信息计算得到的 ACE、Chao、$H'_{Pyrosequencing}$ 和 $DS'_{Pyrosequencing}$ 变化趋势同植被演替进程并不完全一致。

本章小结

黄河三角洲拥有丰富多样的生态系统，主要包括湿地生态系统和林地、草地、农田等类型以及相关的功能过程、等多样性。黄河三角洲生态系统的特征主要有新生性、原始性、多样性、脆弱性、不稳定性等。

本研究从三个方面探讨了春季和秋季黄河三角洲湿地典型植被不同深度的土壤微生物多样性，包含功能多样性、结构多样性和遗传多样性。①微生物群落功能多样性的特征集中表现在：随植被演替进行，微生物群落也表现出了相应的、有规律的变化；土壤微生物生物量碳（C_{mic}）、基础呼吸（BAS）以及 AWCD 值均表现出增大的趋势，反映了整体上微生物群落利用土壤中不同碳源的能力逐步提高，生物量

摄影 / 胡友文

逐渐增大；从不同深度的土壤环境来看，土壤微生物的数量和活性随着深度的增加而降低，代谢活动发生了明显的变化；从多样性指数角度看，春季光板地土壤微生物群落 Gini 均匀度指数明显大于其他各植物群落，秋季不同植物群落的土壤微生物 Gini 指数并没有明显的变化趋势。结合以上两点，说明尽管不同植物群落或者不同深度的土壤环境主要影响了微生物生物量、利用碳源的能力和代谢活动，但对微生物群落多样性指数所表征的功能多样性的影响却不明显。②微生物群落结构多样性的特征为：随植被演替的进行，春季各植物群落下土壤中不同深度细菌、真菌总量均表现出先减小后增大的趋势，而秋季不同深度细菌、真菌总量却基本呈逐渐增大的趋势；植物根际土壤中分布的革兰氏阴性菌比革兰氏阳性菌多，GP/GN、细菌/真菌的比值在各演替阶段并没有表现出明显的变化趋势；从不同深度的土壤环境来看，细菌和真菌总量并不都随深度的增加而降低。③通过微生物群落遗传多样性分析得知，理论上研究区域内各种典型植被下的土壤中细菌种类为 3 861~5 437 种。高通量测序所得的 57 684 条序列分属于细菌的 20 个门，其中主要的门包括 Proteobacteria、Bacteroidetes、Firmicutes、Actinobacteria、Acidobacteria、Chloroflexi、Verrucomicrobia。对各门、纲、目、科、属相对含量的分布研究表明，不同演替阶段的主要土壤微生物群落结构不同。微生物群落的结构在与海岸线垂直方向上具有一定的空间分布规律。光板地的代表微生物种类包括 Firmicutes 门的 *Halobacillus*、*Bacillus* 属等，测序所得 *Bacillus* 属中的 70.39%、*Halobacillus* 属中的 98.65% 为光板地所有，同时光板地的 Firmicutes 门占该样地所有序列的 26.17%，这与微生物所在的盐生环境是相适应的。与光板地的情况显著不同，演替末期的补血草、芦苇群落的微生物种类主要包括 Gammaproteobacteria 门的 *Lysobacter*，Actinobacteria 门的 *Arthrobacter* 和 Bacteroidetes 门的 *Flavobacteria*。这些微生物主要降解纤维素，甚至还有许多难降解的芳香族化合物，因此出现在植物种类相对多的演替末期土壤中。

多元统计分析表明，研究中的环境因子对于微生物群落的变化有显著影响，反映了湿地植被对于土壤微生物群落在分解过程中生理状态的影响。植物群落的改变引起了土壤中凋落物质和量的变化，微生物主要以植物残体为营养源，随着植物群落演替的进行，持续的脱盐碱使得土壤有机质更加丰富，变得更适宜微生物群落的分解活动，微生物群落数量和活性的提高又进一步增强了湿地生态系统中植被与土壤间的稳定性。另一方面，植物的根系作用也可能是直接或间接造成微生物功能多样性改变的原因。不同湿地植物群落的种类组成、结构不同，所形成有机质的量和营养成分也存在一定的差异，导致了土壤微生物在土壤中分布的不均一性。通过对微生物群落功能和结构多样性的研究得知，植物的凋落物和根系分泌物为土壤微生物提供了无机碳和资源；分解者降解有机物和某些生物多聚物（如淀粉、果胶、蛋白质等），并将其归还至土壤中，这些营养元素又将间接调控植物的生长和群落的组成，植被通过土壤环境与微生物之间建立起密切联系。这些因素具体是如何引起本文研究区域内各演替阶段微生物群落遗传多样性变化的，仍需进一步深入研究，这一问题的研究将有助于阐明生物多样性与生态系统功能之间的关系。

（本章执笔：余悦、杨瑞蕊、王蕙、郑培明、刘建）

第五章

黄河三角洲湿地的
生态功能

第一节　研究区域与数据来源

一、研究区域

本文研究区域指的是 1855 年黄河在铜瓦厢决口夺大清河于山东利津入渤海后形成的近代三角洲，它以宁海为顶点，东南至支脉沟口，西北到徒骇河（套尔河）口，整个扇形地区面积多达 5 400km²，地理坐标在东经 117° 31'~119° 18' 和北纬 36° 55'~38° 16' 之间。行政区域上包括东营市的垦利县、河口区、东营区、利津县、广饶县的一部分，以及滨州市沾化区的 4 个乡和无棣县的小部分地区。黄河三角洲 93% 的面积属于东营市，7% 的面积属于滨州市，所以本文的研究范围指东营市所辖范围内的三角洲地区（图 5-1）。

二、数据来源

1. 遥感数据源

自 1972 年 7 月 23 日第一颗陆地卫星（Landsat-1）成功发射以来，Landsat 陆地卫星系列借助其广泛的覆盖区域、快速的数据更新、高效的时空分辨率和光谱分辨率、持续不断的后续星计划等优势，成为生物、矿产、能源等自然资源调查，地震、海啸、洪水等自然灾害监测，以及林业、农业产量估算等诸多方面应用最为广泛的数据来源。

本文选取的遥感数据源为 1992 年、1995 年、2000 年、2006 年和 2010 年 5 期的 Landsat5 TM 和 Landsat7 ETM+ 数据（表 5-1）。所选取的各期遥感影像云覆盖少，物候特征明显，可以较好地表现出研究区各类地物的特征。这些遥感影像的时相、质量和分辨率均符合本研究的要求。

图 5-1　研究区位置与范围示意图

表 5-1　本研究所采用的遥感影像的详细信息一览表

影像类型	卫星平台	轨道号	空间分辨率	获取时间
TM	Landsat5	121/34	30 m	1992-08-24
TM	Landsat5	121/34	30 m	1995-10-08
ETM+	Landsat5	121/34	30 m/15 m	2000-06-02
TM	Landsat5	121/34	30 m	2006-10-02
TM	Landsat5	121/34	30 m	2010-09-11

2. 其他数据源

主要包括野外调查数据、相关统计资料、部门走访调查数据等。如《东营市土地利用总体规划》（2006~2020 年），2001~2011 年间的《山东省统计年鉴》《山东渔业统计年鉴》《东营市统计年鉴》《东营市渔业统计年鉴》《胜利油田环境状况公报》，"黄河三角洲 1/10 万地形图"及相关部门土地资源调查数据等。

三、遥感影像处理

受遥感平台的航高、航速、偏航等因素的影响，以及地球表面曲率、大气折射等外部因素和卫星所携带传感器设备内部问题的影响，遥感图像往往会失真和变形。对遥感影像进行几何校正，是提高图像精度、获取精确数据的必要手段。

波段组合的选择关系着是否能对遥感信息进行正确、高效的提取。不同的波段组合所突出的景观侧重点不甚相同，直接影响解译结果的质量。因此，本文在组合波段时，按下述原则进行：尽量选择相关性小的波段；优先选用信息量大的波段；波段的组合方式有利于增大地物的光谱差异。

图像增强处理能突出所需信息，提高图像目视效果。由于研究区域处于海、陆、河交界处的河口海岸地带，近几年经济迅速发展导致地物复杂多样且转换频繁，本文根据易于人机交互和易于识别的原则采取针对性的图像增强算法。采取标准差 2.0 增强的图像具有亮度适中、色彩层次丰富的优点。

湿地分类是湿地资源调查、评价中必须解决的问题，也是湿地资源保护、开发和管理的基础。近 20 年来，国内外许多组织、机构和专家对湿地分类做了大量基础研究，从不同角度提出了各自的湿地分类系统（唐小平等，2003）。在《湿地公约》中，将湿地划分为内陆湿地、海洋和海岸湿地、人工湿地三大类，以下又分若干亚类。2008 年 11 月国家林业局颁布的《全国湿地资源调查技术规程（试行）》，将我国的湿地划分为近海及海岸湿地、湖泊湿地、河流湿地、沼泽湿地以及人工湿地五大类 34 个小类。宗秀影等（2009）将黄河三角洲湿地分为人工湿地和天然湿地两大类 13

个小类。本文结合研究区湿地特征及遥感影像的可判读性，建立了如表 5-2 的湿地分

类系统。遥感解译后得到如表 5-3 的湿地分类数据。

表 5-2　研究区湿地分类系统

一级分类	自然湿地	人工湿地	非湿地
二级分类	林地	水田	旱地
	盐地碱蓬草地	盐田	居民点建筑用地
	灌草地	养殖水面	工矿用地
	芦苇草地	坑塘水面	未利用地
	其他草地	水库水面	
	河流水面		
	滩涂		

由表 5-3 可见，1992~2010 年，面积总体呈减少趋势的湿地类型是河流水面、水

田、滩涂、灌草地、盐地碱蓬草地、芦苇草地及其他草地，面积总体呈增加趋势的湿

地类型是盐田、水库水面、养殖水面。在非湿地中，旱地保持稳定，建筑用地持续增

加，未利用地持续减少。

表 5-3 不同年份研究区湿地景观遥感解译面积

湿地类型	1992		1995		2000		2006		2010	
	面积 /hm²	百分比 /%	面积 /hm²	百分比 /%	面积 /hm²	百分比 /%	面积 /hm²	百分比 /%	面积 /hm²	百分比 /%
养殖水面	13 670.09	1.79	14 179.15	1.85	18 636.02	2.42	29 988.55	3.89	27 851.49	3.61
坑塘水面	1 675.43	0.22	1 827.44	0.24	2 041.51	0.27	1 809.36	0.23	1 731.54	0.22
水库水面	17 191.60	2.26	18 209.69	2.38	21 110.38	2.74	24 077.68	3.13	26 997.15	3.50
水田	32 827.16	4.31	33 455.25	4.37	32 372.55	4.20	29 101.15	3.78	25 909.47	3.36
盐田	6 203.64	0.81	11 431.81	1.49	18 523.26	2.40	39 013.65	5.07	59 293.26	7.69
人工湿地	71 567.92	9.39	79 103.34	10.33	92 683.72	12.03	123 990.39	16.10	141 782.91	18.38
河流水面	12 298.68	1.61	11 940.93	1.56	10 181.72	1.32	10 266.39	1.33	9 549.81	1.24
滩涂	78 822.19	10.34	74 017.16	9.67	70 491.52	9.15	65 386.70	8.49	58 875.87	7.63
灌草地	23 266.25	3.05	21 612.51	2.82	19 632.65	2.55	14 371.65	1.87	10 345.77	1.34
盐地碱蓬草地	9 873.71	1.30	9 020.81	1.18	8 002.11	1.04	5 987.88	0.78	4 802.58	0.62
芦苇草地	47 261.33	6.20	44 819.37	5.85	42 320.50	5.49	38 253.24	4.97	33 407.91	4.33

表5-3 不同年份研究区湿地景观遥感解译面积（续）

湿地类型	1992		1995		2000		2006		2010	
	面积/hm²	百分比/%	面积/hm²	百分比/%	面积/hm²	百分比/%	面积/hm²	百分比/%	面积/hm²	百分比/%
其他草地	19 905.00	2.61	17 673.03	2.31	15 439.49	2.00	10 038.69	1.30	6 579.09	0.85
林地	6 438.14	0.84	6 367.68	0.83	6 933.20	0.90	7 384.41	0.96	7 586.82	0.98
天然湿地	197 865.31	25.95	185 451.49	24.22	173 001.21	22.46	151 688.96	19.69	131 147.85	17.00
工矿用地	26 469.60	3.47	27 950.67	3.65	28 205.95	3.66	30 063.96	3.90	31 825.01	4.12
建筑用地	57 073.07	7.49	59 028.38	7.71	63 781.56	8.28	75 206.32	9.76	84 960.10	11.01
旱地	346 129.13	45.40	348 705.04	45.54	351 988.29	45.70	348 312.24	45.22	351 154.88	45.51
未利用地	63 261.93	8.30	65 459.79	8.55	60 633.00	7.87	40 972.61	5.32	30 661.55	3.97
非湿地	492 933.73	64.66	501 143.88	65.45	504 608.80	65.51	494 555.13	64.21	498 601.54	64.62
总面积	762 366.95		765 698.71		770 293.73		770 234.48		771 532.30	

第二节 湿地生态系统服务功能及其分类

一、湿地生态系统服务功能的概念

生态系统服务功能的概念最早出现在 1971 年联合国大学（United Nations University）发表的《人类对全球环境的影响报告》中，随后，Daily（1997）、Costanza 等（1998）、Odum 等（1986）、欧阳志云等（1999a）、张苹等（2011）、Holdrer（1974）、Westman（1977）等学者也进行了相关研究。但由于生态系统服务功能是近些年来提出的新概念，历程短，尚未形成统一的认识。如 Daily（1997）在其主编的 *Nature's Services: Societal Dependence on Natural Ecosystems* 中，把生态系统服务定义为自然生态系统及其物种所提供的能够满足和维持人类生活需要的条件和过程；欧阳志云等（1999a）提出生态系统服务功能是指生态系统与生态过程所形成及所维持的人类赖以生存的自然环境的条件与效用；张苹等（2011）认为生态系统服务功能是指生态系统的自然过程和组分提供给人的产品和服务。总结前人的研究成果，本书作者认为湿地生态系统服务功能是指湿地生态系统的自然过程和组分提供给人的产品和服务，即湿地生态系统发生的各种物理、化学、生物过程及其组分为人类提供的各种产品和服务。

二、湿地生态系统服务功能的分类

湿地生态系统是一个复杂的非线性动态系统，影响因素众多，其内部各组成要素之间以及各要素与外部环境之间相互制约、相互影响，形成了丰富多样的生态系统服务功能（王宪礼等，1997；武海涛等，2005；江春波等，2007）。

关于湿地生态系统服务功能的分类，国内外学者都有各自的划分体系。其中最有影响力的是美国生态学家 Costanza 等（1997）的划分，他们将全球生态系统服务功能划分为 17 类：气体调节、气候调节、干扰调节、水分调节、水分供给、控制侵蚀和保持沉积物、土壤形成、养分循环、废弃物处理、授粉、生物控制、庇护、食物生产、原材料、基因资源、休闲和文化。这 17 类功能已经成为国内外学者进行生态服务评价的标准和参照，也被我国的一些学者所接受，如陈仲新等（2000）、欧阳志云等（1999b）、谢高地等（2001a）、蒋延玲等（1999）、韩维栋等（2000）。其次是 Daily（1997）的划分体系，他认为，自然生态系统的生态服务功能可以看作经济学理论中的 4 种资本（人力资本、金融资本、人造产品资本和自然资本）中的自然资本，指自然生态系统支持、弥补、满足人类生产、生活所需的产品和服务。他将生态系统服务分为 15 个类型，主要包括物质生产、控制农业害虫、产生和更新土壤和土壤肥力、植物授粉、废物的分解和解毒、缓解干旱和洪水、稳定局部气候、缓解气温骤变及风和海浪、支持不同的人类文化传统、提供美学和文化娱乐等。MA（Millennium Ecosystem Assessment）工作组（2003）认为自然生态系统的主要生态服务功能由 4 类组成，即产品提供功能、调节功能、文化功能和支持功能。不同的生态系统所提供的服务功能在数量与种类上都有较大差异，其中被誉为"地球之肾"的湿地，其服务价值在各类生态系统中居于首位（Cairns, 1977）。

我国许多学者也展开了湿地功能分类研究，各自形成了不同的分类体系：吴玲玲等（2003）将长江口湿地生态系统服务功能划分为资源功能（成陆造地、物质生产等）、环境功能（大气调节、蓄水、净化水体、提供栖息地等）和人文功能（教学科研、旅游等）；崔丽娟（2004）将鄱阳湖湿地的服务功能分为涵养水源、调蓄洪水、调节气候、降解污染物、固定 CO_2、释放 O_2、控制侵蚀、保护土壤以及营养循环和提供生物栖息地功能；陆健健等（2007）认为湿地生态系统所提供的服务主要包括物质生产、能量转换、水分供给、气候调节、气体调节、调蓄水量、水质净化、生物多样性保育和人文功能；许妍等（2010）将太湖湿地生态系统服务功能划分为生产与供给功能（渔业生产、植物生产、供水）、生态环境调节与维护功能（调节气候、净化水质、调蓄洪水、涵养水源、维护生物多样性）以及文化社会功能（旅游休闲娱乐、科研教育）；张华等（2008）把辽宁省湿地生态系统服务功能划分为物质生产功能（湿地产品生产）、环境调节功能（大气调节、水分调节、污染净化、重要物种栖息地、消浪促淤护岸）和人文社会功能（旅游、教育科研）三大类；周葆华等（2011）把安庆沿江湖泊湿地各项生态系统服务功能大体分为经济功能（如提供水资源、提供水产品、提供土地资源等）、环境功能（旅游休闲、调蓄洪水、净化水质、调节气候、提供生物栖息地等）和社会文化功能（教育、科研、文化等）三类。

综合上述国内外学者关于湿地生态功能的分类成果，可以看到，尽管各位学者划分的功能类型不尽相同，但大多集中在物质生产、大气调节、水体调节、生物栖息地、文化科研等方面。本文在借鉴前人研究成果的基础上，从研究区湿地的具体情况出发，将研究区湿地的生态功能分为成陆造地、物质生产、气候调节、提供水源、调蓄洪水、降解污染物、保护土壤、提供生物栖息地、教育科研和旅游休闲10项。以下将选择合适的方法对每种生态功能的价值进行估算。

第三节　湿地生态服务功能价值估算方法

关于湿地生态系统服务功能价值的量化，国际上目前尚未形成统一、规范、完善的评估标准（欧阳志云等，1999b；谢高地等，2001a；何浩等，2005），现在使用的评估方法都源于生态经济学、环境经济学和资源经济学。常用的评估方法有直接市场法，包括市场价值法、费用支出法、机会成本法、影子工程法、人力资本法等；揭示偏好与替代市场法，包括旅行费用法、防护费用法、享乐价格法等；还有模拟市场价值法、碳税法、造林成本法等（崔丽娟，2001；戴星翼等，2005）。这些方法各有优缺点（表5-4），分别适用于不同生态功能类型的价值核算（表5-5）。

表5-4　生态系统服务功能价值主要评估方法对比分析

评估方法	优点	缺点
市场价值法	评估结果相对客观，得到较多专家公认，结论可信度高	对数据要求高，必须有足够的、全面的数据支持
费用支出法	便于操作，可以粗略地估算生态价值	费用统计必须全面
影子工程法	有些抽象的价值难以直接估算，这时可以某工程的价值替代，此方法善于解决难题	在选择替代工程时要慎重考虑，不同的工程替代，其替代效果和精度相差较大
旅行费用法	多用于估算游憩价值及其他无市场价格的生态价值	精度不如直接市场法
条件价值法	适用于缺乏实际市场和替代市场交换的商品的价值评估，能评价各种生态服务功能的经济价值，适用于对非实用价值占较大比重的独特景观和文物古迹价值的评价	与实际评价结果常出现重大的偏差，调查结果的准确与否很大程度上依赖于调查方案的设计、被调查的对象等诸多因素，可信度低于替代市场法
碳税法	多用来评价湿地温室气体排放造成的环境负效应	需要对植物生物量做精确计算
生态价值法	由于该方法涉及多个经济指标，这些指标是变化的，所以评估结果随时间变化	涉及多个经济指标

表5-5　湿地生态功能、价值类型与评估方法

生态功能类型	价值类型	常用评估方法
物质生产	直接使用价值	市场价值法
休闲旅游	直接使用价值	费用支出法、旅行费用法
教育科研	直接使用价值	替代费用法
水文调节	间接使用价值	影子工程法、搬迁费用法、生产成本法
侵蚀控制	间接使用价值	替代费用法、机会成本法
调节大气组分	间接使用价值	碳税法、造林成本法、工业制氧影子法
净化水质	间接使用价值	恢复费用法、防护费用法、替代费用法
维持生物多样性	非使用价值	条件价值法、市场价值法、Shannon-Wiener 指数法
提供栖息地	非使用价值	条件价值法

通过分析比较可以看出，生态服务功能价值评估方法各有优缺点，都存在可行性和局限性，但总体看来，直接市场法的可信度高于替代市场法，而替代市场法的可信度又高于模拟市场法。故本文在选取评估方法时，遵循以下基本原则：首选直接市场法，若条件不具备则采用替代市场法，当两种方法都无法采用时，选择条件价值法等其他方法。

第四节　研究区湿地的生态价值估算

一、气候调节功能的价值

1. 吸收 CO_2、释放 O_2 的价值

湿地既能吸收 CO_2、释放 O_2，又能排放 CH_4、NO_2，既有改善气候的价值，又有恶化气候的负价值。估算这类价值的方法较多，如碳税法、造林成本法、工业制氧影子法等（侯元兆等，1995；薛达元，1999；李建国等，2005；苏敬华，2008）。

碳税是各国为减少温室气体排放，对温室气体排放者，尤其是 CO_2 的排放者实施的税收。其计算步骤是：首先利用光合作用方程，用干物质产量换成湿地植物固定 CO_2 的量，然后按国际规定的碳税率，计算湿地固定 CO_2 的价值（薛达元，1999）。我国大多数学者采用《中国生物多样性国情研究报告》所公布的瑞典碳税率，即 150 美元 /t(C)，以 2004 年不变价格计算，折合成人民币为 1242 元 /t(C)。固定 CO_2 的价值根据碳税法计算。公式为：

吸收 CO_2 的价值 = 1.62 × 净生产力 × 相应的湿地面积 × 碳税率

造林成本法即用营造吸收同等数量 CO_2 的林地所花费的成本来代替其他方式吸收 CO_2 的功能价值，目前采用的中国造林成本为 250 元 /t(C)。

绿色植物在光合作用中吸收 CO_2 和水并将其合成转化为自身的有机物质，从而

使碳素固定在植物体内，同时释放出氧气，其方程式为：

$$6CO_2 + 12H_2O \xrightarrow{\text{光合作用}} C_6H_{12}O_6 + 6O_2 + 6H_2O \longrightarrow 多糖$$

由上面的公式可算出，湿地植物每生产 1 g 干物质，吸收 1.62 g CO_2，放出 1.2 g O_2。吸收 CO_2、释放 O_2 的功能取决于相应的生产力，一般根据蓄积量计算生物量，然后乘以生长率计算出相应的生产力（苏敬华，2008）。

以造林成本法为依据，固定 CO_2 的价值可用下式计算：

固定 CO_2 的价值 =1.62× 净生产力 × 相应的湿地面积 × 造林成本价

工业制氧影子价格法（侯元兆等，1995）是根据光合作用反应方程式得出生态系统释放 O_2 的量，再结合工业制氧的成本价格（目前国内采用 0.4 元 /kg）进行计算，公式如下：

释放 O_2 的价值 =1.2× 净生产力 × 相应的湿地面积 × 生产成本价

计算黄河三角洲湿地吸收 CO_2、释放 O_2 的价值，首先需要对主要湿地类型的植物生物量进行计算。黄河三角洲湿地类型较多，但面积较大，对气候改善作用较强的湿地是灌草地、芦苇湿地、稻田、碱蓬湿地等。以下对这四种主要湿地的生物量进行计算。

（1）灌草地生物量。主要有灌木柽柳、绵柳等，还有草本如大麦草、蒿、野大豆、大茅草、劲草等，总计约 17 845.77 hm^2。因黄河三角洲湿地位于黄河下游，海拔低，水分供应充足，灌草地生长茂盛，适合选取日本内岛所提出的生物量计算模型——CHIKUGO 模型：

$$NPP=0.29\exp^{(-0.216(RDI)2)}*Rn$$

式中：NPP 是植被的净第一性生产力 t/(hm^2·a)；RDI 为辐射干燥度（$RDI= Rn/Lr$；L 为蒸发潜热 J/g，且 L=2 507.4–2.39 t，r 为年降水量 cm/a）；Rn 为陆地表面所获得的净辐射量 $kcal/cm^2$（辛琨，2001）。

查阅气象资料可知，黄河三角洲多年平均太阳辐射量为 128 $kcal/cm^2$。因大气吸收、反射、散射和地面反射的影响，削弱了到达地面的太阳辐射。就全球平均状况而言，到达地面的太阳辐射只占平均太阳辐射的 35%，以这个百分数计算黄河三角洲太阳净辐射量大约是 44.87 kcal/cm^2。另外，气象资料表明，研究区多年平均降水量是 592.2 mm，多年平均气温是 11.9℃。

$$RDI = Rn/Lr = Rn / (2\,507.4 - 2.39\,t)r = 1.28$$

大量实例表明，对于 RDI 小于 4 的区域来说，适合选择内岛模型，用该模型计算的结果是 NPP=9.16 t/ (hm^2·a)。该区 5 期（年）灌草地平均面积为 17 845.77 hm^2，得出灌草地每年平均生物量为 46 997 t。

（2）芦苇生物量。据黄河三角洲自然保护区管理局每年收割芦苇的情况，芦苇年生产力为 7.9 t/hm^2。该区 5 期芦苇地平均面积为 41 212.47 hm^2，芦苇每年平均生物量为 325 574.8 t。

（3）水稻生物量。研究区稻田湿地分布较集中，主要有三大块，分别位于辛安水库、孤河水库和孤东水库周围。5 期稻田湿地平均面积为 30 733.12 hm^2。对稻田选取 100 cm × 100 cm 的样方进行调查，并进行生物量试验分析，得出稻田湿地生物量为 6.88 t/hm^2，研究区稻田湿地的生物量为每年 211 443.87 t。

（4）碱蓬湿地生物量。根据王海梅等（2006）和本课题组对黄河三角洲植被的研究，碱蓬每年生产力为 6.22 t/hm^2，5 期碱蓬湿地平均面积为 7 537.41 hm^2，生物量为 46 882.75 t。

（5）草甸生物量。黄河三角洲 5 期解译结果显示，草甸平均面积为 13 927.06 hm^2，草甸每年生产力为 6.01 t/hm^2，生物量为 83 701.63 t。

（6）林地生物量。从黄河三角洲 5 期解译结果的数据来看，研究区平均林地面积为 6 942.05 hm^2。参考张希彪等（2005）的成果并结合本课题组的研究得出，林地每年平均单位面积生物量为 5.7 t/hm^2，整个研究区每年的林地生物量为 39 570 t。

汇总上述各主要湿地类型的生物量得出，黄河三角洲主要湿地类型每年植物生物量为 754 170.05 t。

根据光合作用方程式，生产 1 g 干物质，吸收 1.62 g CO_2，释放 1.2 g O_2，也就是生产 1 g 干物质，固定纯 C 量为 0.44 g。研究区湿地每年释放 O_2 和固定 CO_2 的价值为：

固定 CO_2 的总价值 = 总生物量 ×0.44× 碳税率 =754170.05 t×0.44 ×1242 元 /t =4.12 亿元。其中，

灌草地固定 CO_2 的价值 =46 997 t×0.44 ×1 242 元 /t=0.26 亿元；

芦苇湿地固定 CO_2 的价值 =325 574.8 t×0.44 ×1 242 元 /t=1.78 亿元；

水稻湿地固定 CO_2 的价值 =211 443.87 t×0.44 ×1 242 元 /t=1.16 亿元；

碱蓬湿地固定 CO_2 的价值 =46 882.75 t×0.44 ×1 242 元 /t=0.26 亿元；

草甸湿地固定 CO_2 的价值 =83 701.63 t×0.44 ×1 242 元 /t=0.46 亿元；

林地固定 CO_2 的价值 =39570 t×0.44 ×1 242 元 /t=0.22 亿元。

释放 O_2 的总价值 = 总生物量 ×1.2× 单位 O_2 的价值 =754 170.05 t×1.2×0.4 元 /kg ×10^3=3.62 亿元。其中，

灌草地释放 O_2 的价值 =46 997 t×1.2×0.4 元 /kg×10^3=0.23 亿元；

芦苇湿地释放 O_2 的价值 =325 574.8 t×1.2×0.4 元 /kg×10^3=1.56 亿元；

水稻湿地释放 O_2 的价值 =211 443.87 t×1.2×0.4 元 /kg×10^3=1.01 亿元；

碱蓬湿地释放 O_2 的价值 =46 882.75 t×1.2×0.4 元 /kg×10^3=0.23 亿元；

草甸湿地释放 O_2 的价值 =83 701.63 t×1.2×0.4 元 /kg×10^3=0.40 亿元；

林地释放 O_2 的价值 =39 570 t×1.2×0.4 元 /kg×10^3=0.19 亿元。

2. 温室气体排放损失的价值

湿地植被一方面吸收 CO_2、释放 O_2，对气候具有改善作用。另一方面又排放 CH_4、NO_2 等温室气体，对气候有负面影响。CH_4 的排放量较 NO_2 大得多，以芦苇湿地和稻田湿地排放为主。所以，这里主要计算芦苇湿地和稻田湿地排放 CH_4 造成的价值损失。参考肖笃宁等（2001）的成果，芦苇湿地排放 CH_4 的通量平均为 0.52 mg/(m^2·h)，研究区 5 期芦苇湿地平均面积为 41 212.47 hm^2，得出 CH_4 的排放总量为 74.62 万 kg C，即 99.52 万 kg CH_4。

本章采用闫敏华等（2000）对北方稻田 CH_4 排放量的研究结果，稻田湿地 CH_4

排放的平均通量为 2.984 mg/(m^2·h)，研究区 5 期平均稻田面积为 30 733.12 hm^2，得出 CH_4 的排放总量为 17.54 万 kg C，即 21.99 万 kg CH_4。

对上述计算结果进行综合后可见，研究区湿地（主要包括芦苇湿地和稻田湿地）每年 CH_4 排放量为 92.16 万 kg C。本章采用 Pearce 等人在对气候变化的经济学分析中提出的指标来估算 CH_4 排放造成的价值损失，即采用 0.11 ＄/kg。按 1 美元兑换 7 元人民币计算，那么，由于湿地排放 CH_4 而造成的价值损失为 70.97 万元。其中芦苇排放 CH_4 造成的经济损失为 57.46 万元，稻田排放 CH_4 造成的经济损失为 13.51 万元。

3. 气候调节功能的价值

固定 CO_2 和释放 O_2 的价值，减去温室气体排放损失的价值，即为该区域湿地的气候调节功能价值。黄河三角洲湿地每年气候调节功能价值为 7.74 亿元。

二、蓄水调洪功能的价值

湿地具有巨大的涵养水源的生态功能，并且对于均化河川径流、防止洪涝和干旱灾害具有重要的作用。计算水文调节功能价值的方法较多，常用的估算方法有生产成本法、搬迁费用法、影子工程法等（崔丽娟等，2006）。

影子工程法就是用建设一项具有相同生态功能的工程的造价来替代湿地的某项生态功能价值的方法，如在计算湿地涵养水源的价值时，建相同容积水库的投资，即为该湿地生态系统涵养水源功能的价值（陆健健等，2006）。公式如下：

$$V = C \times \sum (S_i \times D_i)$$

式中：V 为涵养水源的价值；C 为单位蓄水量的库容成本；S 为第 i 种湿地类型的面积；D 为第 i 种湿地类型的蓄水深度。其中 $\sum (S_i \times D_i)$ 为总蓄水量，即水分调节量。

按照影子工程法，把调水总量和单位蓄水量的库容成本相乘，便得到研究区湿地的涵养水源功能价值量。该方法简洁直观，通过替代工程造价直接反映价值，运用较广泛。

生产成本法即按照生产某种生态产品所花费的成本来定价的方法（任志远，2003）。通常用来估算由洪水导致的农田损失。公式如下：

$$V = C \times P \times S$$

式中：V 为防洪功能价值；C 为当地多年单位质量农产品的平均生产成本；P 为单位农田面积的农产品产量；S 为由于洪水受灾的农田面积。

搬迁费用法是指假设在没有湿地的情况下，为防止洪水带来损失，用搬迁住户所需要的费用当作湿地蓄水调洪的价值（辛琨，2009）。

上述生产成本法和搬迁费用法的资料来源为当地的相关统计资料，结果不够准确，通用性较差，而影子工程法简洁直观，具有通用性，是水文调节功能研究的主要方法。

由上述可见，影子工程法是评估蓄水调洪功能的较好方法之一，本章采用该方法对研究区湿地的蓄水调洪功能进行价值估算。在黄河三角洲各湿地类型中，水库、稻田和芦苇沼泽湿地的蓄水调洪功能较大，下面重点计算这几类湿地的蓄水调洪功能价值。

1. 稻田和芦苇湿地调洪的价值

由上述遥感解译得出，研究区 5 期平均芦苇湿地和稻田湿地的面积分别为 41 212.47 hm² 和 30 733.12 hm²，这两类湿地对均化洪水起着重要作用。根据孟宪民（1999）的研究，每 hm² 沼泽湿地或稻田湿地可蓄水 8 100 m³，得出稻田和沼泽湿地总蓄水量为 5.83 亿 m³。用存储相同体积的洪水所需的工程造价来估算该功能价值。公式为：

$$Q_t = V_t \times t$$

式中：Q_t 为湿地调洪的价值；V_t 为湿地蓄存水的数量；t 为淹没 1 m³ 库容的投入成本。

单位蓄水量库容成本按 1992~2010 年多年平均价，每建设 1 m³ 库容需投入成本 2.8 元。依据影子工程法，湿地调洪价值＝调水总量 × 单位蓄水量库容成本＝5.83（亿 m³）

×2.8（元 /m³）= 16.32 亿元。其中芦苇湿地的价值为 9.35 亿元，稻田湿地的价值为 6.97 亿元。

2. 水库蓄水的价值

黄河三角洲内库容 500 万 m³ 以上的平原水库有 14 座，总库容为 40 157 万 m³。库容 500 万 m³ 以下的水库主要分布在垦利区和河口区，其中垦利区有 17 座，总库容 3 490 万 m³；河口区 3 座，总库容为 1 000 万 m³。研究区内水库总蓄水量为 44 647 万 m³。按照影子工程法，水库蓄水的价值=蓄水总量 × 单位蓄水量库容成本= 44 647（万 m³）×2.8（元 /m³）= 12.5 亿元。

3. 蓄水调洪功能的价值

研究区内湿地所提供的蓄水调洪价值用稻田和芦苇沼泽湿地的调洪价值和水库蓄水价值之和来近似代替，为 28.82 亿元。

三、提供水源功能的价值

黄河三角洲水资源包括当地水资源和客水资源，其中来自黄河的客水资源占水资源总量的 90% 以上，来自当地地下水的不足 10%。所以对研究区供水功能价值的评估主要选取客水资源。目前，三角洲每年工业用水 2.9 亿 m³，按工业用水的成本价格 1.8 元 /t 计算，供给水源的价值可达 5.22 亿元；生活用水 1.0 亿 m³，生活用水按价格 1.4 元 /t 计算，供给水源的价值可达 1.4 亿元；农业灌溉用水 7.4 亿 m³，按农用水价 0.5 元 /t 计，提供水源的价值为 3.7 亿元。因此，工业、农业、生活三类供水的总价值为 10.32 亿元。扣除 10% 的地下水价值，得到湿地供水价值为 9.29 亿元。

四、生物栖息地功能的价值

生物栖息地功能属于生态系统的非使用价值（Pimentel et al.,1997），生物栖息地价值的量化在世界上仍是一个难题，目前使用较多的方法有替代法、条件价值法（权变估值法）、生态价值法、Costanza 成果参数法、费用效益分析法、香浓－威纳指数法等。
其中香浓－威纳指数法更适用于对森林生物栖息地功能的价值估算（Simpson，1949；
Mclntosh，1967；Pielou，1975；赵慧勋，1990；Hanemann，1994；洪伟等，1999；蒋卫
国等，2012），因此，本次计算不考虑使用该方法。权变估值法（CVM，Contingent
Valuation Method），也叫条件价值法、调查法或假设评估法，是一种直接调查方法，
适用于对没有实际市场交换的生态效益的价值评估，可以评估各种环境效益的经济价
值（鞠美婷等，2009；辛琨，2001）。它是在假设市场存在的情况下，通过调查或问
询群众对某一生态系统服务的支付意愿（WTP，Willing to Pay）或对某种生态系统服
务损失的接收赔偿意愿（WTA，Willing to Accept Compensation）来估计其经济价值，
其计算公式如下（欧阳志云等，1999 b；庄大昌，2006）：

$$\mathbf{WTP} = \sum_{i=1}^{k} \mathbf{AWP}_i \frac{n_i}{N} \bullet M$$

式中：WTP 是被调查者对湿地功能的总支付或总接受意愿；AWP_i 为被调查者第 i 水
平的支付或接受意愿；n_i 为所有被调查者中支付或接受意愿为 AWP_i 的人数；N 为被
调查者总数；M 为被调查地区的居民总数。

这种方法与被调查者的主观意愿直接相关，由于身份偏差、理解偏差、奉承偏差、
隐私偏差、样本偏差等方面的误差存在，人们对于湿地生态功能的支付意愿往往很不
稳定，在调查时需要大量的样本，并且需要较大的调查经费和较长的调查时间，因此
操作起来比较困难，容易出现偏差。

替代法是用建设和维护保护区的费用来替代该区作为生物栖息地功能价值的方
法。黄河三角洲湿地的生物栖息地功能主要体现在黄河三角洲自然保护区内，自然保
护区的建设和维护费用易于获取，因此，本章在计算时采用替代法。

黄河三角洲自然保护区始建于 1990 年，1992 年被国务院批准为国家级自然保护
区。保护区面积为 15.3 万 hm^2，区内有野生植物 393 种、各类野生动物 1 542 种。根据《黄

河三角洲自然保护区科学考察集》《东营生态市建设总体规划》《黄河三角洲自然保护区规划》等资料，结合黄河三角洲自然保护区管理局提供的数据，自然保护区内基本建设投资的历年累计额为 10.6 亿元。由于受人们支付能力的限制，投资数额不能代替栖息地的真正价值，因此运用生态价值法对估算结果进行修正。根据李金昌（1999）的研究，发展阶段系数计算公式（即 R·Pearl 生长曲线的简化形式）如下：

$$k = 1/(1+e-t)$$

式中：k 为发展阶段系数；e 为自然对数的底；t = T–3 = 1/ En –3（T 为恩格尔系数的倒数）。

根据东营市近几年国民经济和社会发展统计公报，东营市恩格尔系数为 0.295，处于富裕阶段。自然保护区也采用这个数值，计算得出发展阶段系数为 0.60。即自然保护区内基本建设投资额只占生物栖息地功能的 60%，因此黄河三角洲湿地生物栖息地功能的价值为 17.67 亿元。

五、成陆造地功能的价值

众所周知，黄河含沙量居世界首位，河口不断淤积致使三角洲面积不断向海延伸，成陆造地功能成为黄河三角洲湿地特有的功能。对成陆造地的价值采用市场价值法进行评估，其计算公式为：成陆造地价值 = 当地土地使用权转让价格 × 每年造地面积。根据东营市土地利用现状及潜力分析，东营市沿海新增加的土地每 hm^2 使用权转让价格为 4 500~15 000 元，取其平均值 9 750 元 /hm^2，近 20 年来每年新增土地面积平均约为 1 250 hm^2，所以每年造地价值为：

每年造地价值 = 新增土地面积 × 每 hm^2 土地使用权平均转让价格 = 1250 hm^2 ×9 750 元 /hm^2 = 0.12 亿元。该结果暂不考虑由于黄河断流或径流量减少引起海岸侵蚀而造成的损失。

六、物质生产功能的价值

湿地的物质生产功能主要是指为人类提供粮食、鱼类、原盐、药材等动植物产品的能力。评价指标因地而异，通常包括淡水产品、木材产品、芦苇产品、盐、海沙等。数据一般来自研究区各年物质产量资料、物价年鉴等。这些自然资源大多可以进行市场交换，通常采用市场价格法。计算方法（鞠美婷等，2009；辛琨，2001）如下：

$$V = \sum Y_i \cdot P_i - \sum W_i - \sum R_i$$

式中：V 为湿地产品的价值；Y_i 为第 i 类产品的产量；P_i 为第 i 类产品的市场价格；W_i 为生成第 i 类产品的物质投入成本；R_i 为生成第 i 类产品的人力投入成本。

目前，多数学者在采用市场价值法对湿地生产功能价值进行评估时，不考虑物质和人力成本的投入，一般采用以下公式（辛琨，2009）：

$$V = \sum Y_i \cdot P_i$$

式中：Y_i、P_i 为第 i 类产品的产量、市场价格。

如张华等（2008）计算湿地生态系统的物质产品功能时，主要统计了水产品（海水产品、淡水产品）、芦苇、原盐 3 项的产量和市场价格。江波等（2011）在计算海河流域湿地提供产品功能时，采用水电、淡水产品、芦苇产品和生活、生产、生态用水 4 项评价指标。

市场价格法的优点是易于操作，并且能直接体现在收益账户上，令人一目了然，应用普遍。但是该方法也存在着较大的不足，它受到市场政策中价格剪刀差的影响，比实际价值偏低。并且，该方法只考虑了生态系统的直接经济效益，或者说只考虑了有形商品的价值，没有考虑生态系统的间接效益，或者说没有考虑无形交换的服务价值。

本章依据黄河三角洲湿地的物质生产种类，选取了水产品、芦苇、牧草和原盐 4 种主要产品，采用市场价值法进行价值估算。由于湿地每年的产品、产量、价格波动较大，难以获得可靠的数据资料。我们查阅了东营市历年统计年鉴，并对当地的水产养殖专业户及盐场做了问卷调查，最终估算出主要物质生产功能的总价值为 36 亿元/a。

其中水产品在整个物质生产功能价值中占的比重最大，为 18 亿元 /a，占 50%。其他产品的价值分别为芦苇 1 亿元 /a、牧草 2 亿元 /a、原盐 15 亿元 /a。

七、降解污染物功能的价值

湿地中的水生植物能减缓水流速度，利于水中溶解和携带污染物的沉降。植物的根茎还能吸附污染物，所以湿地具有减少环境污染的作用，被誉为"地球之肾"。计算湿地的净化功能通常用替代费用法、恢复费用法和防护费用法。利用替代费用法时，可根据公式（庄大昌等，2009）：

$$L = C_i \times V_i$$

式中：L 表示净化水质的价值；C_i 为单位污水处理成本；V_i 为湿地每年接纳周边地区的污水量。

生态系统遭受破坏以后，要付出相当的费用来将生态系统恢复，我们用恢复生态系统的费用来表示生态系统提供的服务功能大小（蒋菊生，2001）。

防护费用法是用保护某生态系统或某生态功能不被破坏而投入的费用来作为评估生态价值的方法。该方法最早出现在环境经济学中（李金昌，1999），主要用来预算环保投资。防护费用法体现了预防原则，有利于决策者采取有效措施预防生态环境的破坏或者环境质量下降，体现了人们为了防止生态环境遭到破坏等的支付意愿。该方法相对简单，但是在假定生态环境遭到破坏或者环境质量下降的情况下进行估算的，所以结果的真实性和准确性较低。

研究区各类型自然湿地和人工稻田湿地对污染物的降解和吸收能力较强。对降解污染物价值的估算选用替代法，即根据污水处理厂净化主要污染物的总花费和湿地对主要污染物的去除率来估算湿地降解污染物的价值。本研究借用谢高地（2001b）等人的研究结论，即单位面积湿地废物处理功能的价值为 16 086.6 元 /(hm² · a)。

研究区 5 期平均自然湿地面积为 167 831 hm²，人工湿地中稻田湿地面积为 30 733.12 hm²，降解污染物功能的价值为：

降解污染物功能的价值 = 16 086.6 元 /(hm² · a)×（167 831 hm²+30 733 hm²）=31.94 亿元 /a。其中自然湿地该项功能的价值为 27 亿元，人工湿地中稻田湿地该项功能的价值为 4.94 亿元。

八、保护土壤功能的价值

湿地保护土壤的功能体现在减少水土流失和土壤肥力丧失两方面（辛琨，2009）。通常采用机会成本法和替代费用法对其进行计算（任志远，2003）。对于黄河三角洲湿地来讲，由于地势平坦，土壤盐碱化严重，所以湿地保护土壤的价值主要体现在土壤肥力流失方面，因此本书主要运用替代费用法来计算湿地保护土壤肥力的价值。本章主要选取易溶于水或容易在外力作用下与土壤分离的氮、磷、钾等养分来进行计算。黄河三角洲土壤养分含量平均值为全氮 0.050%、全磷 0.055%、全钾 2.65%（田家怡等，1999c）。2010 年山东省农科院对黄河三角洲湿地养分含量监测结果为全氮 0.052%、全磷 0.056%、全钾 2.64%。

借用崔丽娟（2004）的成果，湿地保护土壤的价值＝土壤流失量 × 土壤中氮、磷、钾的百分比 × 氮、磷、钾肥的价格。流失的土壤重量等于每年废弃的土地面积乘以土壤厚度再乘以土壤层容重，即土壤侵蚀总量乘以土壤层容重。

研究经验表明，由于湿地对土壤的保护作用而减少的土壤侵蚀量可以用草地中等侵蚀深度 25 mm/a 来替代。遥感解译结果表明，研究区 5 期自然湿地的平均面积为 167 831 hm²，5 期稻田湿地的平均面积为 30 733.12 hm²，取土壤容重 1.3 g/cm³，可按下式算出流失的土壤重量：

$$流失的土壤重量＝侵蚀深度 × 湿地面积 × 土层容重$$

$$= 25 \text{ mm/a} ×（30 733.12 \text{ hm}^2+229 329 \text{ hm}^2）× 1.3 \text{ g/cm}^3 ≈ 64.53 × 10^6 \text{ t}$$

根据农业部门和物价部门的相关资料，2004 年氮、磷、钾肥的均价大约为 366.67 元 /t（何浩等，2005）。由于物价上涨幅度较大，近几年氮、磷、钾肥的平均价格升至 720 元 /t 左右，湿地每年减少土壤肥力流失的价值＝流失的土壤重量 × 氮、磷、钾含量 × 氮、磷、钾肥均价 = $64.53 \times 10^6 \, t \times 2.755\% \times 720$ 元 /t ≈ 12.80 亿元。其中自然湿地该项功能的价值为 11.08 亿元，人工湿地中稻田湿地的价值为 1.72 亿元。

九、教育科研功能的价值

湿地独特的生境和重要的价值引起了科技工作者的高度关注，同时许多湿地也成为科普教育的基地。它不仅是地理、环境、生态等科学领域的重要研究对象，而且可作为教学实习基地、科普基地、环境保护宣传教育基地等。教育科研价值的估算大多采用替代费用法，用科研投入和教育投入的经费来代替这部分生态价值的大小（鞠美婷等，2009）。公式如下：

科研教育价值 = 科研经费投入 + 教育经费投入（王蕾，2009）

对于一些开发较晚的自然湿地，在科研、教育没有全面展开，经费投入缺乏统计的情况下，不能使用替代费用法，这时常用成果参数法，借用 Costanza 等（1998）的成果，湿地的科研教育价值为 881 美元 /hm²。其计算公式为：

$$V_t = P \times S$$

式中：V_t 为研究区每年科研服务的价值；P 为每年投入单位面积湿地的研究经费，取值 881 美元 /hm²；S 为保护区的总面积。

黄河三角洲湿地的教育科研功能主要集中在黄河三角洲国家级自然保护区内，其科研价值可分为基础研究价值、应用开发价值和国际研究价值。教育价值主要体现在教学实习价值、出版物价值以及野视产品价值三个方面。由于缺乏具体的统计数据，在本研究中，取我国单位面积湿地生态系统的平均科研价值和 Costanza（1998）等人对湿地生态系统科研教育评估价值的平均值作为本次研究区湿地的科研教育价值。根据陈仲新等（2000）的研究，我国湿地生态系统的教育科研价值大约为 382 元 /hm²，全球大约为 861 美元 /hm²，二者平均值为 3 755.54 元 /hm²，黄三角自然保护区面积为 15.3 万 hm²，则教育科研价值为 5.75 亿元。

十、旅游休闲功能的价值

湿地物种丰富、气候湿润、景色优美，具有很好的旅游休闲功能。前人一般运用旅行费用法和费用支出法（董金凯等，2012；苗苗，2008）评估其旅游休闲价值。旅行费用法就是利用游客的实际消费额来确定湿地旅游休闲功能的价值（李文华等，2002；Grayson et al.，1999）。旅游休闲功能的价值分为旅游花费、旅行时间花费和其他附属费用（钱莉莉，2011）。费用支出法就是用游客对某种自然景观的总费用支出来替代旅游休闲功能的价值。例如苗苗（2008）运用费用支出法估算了辽宁省滨海湿地的旅游休闲价值，用游客费用支出的总和（交通、食宿、门票费等）作为景观旅游休闲功能的价值。旅行费用法需要通过询问大量游客来调查其消费情况，此方法对旅行费用很低或者只适合参观的景点不适宜。

黄河三角洲湿地拥有河海交汇、湿地生态、滨海滩涂等丰富秀丽的自然风光，具有较高的美学价值。但由于黄河三角洲旅行费用较低，所以适合采用费用支出法估算其作为景观旅游休闲服务功能的价值，其公式为：旅游休闲价值 = 旅行费用支出 + 消费者剩余 + 旅游时间价值 + 其他花费。

2001~2010 年，东营市共接待游客 1 720 万人次，旅游总收入 91.8 亿元。其中，国外游客 25 000 人次，国际旅游外汇收入 2 850 万美元；国内游客 1 717.5 万人次，国内旅游总收入 90 亿元。其中到与湿地相关的景点，特别是黄河口生态旅游区的人数占整个东营市游客总数的 70% 左右。湿地旅游收入也按这个比例进行计算，得出黄河三角洲湿地每年由旅游休闲功能所创造的价值为 6.58 亿元。

第五节 生态功能价值估算结果

一、湿地生态服务功能价值总量

通过对上述几种服务功能的价值评估，得出黄河三角洲湿地生态服务功能总价值为 156.71 亿元。各功能的价值量、所占比例及估算方法见表 5-6。

表 5-6 黄河三角洲湿地生态系统各项服务功能价值统计表

湿地功能	计算方法	价值量 / 亿元	占全部价值比例 /%
成陆造地功能	市场价值法	0.12	0.17
物质生产功能	市场价值法	36.00	22.95
气候调节功能	碳税法	7.74	4.93
提供水源功能	市场价值法	9.29	5.92
蓄水调洪功能	影子工程法	28.82	18.37
降解污染物功能	成果参数法	31.94	20.36
保护土壤功能	替代法	12.80	8.16
生物栖息地功能	生态价值法、替代法	17.67	11.27
教育科研功能	成果参数法	5.75	3.67
旅游休闲功能	费用支出法	6.58	4.20
总计		156.71	100

从表 5-6 可知，在本章评估的各项生态服务功能中，以物质生产功能和降解污染物功能的价值最大，分别占总价值的 22.95% 和 20.36%；其次是蓄水调洪功能和生物栖息地功能，分别占总价值的 18.37% 和 11.27%。说明黄河三角洲湿地的生态服务

功能以物质生产、蓄水调洪、降解污染、提供生物栖息为主，以气候改善、保护土壤、旅游休闲、教育科研、成陆造地等功能为辅。

二、湿地生态服务功能价值估算结果验证

在上述价值估算过程中，本章依据各种湿地不同的功能特点和作用机理，采取了不同的评估方法，得出的结果是，黄河三角洲湿地总价值为 156.71 亿元。为了验证该结论的可信性，以下再利用 Costanza（1998）提出的生态服务价值估算公式对黄河三角洲湿地生态服务功能总价值进行估算。Costanza（1998）的生态系统服务价值估算公式为：

$$V = \sum_{i=1}^{n} P_i \times A_i$$

式中：V 为黄三角湿地生态服务总价值（元）；P_i 为第 i 类湿地类型单位面积的生态功能总服务价值（元 /hm^2）；A_i 为研究区内第 i 类湿地的面积（hm^2）；n 为湿地类型数目；P_i 采用谢高地等（2001b）制定的中国陆地生态服务单位面积价值 55 489 元 / hm^2（郭健等，2006）。

研究区 5 期平均湿地总面积（包括人工湿地和天然湿地）为 269 656.7 hm^2，通过计算得出研究区湿地生态服务总价值为 149.66 亿元。可以看出这个结论与上述总价值为 156.71 亿元的结论比较接近，说明本章采取的评估方法是可行的。

1. 研究区湿地生态服务价值与中国及全球的比较

据郭健等（2006）人的研究，全球湿地单位面积生态服务功能价值为 55 420 元 /hm^2，中国湿地单位面积生态服务功能价值为 55 489 元 /hm^2。黄河三角洲湿地面积为 269 656.7 hm^2，即 2 696.567 km^2，生态服务功能价值为 15.671 × 10^9 元人民币，单位面积生态服务功能价值为 58 115 元 /hm^2。由此可见，黄河三角洲湿地的单位面积生态服务功能价值略高于全球和全国的平均水平。

2. 研究区不同湿地类型的生态服务价值

黄河三角洲湿地生态系统中不同类型湿地都具有其特殊的生态效益，各类型服务功能价值见表 5-7。

黄河三角洲湿地中自然湿地的单位面积价值为 57 880 元 / hm^2，略小于人工湿地的价值 60 191 元 / hm^2，这主要是由于人工湿地具有较强的物质生产功能和蓄水功能，产生了很大的市场价值。自然湿地的单位面积价值虽小于人工湿地，但比人工湿地表现出更多样的生态功能，而且有的生态功能为自然湿地所特有，如成陆造地功能。

本章小结

（1）1992~2010 年，研究区湿地发生了明显的时间和空间变化，总体呈退化趋势。人工湿地呈增加趋势，天然湿地呈减少趋势，非湿地呈基本稳定态势。河流水面、水田、滩涂、灌草地、盐地碱蓬草地、芦苇草地及其他草地的面积总体呈减少趋势；盐田、水库水面、养殖水面的面积总体呈增加趋势。景观格局变化最明显的区域集中在三角洲的北部、东部滨海地区以及中东部平原地区。北部及东部滨海地区景观变化显著的原因是人类对滨海地区草地、滩涂及未利用地的大量开发。中东部平原地区变化显著则是因该区为东营市所在地，城市扩展所致。西部及南部多为耕地，景观变化不明显。

（2）黄河三角洲湿地生态服务功能总价值为 156.71 亿元，单位面积生态服务功能价值为 58 115 元 /hm^2，高于全国及全球平均水平。不同生态功能具有不同的价值。在评估的 10 项生态服务功能中，以物质生产功能和降解污染物功能的价值最大，其次是蓄水调洪功能和生物栖息地功能，再次是气候改善、保护土壤、旅游休闲、教育科研、成陆造地等功能。不同类型的湿地具有不同的价值。从总价值上来看，自然湿地价值远高于人工湿地的价值。从单位面积价值来看，人工湿地的单位面积价值高于自然湿地的单位面积价值。

表 5-7 黄河三角洲不同类型湿地主要生态服务功能及价值量

湿地类型及功能价值	天然湿地							人工湿地			
	河流湿地	碱蓬湿地	林地	芦苇湿地	草甸湿地	灌草湿地	水库湿地	沟渠湿地	坑塘湿地	虾蟹盐田湿地	稻田湿地
成陆造地/亿元	0.12										
物质生产/亿元			3.00						33.00		
气候调节/亿元		0.49	0.41	3.33	0.86	0.49					2.16
提供水源/亿元	9.29										
蓄水调洪/亿元				9.35			12.50				6.97
降解污染/亿元			27.00								4.94
保护土壤/亿元			11.08								1.72
生物栖息地/亿元			17.67								
教育科研/亿元			5.75								
旅游休闲/亿元			6.58								
合计/亿元			97.14						61.29		
单位面积价值/(元/hm²)			57 880						60 191		

（3）生态功能价值的评估不够全面，如保护土壤功能的价值未包含改良盐碱的价值。湿地价值计算涉及水产品、原盐、芦苇、水稻的产量、价格等许多数据，有些数据缺乏统计或统计不准，使计算结果存在误差，只能在一定程度上反映研究区湿地的生态价值和补偿标准。在今后研究中，还应不断完善研究方法，形成合理可行的评估体系。

（**本章执笔：韩美、王仁卿**）

第六章

东营社会-经济-自然
复合生态系统能值分析

能值理论在 20 世纪 90 年代正式提出后得到了快速发展，并在众多学者的后续研究中得到了进一步完善，已被广泛地应用于对国家或区域复合生态系统的分析评价中（Brown et al., 1996, 1997；Ulgiati et al., 1995）。Jiang 等（2009）利用能值理论以北京市为研究对象进行评价，研究结果表明，北京市的经济发展在很大程度上依赖于进口燃料、货物和服务，这给当地生态系统造成了严重负担。Zhang 等（2009）对中国的三大城市群进行了能值分析，并基于能值计算结果对三大城市群的社会经济发展状况以及生态环境进行了对比分析。Vega-Azamar 等（2013）利用能值分析方法评估了加拿大蒙特利尔岛的整体发展状况，结果显示，该岛消耗的大量的物质和能量都依靠外界输入，这意味着蒙特利尔的社会经济在很大程度上依赖于来自其他地区的外部输入资源。Yang 等（2014）以厦门市为研究对象，利用能值分析对厦门市复合生态系统进行了能值理论分析并将结果与中国其他六个城市进行了比较分析，结果表明，当地政府有必要采取有效的手段来改善厦门市复合生态系统代谢的可持续性。通过能值分析，Nakajima 和 Ortega（2015）对农场小区域的发展状况进行了评估，结果表明，政府不应该仅仅提供财政支持，还应该通过制定新的政策来推动技术手段的更新，促使农场小区域向更加生态环保的阶段过渡。He 等（2017）基于能值理论构建了环境绩效审计模型，并对北京工业园区进行了评估，结果显示，尽管工业园区的经济产值较高，但同时给资源和生态环境带来了巨大压力。Yang 等（2020）对我国草地的生态系统服务进行了能值分析，并提出了基于能值的草地分类管理指数。刘耕源等（2021）对我国海洋生态系统服务进行了能值分析评估，并对不同类型海洋生态系统的服务价值进行了核算排序，为海洋生态系统的开发和保护提供了参考。

虽然近些年来专家学者开展了很多能值方面的研究和应用，但是这些研究更多地倾向于关注社会和经济价值，对生态系统的关注较少。一些研究中虽然也考虑了自然生态系统，但往往只是利用能值分析核算了几项可更新自然资源，如风和雨，并没有包括当地生态系统对区域社会经济发展的贡献。在应用能值分析对区域发展进行评价时，应该同时考虑可更新自然资源和生态系统两者的贡献。根据能值理论中避免重复计算的原则，在能值分析过程中，对风、雨等不同类型的可更新自然资源进行能值核算后，通常只选取能值最大的一项。但是这样处理存在一个问题，那就是无法反映出不同区域之间的土地利用差异，尤其是涉及生态系统服务功能的时候。比如，假设两个地区具有相同的面积、日照时间、风力、降水等，那么按照原有的能值分析方法计算得出的可更新自然资源的能值结果是相同的，但是上述结果没有考虑这两个地区生态系统的影响因素，如果其中一个地区全部由森林覆盖，另一个地区是荒漠，则在先前的能值分析结果中是无法体现出植被的价值的。当前的一些研究中有学者提出考虑了来自生态系统的贡献并进行了能值分析，但其所指的生态系统的贡献往往只包括农业生产和木材等，原始数据大多来自政府统计年鉴（Odum, 1996；Jiang et al., 2009；Lou et al., 2013）。农业生产、木材其实仅仅是生态系统中净初级生产力的一小部分，在上述研究结果中，生态系统通过光合作用生成的有机物，即流动到生态系统里的大部分能值贡献被忽略。本研究利用空间分析技术获取了研究区域的净初级生产力，通过能值分析对东营社会 – 经济 – 自然复合生态系统进行了更全面的评价，并通过计算能值货币比等能值指标为生态系统服务价值评估提供了数据支持。

第一节 黄河三角洲复合生态系统的能值分析

　　根据 Odum（1996）提出的能值分析步骤，本研究首先以东营行政边界作为能值分析的系统边界，通过查阅统计年鉴、地方志、学术文献等收集了东营复合生态系统 2009 年和 2015 年的自然地理和社会经济数据。然后根据系统的输入和输出以及系统的内部物质和能量流动架构，按照本地可更新自然资源及产品、本地不可更新自然资源及产品、输入、输出、废弃物构建能值分析表。东营复合生态系统的能值分析见图 6-1。其中，东营复合生态系统的本地可更新自然资源包括太阳辐射、雨水化学能、雨水势能、风能、海浪能、潮汐能、河流势能、河流化学能以及地球循环，本地可更新自然资源产品包括植被净初级生产力、畜产品以及水产品；本地不可更新自然资源有表土流失和土壤损耗，本地不可更新资源产品包括天然气、石油以及电力；输入资源有煤炭、电力和进口劳务及商品；

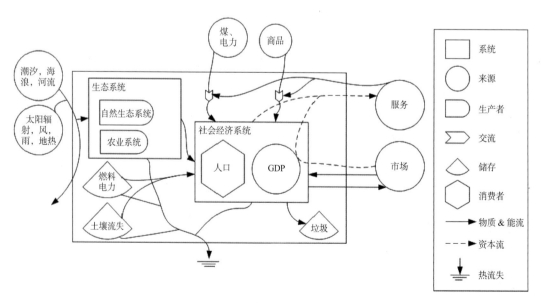

图 6-1 东营能值分析图

输出资源有天然气、石油和出口劳务及商品；废弃物包括固体废弃物和废水。参考先前的能值研究中应用的能值基线以及能值转换率，本研究中应用的全球能值基线为 15.83E + 24 sej/yr（Odum et al., 2000；Pang et al., 2015；Zhang et al., 2014）。

本研究中通过 GIS 软件对 MOD17A3 数据进行了提取和解释，获取了研究区域 2009 年以及 2015 年的净初级生产力。地球上的太阳能需要生态系统的生产者（主要是植被）通过光合作用将其以有机物的形式固定下来，该有机物主要是指植被在生态系统中的生长量，即净初级生产力。之所以定义为净初级生产力，是因为植被通过光合作用合成有机物的同时，也通过自身的呼吸作用消耗着部分有机物，因此，净初级生产力等于生态系统中植物生产的有机物与呼吸作用消耗的有机物之间的差值。植被在满足自身生长繁殖的同时，也为人类社会提供了直接服务（如食物、木材等）和间接服务（如固碳释氧等）。NPP（植被净初级生产力）是直接服务和间接服务的基础，通过对研究区域 NPP 的核算，可以了解区域植被的基本状况，同时结果也反映了区域生态系统服务的变化。传统的测量方法很难在大尺度区域上获取植被的净初级生产力，即使通过样方调查等数据来进行估算，其结果也具有很大的不确定性。当前随着空间技术的快速发展和植物光能利用模型研究的深入，可以通过遥感技术对植被净初级生产力进行估算，实现在区域大尺度甚至全球尺度上对植被净初级生产力的评估。

2009 年及 2015 年东营复合生态系统的能值投入包括可更新自然资源、不可更新自然资源、进口资源、出口资源以及废弃物。能值分析的具体项目在表 6-1 中列出，原始数据主要来自地方政府统计年鉴和资料，通过能值转换率换算为相应的能值。考虑到通货膨胀等因素的影响，本研究中使用的东营 2009 年以及 2015 年的 GDP 等经济统计数据均为可比价格，统计年鉴中的可比价格以 2005 年的作为不变价格，因此在对 GDP 进行美元换算时统一使用 2005 年的平均汇率，换算后，东营 2009 年和 2015 年的 GDP 分别为 2.52E+10 \$ 和 4.67E+10 \$，进而计算能值货币比（Em \$）。基于美元的计算结果也便于同其他相关研究的结果进行分析比较。

表 6-1　东营复合生态系统能值分析表

类型		原始数据		单位	能值转换率 (sej/unit)	太阳能值	
		2009 年	2015 年			2009 年	2015 年
可更新自然资源及产品	太阳辐射	2.56E+19	2.66E+19	J	1	2.56E+19	2.66E+19
	雨水化学能	2.68E+16	2.96E+16	J	3.05E+04	8.18E+20	9.03E+20
	雨水势能	8.72E+13	9.63E+13	J	4.70E+04	4.10E+18	4.53E+18
	风能	1.05E+17	1.09E+17	J	2.45E+03	2.57E+20	2.67E+20
	海浪能	2.46E+17	2.46E+17	J	5.10E+04	1.26E+22	1.25E+22
	潮汐能	2.55E+16	2.55E+16	J	7.39E+04	1.89E+21	1.88E+21
	河流势能	4.15E+17	3.42E+17	J	4.70E+04	1.96E+22	1.61E+22
	河流化学能	2.40E+17	1.98E+17	J	8.10E+04	1.94E+22	1.60E+22
	地球循环能	1.15E+16	1.20E+16	J	5.80E+04	6.67E+20	6.96E+20
	畜产品	2.08E+15	2.54E+15	J	3.36E+06	6.99E+21	8.53E+21
	NPP	5.79E+16	4.67E+16	J	3.36E+05	1.95E+22	1.78E+22
	水产品	1.78E+15	2.39E+15	J	3.36E+06	5.98E+21	8.03E+21
不可更新资源及产品	表土流失	8.07E+14	9.34E+14	J	7.40E+04	6.10E+19	6.91E+19
	土壤损耗	4.24E+12	2.29E+12	g	1.68E+09	7.12E+21	3.85E+21
	天然气	1.79E+16	1.28E+16	J	5.88E+04	1.06E+21	7.53E+20
	石油	5.15E+17	1.01E+18	J	8.90E+04	4.59E+22	8.99E+22
	电力	3.38E+16	2.19E+16	J	1.59E+05	5.38E+21	3.48E+21
进口	煤炭	1.86E+17	2.71E+17	J	6.69E+04	1.25E+22	1.81E+22
	电力	2.09E+16	5.91E+16	J	1.59E+05	3.33E+21	9.40E+21
	进口商品	2.21E+09	4.97E+09	$	7.99E+12	1.77E+22	3.97E+22

表6-1　东营复合生态系统能值分析表（续）

类型		原始数据		单位	能值转换率 (sej/unit)	太阳能值	
		2009 年	2015 年			2009 年	2015 年
出口	天然气	8.41E+15	4.32E+15	J	5.88E+04	4.95E+20	2.54E+20
	石油	7.45E+17	1.76E+17	J	8.90E+04	6.63E+22	1.57E+22
	出口商品	1.76E+09	7.94E+09	$	9.71E+12	1.71E+22	7.71E+22
废弃物	固体废弃物	6.67E+15	1.19E+16	J	1.80E+06	1.21E+22	2.14E+22
	废水	4.35E+10	5.19E+10	Gallon	8.77E+11	3.81E+22	4.55E+22

通过能值分析统计东营2009年和2015年所消耗的各种物质和能量（表6-2）。2009年东营的总能值使用量 U 为 1.14E+23 sej，其中集约使用资源的能值 N_1 为 5.23E+22 sej，占总能值使用量的比例最大，为 46%；可更新自然资源 R、较粗放使用的自然资源 N_0、进口能源 F（进口燃料）以及进口商品和服务 G 分别占 19%、6%、14% 和 15%（图6-2）。而东营在 2015 年的总能值使用量为 1.83E+23 sej，比 2009 年增加了 60.53%，其中集约使用资源的能值为 9.41E+22 sej，占 2015 年总能值使用量的 51%，比 2009 年集约使用资源的能值增加了 79.92%；可更新自然资源能值为 1.80E+22 sej，占总能值使用量的 10%，比 2009 年可更新自然资源的能值减少了 16.28%；较粗放使用的自然资源能值为 3.92E+21 sej，占总能值使用量的 2%，比 2009 年较粗放使用的自然资源能值减少了 45.40%；进口能源（进口燃料）能值为 2.75E+22 sej，占总能值使用量的 15%，比 2009 年进口能源的能值增加了 74.05%；进口商品和服务能值为 3.97E+22 sej，占总能值使用量的 22%，比 2009 年进口商品和服务的能值增加了 124.29%（图6-3）。

表 6-2　东营复合生态系统能值流及经济价值核算

项目	太阳能值 /sej	
	2009 年	2015 年
可更新自然资源（河流、潮汐）（R）	2.15E+22	1.80E+22
本地可更新自然资源产品（R_1）	3.25E+22	3.44E+22
可更新自然资源及产品（R_0）	5.40E+22	5.24E+22
不可更新资源（N）	1.26E+23	1.14E+23
较粗放使用的资源（N_0）	7.18E+21	3.92E+21
集约使用的资源（N_1）	5.23E+22	9.41E+22
出口的原材料（N_2）	6.68E+22	1.60E+22
进口能源（F）	1.58E+22	2.75E+22
总能值使用量（$U=R+N_0+N_1+F+G$）	1.14E+23	1.83E+23
进口商品和服务（G）	1.77E+22	3.97E+22
出口商品和服务（B）	1.71E+22	7.71E+22
废弃物能值（W）	5.02E+22	6.69E+22

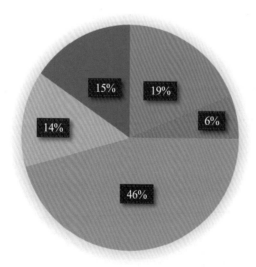

■ 可更新自然资源（河流，潮汐）

■ 较粗放使用的资源

■ 集约使用的资源

■ 进口能源

■ 进口商品和服务

图 6-2　2009 年东营复合生态系统总能值使用比例示意图

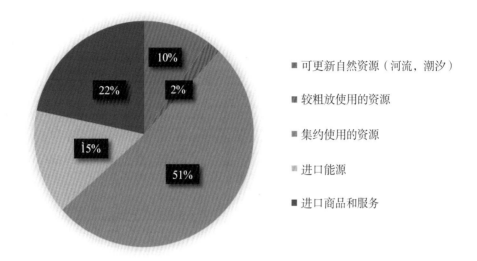

图 6-3　2015 年东营复合生态系统总能值使用比例示意图

　　东营 2009 年可更新自然资源及产品 R_0 的能值为 5.40E+22 sej，根据 Odum 能值分析里的定义，R_0 包括可更新自然资源和本地可更新资源产品，在 R_0 的能值计算过程中要避免重复计算（Odum, 1996）。由于太阳辐射、降水、风能、河流等能量的最初来源都是太阳，因此在计算所有上述可更新自然资源的能值后，需要取其中的最大值作为可更新自然资源的最终能值。在本研究中，通过对所有可更新自然资源进行能值分析计算后发现，河流势能的能值最大，这主要是因为世界第五大河、同时也是我国第二大河的黄河流经本研究区域并在此入海。此外，由于形成潮汐的能量不仅仅来自太阳，同时也来自月球的引力，因此潮汐的能量来源与上述可更新自然资源的来源不同，因此本研究中可更新自然资源 R 的总能值为河流势能能值与潮汐能值之和，由此可知，2009 年可更新自然资源能值为 2.15E+22 sej。以上述同样的理论方法计算可得出东营 2015 年的可更新自然资源及产品 R_0 的能值为 5.24E+22 sej，可更新自然资源能值为 1.80E+22 sej。

对于本地可更新自然资源产品 R_1 的计算，在先前的能值研究中通常是利用统计年鉴上的统计数据，包括农业生产、畜牧生产和渔业生产（Ascione et al., 2009；Jiang et al., 2008, 2009；Lou et al., 2013；Vega-Azamar et al., 2013；Zhang et al., 2011）。本研究使用东营的净初级生产力代替以往的农业生产，因为农业生产其实仅仅是研究区域生态系统中植被的净初级生产力的一部分，只计算农业生产并不能反映该区域其他植被利用光合作用生成的有机物。因此，本研究通过计算净初级生产力，可以将研究区域的植被同时考虑在能值分析中。基于 MODIS 遥感数据产品，在地理信息系统中分别对 2009 年和 2015 年的东营植被净初级生产力进行了提取分析（图 6-4、图 6-5）。利用 ArcGIS 地理信息系统中的栅格计算器工具分别对 2009 年和 2015 年的栅格值进行统计分析，得出研究区域 2009 年的净初级生产力为 1.73E+12 g C，2015 年的净初级生产力为 1.57E+12 g C，可以看出 2015 年的净初级生产力比 2009 年减少了 0.16E+12 g C，减少了 9.25%。根据 Odum 等提供的净初级生产力的能值转换率，可以计算得出 2009 年和 2015 年的净初级生产力的能值分别为 1.95E+22 sej 和 1.78E+22 sej；同样通过与相应的能值转换率相乘可以计算得出 2009 年畜牧生产和渔业生产的能值分别为 6.99E+21 sej 和 5.98E+21 sej，2015 年畜牧生产和渔业生产的能值分别为 8.53E+21 sej 和 8.03E+21 sej。

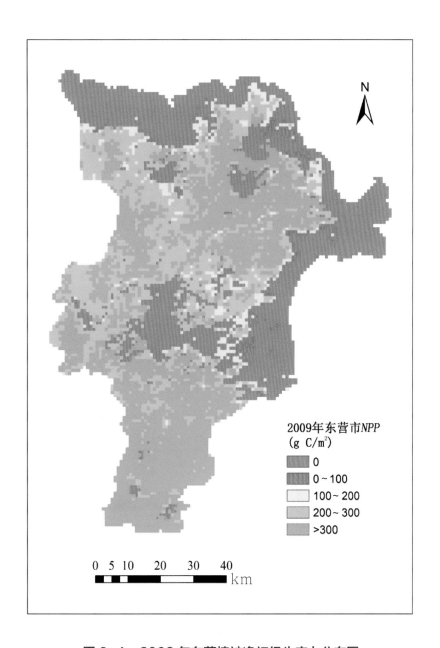

2009年东营市NPP
（g C/m²）

- 0
- 0～100
- 100～200
- 200～300
- >300

0 5 10　20　30　40
km

图 6-4　2009 年东营植被净初级生产力分布图

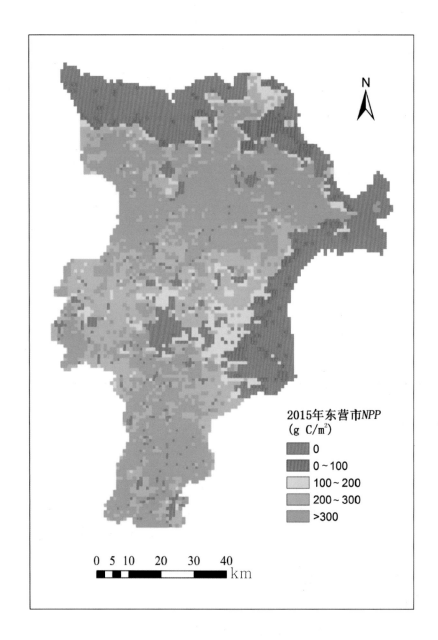

2015年东营市*NPP*
（g C/m²）

- 0
- 0~100
- 100~200
- 200~300
- >300

0 5 10　20　30　40
km

图6-5　2015年东营植被净初级生产力分布图

东营 2009 年和 2015 年的不可更新资源 N 的能值分别为 1.26E+23 sej 和 1.14E+23 sej。不可更新资源 N 包括三个部分：较粗放使用的资源 N_0、集约使用的资源 N_1 以及出口的原材料 N_2。N_0 主要指的是表土损失和土壤损失，而 N_1 和 N_2 主要包括需要经过漫长的地质时期才能形成的能源和矿产。东营是我国最重要的石油工业城市之一，全国第二大油田——胜利油田就位于这个地区，所以在不可更新资源 N 中，集约使用的资源 N_1 以及出口的原材料 N_2 所占比例较大，在 2009 年占比高达 94.52%，在 2015 年更是达到了 96.58%。其中在 2009 年，出口的原材料 N_2 占不可更新资源 N 的 53.02%，这表明东营区域有大量不可更新资源被输出，这一结果与东营 2009 年实际的发展情况大致相符，当时该区域的经济发展很大程度上依赖于石油、天然气等能源的开采；而在 2015 年，出口的原材料 N_2 占不可更新资源 N 的 14.04%，相比较于 2009 年的占比情况下降明显，表明东营直接对外输出的资源在大幅下降。2009 年，东营进口商品及服务 G 和出口商品及服务 B 的能值分别为 1.77E+22 sej 和 1.71E+22 sej，二者相差不大，表明 2009 年东营进出口商品和服务大致均衡；而在 2015 年，东营进口商品及服务 G 和出口商品及服务 B 的能值分别为 3.97E+22 sej 和 7.71E+22 sej，与 2009 年相比均有所提高，尤其是出口商品及服务，从 2009 年的 1.71E+22 sej 增加到 2015 年的 7.71E+22 sej，增加了 3.5 倍。2009 年进口能源 F 的能值为 1.58E+22 sej，根据 2009 年东营统计年鉴，只有少量煤炭和电力从外地输入到该区域，而且进口能源 F 的能值远小于 N_1 和 N_2，这表明 2009 年该地区的能源使用在很大程度上是自给自足的；2015 年进口能源 F 的能值为 2.75E+22 sej，比 2009 年增加了 74.05%，表明东营对外部能源的需求也在大幅上升。

基于能值分析计算结果，参考蓝盛芳等（2002）在《生态经济系统能值分析》一书中按社会、经济和自然三类划分的能值指数及相关计算方法，本研究针对东营能值分析结果，结合东营实际情况，选取了社会、经济和自然三大类相关的能值指数，对东营社会－经济－自然复合生态系统进行了能值指标分析（表 6-3）。

表6-3 东营复合生态系统能值指标分析

项目		计算公式	结果		单位
			2009 年	2015 年	
社会子系统能值分析	人均能值用量（U_{cap}）	U/population	6.18E+16	9.60E+16	sej/cap
	人均可更新自然资源（R_{cap}）	R/population	1.16E+16	9.44E+15	sej/cap
	人均不可更新自然资源（N_{cap}）	$(N_0+N_1+F)/$ population	4.08E+16	6.61E+16	sej/cap
	能值利用强度（Empower density）	U/area	1.44E+13	2.22E+13	sej/m²
经济子系统能值分析	人均能源能值量	Fuel/P	3.51E+16	6.90E+16	sej/cap
	电力能值占总能值使用量的比例	Electricity/U	7.64%	5.14%	
	能值货币比（EMR）	U/GDP	4.53E+12	3.92E+12	sej/$
	能值投资率（EIR）	F/(R+N)	0.11%	0.21%	
自然子系统能值分析	能值自给率（ESR）	(N+R)/U	0.71	0.72	
	能值产出率（EYR）	(R+N+F)/F	3.40	5.80	
	环境负载率（ELR）	(U−R)/R	4.30	9.17	
	能值可持续发展指数（ESI）	EYR/ELR	0.79	0.63	
	废弃物与可更新能值比	W/R	2.33	3.72	

一、社会子系统能值指标分析

如表 6-4，U_{cap} 是指人均能值用量，本研究中计算 U_{cap} 使用的是总能值使用量 U，它不仅包括消耗的能源量，还包括可更新资源和不可更新资源这两类在其他研究中常被忽略的资源。东营 2009 年和 2015 年的 U_{cap} 分别为 6.18E+16 sej / 人和 9.60E+16 sej / 人，均高于我国的其他城市以及一些国外的城市，尤其是东营 2015 年 U_{cap} 与 2009 年相比大幅增加，同时也远高于国内外一些城市的能值研究结果。这表明该区域的人均能值用量高于全国水平，其中的主要原因是当地人口相对较少，同时该区域拥有黄河三角洲国家级自然保护区和我国第二大油田——胜利油田，因此该地区的可更新资源和不可更新资源相对其他地区都要丰富很多，使该地区呈现出资源丰富和人口数量较少的特点。U_{cap} 是通过相对较大的资源能值除以相对较小的人口基数得出的，这应该是导致东营的 U_{cap} 值高于全国其他地区的原因。

表 6-4 社会子系统能值指标分析与比较

项目	东营		北京市[a]	罗马市[b]	澳门市[c]	蒙特利尔[d]	单位
	2009 年	2015 年					
人口	1.85E+06	1.91E+06	1.49E+07	2.54E+06	4.70E+05	1.85E+06	People
面积	7.92E+09	8.24E+09	1.68E+10	1.29E+09	2.23E+07	4.99E+08	m^2
人均能值 (U_{cap})	6.18E+16	9.60E+16	4.04E+16	5.45E+16	5.28E+16	6.25E+16	sej/(cap yr)
能值利用强度 (ED)	1.44E+13	2.22E+13	3.67E+13	1.07E+14	8.94E+14	2.31E+14	sej/(m^2 yr)

[a]：（Jiang et al., 2009）；[b]：（Ascione et al., 2009）；[c]：（Lei et al., 2008）；[d]：（Vega-Azamar et al., 2013）。

东营 2009 年和 2015 年的能值利用强度（ED）分别为 1.44E+13 sej/m^2 和 2.22 E+13 sej/m^2。该值高于国家水平 2.08E+12 sej/m^2（Jiang et al., 2008）。但是，虽然 2015 年东营的 ED 值比 2009 年增加了大约 54.17%，但与表 6-4 中所列举的其他城市相比，该区域 ED 值并不高。通过计算公式可以很明显地看出这个指标与研究区域的面积密切相关。因为像北京、罗马、澳门等现代化城市往往聚集着大量的人口，国际化程度也相当高，这些区域作为人类生产、生活等活动高度密集的场所，每天都会有大量的能量被集中消耗，而对于东营这样的普通地级市而言，通常市区的建设并不强，人类生产、生活等活动相对较弱，同时拥有大面积的耕地或者林草地等，因此东营的 ED 值小于上表中其他发达城市。同时这也是导致能值分析中城市层面通常比国家层面具有更高的物质和能量流动强度的原因。一般来讲，ED 的值越高，该地区的经济发展程度也越高。但与此同时，ED 值较高区域比其他低 ED 值区域承受更高的环境负荷（蓝盛芳等，2002）。2015 年东营的 ED 值比 2009 年增加了大约 54.17%，说明研究区域在社会经济发展的同时，所承受的环境压力也显著增长。

二、经济子系统能值指标分析

东营 2009 年和 2015 年的人均燃料使用能值量分别为 3.51E+16 sej / 人和 6.90E+16 sej / 人，2015 年人均燃料使用能值量比 2009 年增加了 96.58%，翻了将近一番，而全国人均燃料使用能值量仅为 6.39E+14 sej / 人（Jiang et al., 2008）。东营作为石油和天然气等能源的生产地区，拥有大量的石油和天然气与相对稀少的人口，使得人均燃料使用能值明显高于其他城市（表 6-5）。

表6-5 经济子系统能值指标分析与比较

项目	东营		北京市 [a]	中国 [b]	澳门 [c]	圣胡安 [d]	单位
	2009 年	2015 年					
人均燃料使用	3.51E+16	6.90E+16	7.35E+15	6.39E+14	3.63E+15	7.75E+15	sej/cap
电能占总能值使用比例	7.64	5.14	4.00	8.71	5.06	11.80	%
能值货币比 (EMR)	4.53E+12	3.92E+12	1.16E+13	1.18E+13	2.39E+12	1.64E+12	sej/$
能值投资率 (EIR)	0.11	0.21	3.23	0.26	6.27	9.64	

[a]:（Jiang et al., 2009）；[b]:（Jiang et al., 2008）；[c]:（Lei et al., 2008）；[d]:（Odum and Brown, 1995）

电力是现代社会里日常生活和工业生产中主要的能量来源，电能占总能值使用比例可以用来判断一个区域的基础工业水平是否发达。本研究结果显示，东营2009 年和2015 年电能占总能值使用比例为7.64%和5.14%，低于全国的平均水平8.71%。同时这个值比许多发达地区要低得多，如美国电能占总能值使用比例为17%（Odum, 1996），这表明东营整体的工业化水平仍然低于发达地区。

能值货币比（sej/$）等于研究区域使用的总能值 U 除以国内生产总值，从这个比率可以得出研究区域需要消耗多少能值才可以生产一单位经济价值。Odum（1996）在研究中指出，由于欠发达地区的社会生产力通常远低于发达地区，因此欠发达地区每产生一单位经济价值所消耗的物质或能量通常要比发达地区多很多，这也导致在能值分析结果中欠发达地区的能值货币比通常要高于发达地区。2009 年的能值货币比为 4.53E+12 sej/$，2015 年的能值货币比为 3.92E+12 sej/$，2015 年与 2009 年相比降低了 0.61E+12 sej/$，表明东营每创造一单位 GDP 所需要消耗的能值量在减少，社会生产力在提升。而全国的能值货币比为 1.18E+13 sej/$（Jiang et al., 2008），东营的能值货币比远小于全国水平，这意味着东营的发展水平整体上要高于全国平均水平。但是与表 6-5 中几个其他城市如圣胡安、澳门相比，东营的能值货币比就显得比较高。这主要是因为东营作为一个以第一产业和第二产业为主的城市，与圣胡安、澳门等城市相比，每创造一单位 GDP 往往需要消耗更多自然资本，即会有更多的能值被消耗使用。在下一步的发展过程中，东营需要进一步提升社会生产力，提高该地区的能值利用效率，同时可以探索更加经济环保的发展模式。

能值投资率等于经济能源输入能值除以来自区域复合生态系统内部的能值量。由于经济发展水平和金融实力的影响，发达地区通常拥有大量的经济资本进行投资，因此发达地区的能值投资率通常高于不发达地区（蓝盛芳等，2002）。东营 2009 年的能值投资率为 0.11，2015 年上升为 0.21，低于全国的平均水平（0.26），也远小于其他城市如澳门（6.27）和圣胡安（9.64），这表明东营需要进一步合理地布局产业，促进与其他地区的经济和贸易往来。

三、自然子系统能值指标分析

能值自给率（ESR）等于本地资源能值投入除以该区域使用的总能值。因此，它可以用来评估研究区域的资源是否能够自给自足。东营 2009 年和 2015 年的 ESR 分别为 0.71 和 0.72，两个不同时期的结果变化并不大。这意味着东营使用能值有较大的比例来自自身，只有 28%~29% 的能值消耗通过进口输入到本地（表 6-6）。但是从另一方面看，东营的经济发展主要依靠消耗本地资源，这会给当地自然生态系统带来巨大的压力，比如资源耗竭、环境污染等问题，先前的研究表明，这种现象通常发生在欠发达地区（蓝盛芳等，2002）。当前东营的这种发展模式是不可持续的，一旦石油、天然气等不可更新资源出现耗竭，区域经济将会受到沉重打击，大规模开采石油等活动也会破坏当地生态环境，造成不可估量的生态系统服务损失，发展方式转型和产业结构调整对东营来说是十分必要的。

表 6-6　自然子系统能值指标分析与比较

项目	东营		北京市[a]	澳门[c]	圣胡安[d]	中国[b]	单位
	2009 年	2015 年					
能值自给率 (ESR)	0.7100	0.7200	4.2400	0.0157	0.0010	0.7650	sej/cap
能值产出率 (EYR)	3.40	5.80		0.74	0.38		
环境负载率 (ELR)	4.30	9.17		7.43	9.64	8.99	sej/$
能值可持续发展指数 (ESI)	0.79	0.63		1.00E-03	0.39 E-03		
废弃物与可更新能值比	2.33	3.72	84.20				

[a]: （Jiang et al., 2009）；[b]: （Jiang et al., 2008）；[c]: （Lei et al., 2008）；[d]: （Odum et al., 1995）。

能值产出率（EYR）等于总使用能值量除以总进口能值量。因为发达地区需要大量从外部输入物质和能量以支持其社会和经济发展，因此总进口能值量通常会非常高，而欠发达区域主要依赖于当地的物质和能量消耗，因此发达地区的 EYR 通常低于欠发达地区。东营 2009 年和 2015 年的能值产出率分别为 3.40 和 5.80，远高于澳门（0.74）、圣胡安（0.38）等城市，表明东营的经济发展目前依然主要依赖于本地的物质和能源支持。这也与实际情况比较符合，因为像澳门这种发达的港口城市，经济发展主要依靠的是商业贸易等支持，本地产出物品其实并不多，而本研究中东营作为资源型城市，不论是农林牧渔等初级产品还是石油资源，都是本地向外输出的重要产品，因此 EYR 要高于澳门等发达城市。

环境负载率（ELR）是不可更新资源与可更新自然资源的比值，较高的环境负载率通常意味着区域拥有较高的经济发展水平，以及面临更高的生态环境压力。东营2009年的环境负载率为4.30，低于全国平均水平（8.99），同时也比澳门（7.43）、圣胡安（9.64）等其他发达城市低（Jiang et al., 2008；Lei et al., 2008；Odum et al., 1995）。通过与其他地区的比较可以发现，东营2009年的环境压力要小于其他一些发达城市。其中一个可能的原因是东营拥有大面积的自然生态系统，而且黄河三角洲国家级自然保护区就位于此区域。大面积的自然系统为东营区域复合生态系统提供了巨大的生态系统服务，有力地缓解了来自城镇化及社会经济活动的压力和影响。但是，随着我国城镇化发展的深入，2015年东营的环境负载率上升到了9.17，超过了全国平均水平以及澳门等城市，表明东营的区域生态环境承受着越来越多来自城镇化和社会经济发展的压力，政府部门等相关决策者在发展当地经济的同时，需要更多地考虑对当地自然生态系统的保护。

能值可持续发展指数（ESI）通过计算能值产出率（EYR）与环境负载率（ELR）的比值得出。如前面所述，能值产出率（EYR）可以用来评价区域生产效率，而环境负载率（ELR）可以反映区域的环境负荷，使用两者的比值即区域生产效率除以区域环境负荷，即可得到研究区域基于能值的可持续发展指数。一般情况下，发达地区由于能值产出率（EYR）较低而环境负载率（ELR）很高，因此导致能值可持续发展指数（ESI）远小于1。而能值可持续发展指数（ESI）大于10的情况通常发生在欠发达地区，通过该指数可以反映研究区域的可持续发展状态（蓝盛芳等，2002）。在本研究中，东营2009年的能值可持续发展指数（ESI）为0.79，在2015年下降为0.63，但仍然远高于其他城市，比如澳门（1.00E-03）和圣胡安（0.39E-03）（Lei et al., 2008；Odum et al., 1995），这主要是因为东营目前社会经济发展所需的物质和能量主要来自本地系统内部，同时研究区域的自然生态系统保护较好，生态系统服务功能较高。但是可以看出，与2009年相比，2015年东营的 ESI 有所下降，说明其可持续发展能力在下降，可能是因为社会经济发展给本地生态环境带来的压力变大，同时城镇化等人类活动导致生态系统服务功能受损。在下一步发展规划中需要引起相关部门的重视。

净初级生产力（NPP）作为衡量生态系统服务强有力的指标，受到越来越多的学者关注（Liu et al., 2015；Siche et al., 2010）。本研究通过对 NPP 的核算和能值分析，发现研究区域净初级生产力能值占本地可更新自然资源 R_1 的比例非常大，在 2009 年占比达到 60%，这表明 NPP 对区域生态系统服务的重要性。2015 年 NPP 占本地可更新自然资源 R_1 的比例为 52%，与 2009 年相比有所降低，原因很可能是东营在城镇化发展过程中，当地生态系统被开发利用甚至遭到破坏，植被的 NPP 总量下降，同时生态系统服务也受到影响。NPP 是生态系统服务的重要基础，基于 NPP 的能值分析指数的研究需要在未来进一步开展，东营能值可持续发展指数（ESI）表明该区域的社会经济发展模式需要进一步优化。

快速的城镇化、石油开采等活动对研究区域自然生态系统造成了负面的影响，东营 2009 年废弃物与可更新能值比为 2.33，在 2015 年上升为 3.72，但是这两个时期都要远低于北京的废弃物与可更新能值比（84.2）（Jiang et al., 2009），这主要是因为与北京市这样高度开发利用的城市相比，东营拥有相对充足的后备土地以及较大面积的自然生态系统。然而如果缺乏对当地生态系统保护的政策支持，这个优势可能会随着城市的扩张和人类活动的加剧而丧失，当地应积极探索发展循环经济等新模式，提高物质和资源的利用率，减少废弃物的排放，以及增加对废弃物的循环再利用。

本研究基于能值理论，对黄河三角洲高效生态经济区核心城市东营进行了区域能值分析，并结合复合生态系统理论对东营的社会子系统、经济子系统以及自然子系统进行了详细的能值指标计算分析。与先前开展的城市和区域水平的能值研究相比，本研究着重考虑了利用净初级生产力来实现对生态系统中植被的能值计算，而不仅仅是基于农业生产、林业生产等统计数据来评估生态系统的贡献。本研究利用空间分析技术获取了研究区域 2009 年和 2015 年的净初级生产力，结合社会经济统计数据对东营复合生态系统进行了能值定量分析。结果表明，2009 年东营的总能值 U 为 1.14E+23 sej，2015 年上升为 1.83E+23 sej。2009 年净初级生产力的能值量为 1.95E+22 sej，占本地可更新自然资源能值 R_1 的 60%，2015 年净初级生产力的能值量有所减少，下降为 1.78E+22 sej，占本地可更新自然资源能值 R_1 的 52%。同时，本研究对东营复合生态系统进行了一系列的能值指标分析，从能值货币比的计算结果来看，2009 年的能值货币比为 4.53E+12 sej/$，2015 年下降为 3.92E+12 sej/$，说明 2015 年东营的社会经济整体发展程度有所提升；而基于能值可持续发展指数（ESI）的计算结果，东营的 ESI 在 2009 年为 0.79，2015 年下降为 0.63，依据能值理论中对可持续发展指数的解释，ESI 小于 1 表明系统发展不可持续，因此，研究结果反映出东营复合生态系统目前处在不可持续发展状态，而且 2015 年的状况比 2009 年还要差一些，但可持续发展指数仍然高于其他几个对比城市，说明与其他发达城市相比，东营发展的可持续性还略好一些。此外，能值分析结果显示，东营的不可更新资源 N 所占比例在所有消耗能值中是最大的，表明东营作为典型的石油工业城市，其社会经济发展在很大程度上依赖于石油、天然气等不可更新资源的开采输出。

如何协调对自然生态系统的保护与社会经济发展是当前面临的巨大挑战，特别是在目前快速城镇化的过程中。本研究参考蓝盛芳等（2002）提出的社会、经济以及环境相关的能值指标及计算方法，以东营为研究对象，采用社会–经济–自然复合生态系统理论与能值分析方法相结合，对区域的社会经济发展进行评价，通过能值转换率对系统内的物质和能量进行能值换算，结合社会经济统计数据如人口、GDP 等，对研究区域复合生态系统进行详细的能值指标分析。研究结果可为区域发展过程中生态环境政策的制定提供参考，特别是当地方政府考虑建立生态补偿标准的时候，传统方法缺乏对社会－经济－自然复合生态系统的整体系统性考虑，而能值理论将不同形式的物质和能量统一转化为太阳能值，同时与 GDP 等经济数据相结合，可以实现对系统整体的定量化研究。同时，通过对东营 2009 年和 2015 年能值货币比的计算，为后续章节中生态系统服务的能值货币价值的核算提供了必要的数据支持。

第二节 基于能值分析的黄河三角洲生态系统服务价值评估

生态系统服务的总价值等于研究区域内各项生态系统服务的价值之和。由于生态系统本身具有复杂性，同时人类对生态系统服务认知程度以及评估方法、技术有限，因此生态系统服务的评价体系也不尽相同。本研究在参考大量研究的基础上，根据研究区域的实际情况以及数据可得性，没有将直接服务纳入研究范围内，一方面是由于直接服务所占比例一般不高，其价值一般可以在市场中直接体现，例如木材生产与食物供给等，不是生态系统服务价值的评价难点，本研究重点关注与生态环境改善相关的间接服务，此类服务往往难以直接核算其价值，是生态系统服务研究的热点与难点；另一方面由于本研究采用能值分析方法评估生态系统服务的物质量、能值以及价值，并利用空间分析技术对计算结果进行空间可视化分析，而粮食生产等供给价值一般通过市场经济数据获取，审美价值等文化服务价值一般通过区域旅游收入等统计数据直接获取，都不适于进行空间可视化分析。综上，本研究的生态系统服务价值评价体系如表6-7，主要选取了CO_2固定、O_2释放、土壤保持、养分保持、水源涵养评价指标对东营生态系统服务进行定量化评价核算及可视化分析。

表6-7 东营生态系统服务价值评价体系

序号	生态系统服务	评价指标	源数据
1	固碳服务	CO_2固定	*NPP*
2	释氧服务	O_2释放	*NPP*
3	土壤保持	土壤保持	土壤保持量
4	养分保持	N、P、K保持	土壤保持量
5	水源涵养	水源涵养	水源涵养量

一、固碳服务

生态系统的气体调节服务主要表现为固碳释氧的过程，通过植物光合作用从大气中吸收 CO_2 合成有机物，并释放出 O_2。当生态系统的碳固定量高于碳排放量时，该生态系统表现为碳汇（Carbon sink），而当该生态系统的碳排放量高于碳固定量时，该生态系统表现为碳源（Carbon source）。生态系统的固碳释氧过程对于全球和区域碳循环研究十分重要（方精云等，2007；于贵瑞等，2011）。全球气候变化的原因十分复杂，政府间气候变化专门委员会（Intergovernmental Panel on Climate Change，IPCC）的评估报告认为，大气中 CO_2 等温室气体的大量排放是导致全球气候变化的主要原因（方精云等，2011）。根据植物光合作用和呼吸作用的公式可知，每生产 1g 干物质需要吸收 1.63 g CO_2。本研究以第三章中通过遥感解译获取的研究区域生态系统 NPP 物质量，对 2009 年和 2015 年固定 CO_2 的物质量分别进行核算，计算公式如下：

$$Q_{CO_2}=NPP×1.63×A$$

式中：Q_{CO_2} 为固定 CO_2 的物质量，单位为 t；NPP 为年净初级生产力，单位为 t/km^2；A 为研究区域面积。

计算结果如图 6-6 和图 6-7。

对固碳服务物质量的计算结果进行统计（表 6-8），2009 年东营固定 CO_2 的物质量为 2.83E+06 t，2015 年东营固定 CO_2 的物质量为 2.58E+06 t。

表 6-8　东营固碳服务物质量统计

年份	CO_2 固定量			
	最小值 /（t/km^2）	最大值 /（t/km^2）	均值 /（t/km^2）	总量 /t
2009	0	7.35E+02	3.70E+02	2.83E+06
2015	0	1.09E+03	3.38E+02	2.58E+06

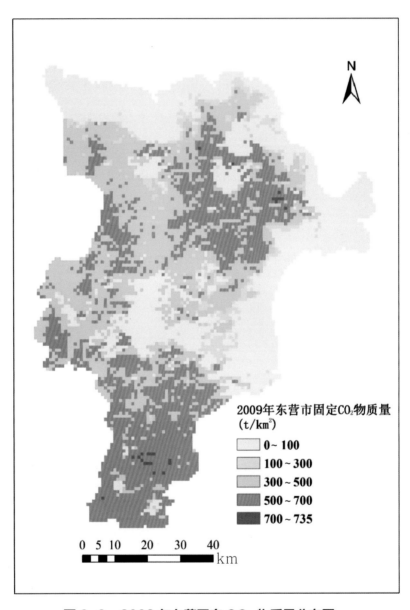

图 6-6　2009 年东营固定 CO_2 物质量分布图

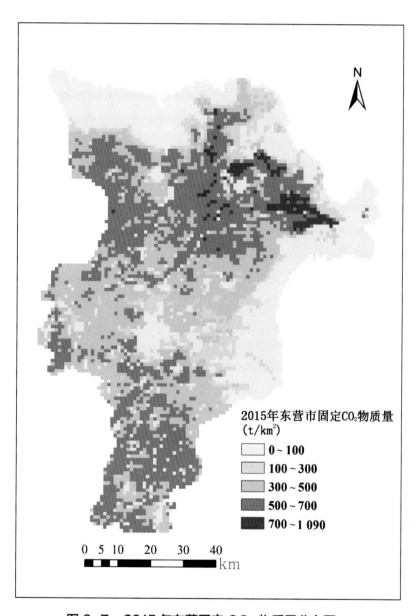

图 6-7 2015 年东营固定 CO_2 物质量分布图

根据 CO_2 固定的物质量核算结果,对固碳服务的能值当量进行核算,计算公式如下:

$$Em_{CO_2}=Q_{CO_2} \times T_{CO_2}$$

式中:Em_{CO_2} 为生态系统固定 CO_2 的能值,单位为 sej;Q_{CO_2} 为生态系统固定 CO_2 的物质量,单位为 t;T_{CO_2} 为 CO_2 的能值转换率,取值 3.78E+07 sej/g。

在 ArcGIS 中按上述计算公式对 2009 年和 2015 年固碳服务进行能值计算和可视化分析,结果见图 6-8 和图 6-9。

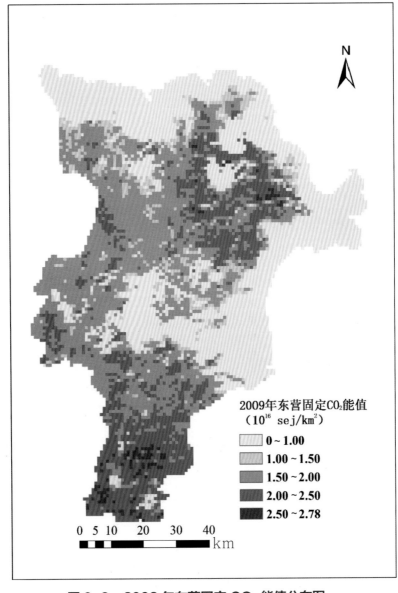

图 6-8　2009 年东营固定 CO_2 能值分布图

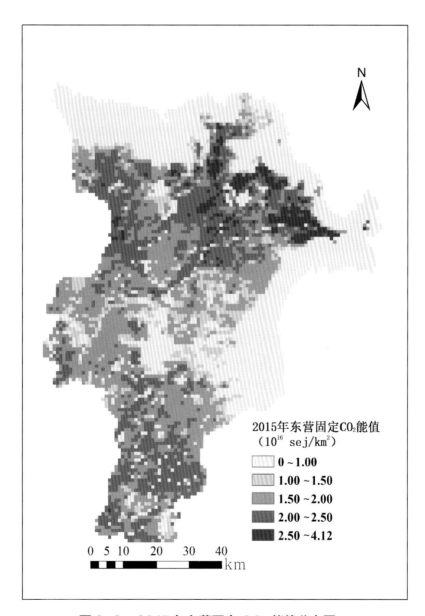

图 6-9　2015 年东营固定 CO_2 能值分布图

　　对固碳服务的能值计算结果进行统计（表 6-9），2009 年东营固碳服务的总能值量为 1.07E+20 sej，2015 年东营固碳服务的总能值量为 9.76E+19 sej。

表 6-9　东营固碳服务能值统计

年份	固碳服务能值			
	最小值 / (sej/km²)	最大值 / (sej/km²)	均值 / (sej/km²)	总能值 /sej
2009	0	2.78E+16	1.69E+16	1.07E+20
2015	0	4.12E+16	1.65E+16	9.76E+19

结合前面能值分析结果中的 2009 年和 2015 年的能值货币比，对固碳释氧服务的能值货币价值分别进行核算，计算公式如下：

$$Em\$_{CO_2}=Em_{CO_2}/EMR$$

式中：$Em\$_{CO_2}$ 为固碳服务的能值货币价值，单位为 \$；Em_{CO_2} 为固碳服务的能值，单位为 sej；EMR 为研究区域的能值货币比，单位为 sej/\$。

在 ArcGIS 中按上述计算公式分别对 2009 年和 2015 年固碳服务的能值货币价值进行计算并将结果可视化，分析结果见图 6-10 和图 6-11。

对计算结果进行统计（表 6-10），2009 年东营固碳服务的能值货币价值为 2.36E+0.7 \$，2015 年东营固碳服务的能值货币价值为 2.49E+07 \$。

表 6-10　东营固碳服务价值统计

年份	固碳服务能值货币价值			
	最小值 / (\$/km²)	最大值 / (\$/km²)	均值 / (\$/km²)	总价值 /\$
2009	0	6.13E+03	3.73E+03	2.36E+07
2015	0	1.05E+04	4.21E+03	2.49E+07

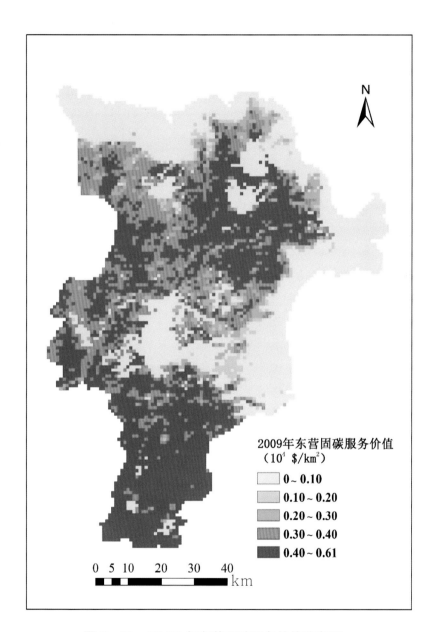

图 6-10 2009 年东营固碳服务价值分布图

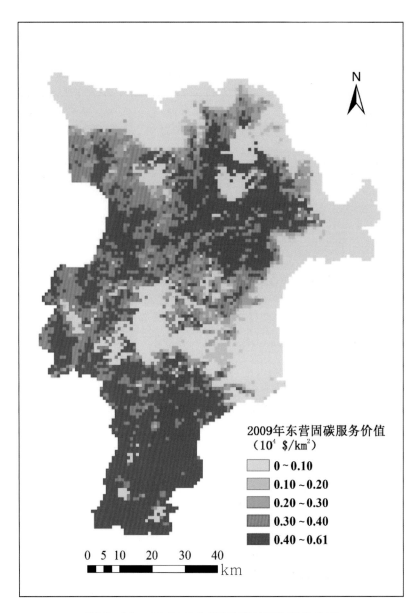

图 6-11　2015 年东营固碳服务价值分布图

二、释氧服务

　　在生态系统中，植被通过光合作用合成有机物的同时也释放出 O_2，O_2 是人类以及动植物等维持正常生命活动最基本的物质。根据植物光合作用和呼吸作用的公式可知，每生产 1 g 干物质释放 1.19 g O_2，本研究基于前面通过遥感解译获取的研究区域生态系统 *NPP* 物质量数据，首先对 2009 年和 2015 年释放 O_2 的物质量分别进行换算，计算公式如下：

$$Q_{O_2}=NPP\times1.19\times A$$

式中：Q_{O_2} 为固定 O_2 的物质量，单位为 t；NPP 为年净初级生产力，单位为 t/km^2；A 为研究区域面积。

计算结果见图 6–12 和图 6–13。

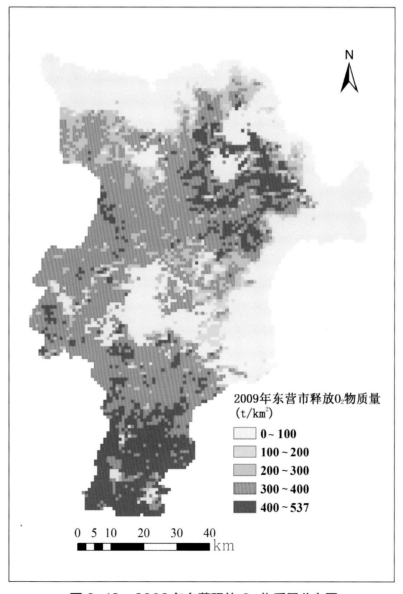

图 6-12　2009 年东营释放 O_2 物质量分布图

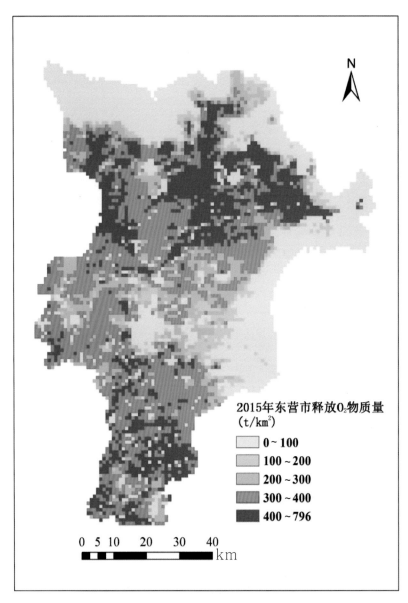

图 6-13　2015 年东营释放 O$_2$ 物质量分布图

　　对释氧服务的物质量计算结果进行统计（表 6-11），2009 年东营生态系统释放 O$_2$ 的物质量为 2.07E+06 t，2015 年东营生态系统释放 O$_2$ 的物质量为 1.88E+06 t。

表 6-11   东营释放 O_2 物质量统计

年份	O_2 释放量			
	最小值 / (t/km^2)	最大值 / (t/km^2)	均值 / (t/km^2)	总量 /t
2009	0	5.37 E+02	2.71 E+02	2.07E+06
2015	0	7.96 E+02	2.46 E+02	1.88E+06

根据释氧服务的物质量的计算结果，对释氧服务的能值当量进行核算，计算公式如下：

$$Em_{CO_2}=Q_{O_2}\times T_{O_2}$$

式中：Em_{CO_2} 为生态系统释放 O_2 的能值，单位为 sej；Q_{O_2} 为生态系统固定 O_2 的物质量，单位为 t；T_{O_2} 为 O_2 的能值转换率，取值 5.11E+07 sej/g。

在 ArcGIS 中按上述计算公式对 2009 年和 2015 年释氧服务进行能值计算和可视化分析，结果见图 6-14 和图 6-15。

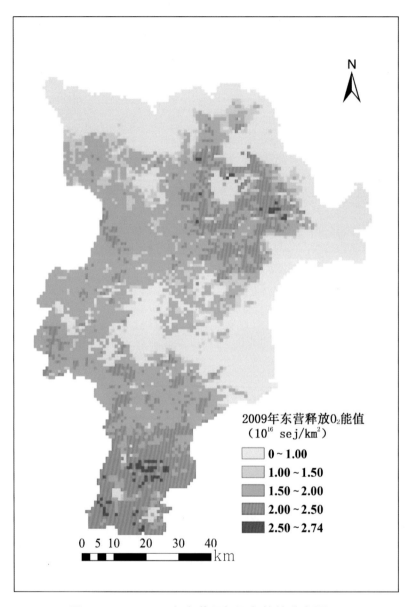

图 6-14　2009 年东营释氧服务能值分布图

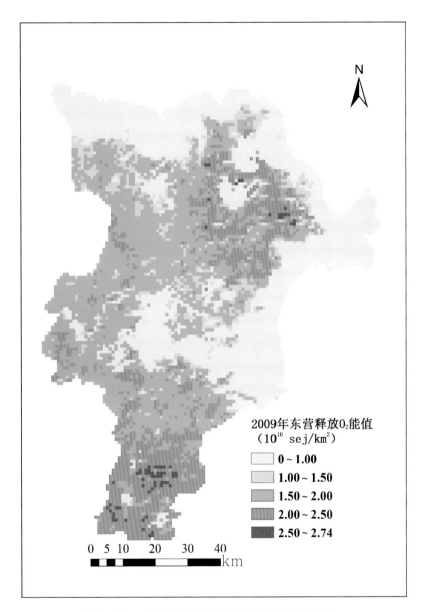

图 6-15　2015 年东营释氧服务能值分布图

　　对释氧服务的能值计算结果进行统计（表 6-12），2009 年东营释氧服务的总能值量为 1.06E+20 sej，2015 年东营释氧服务的总能值量为 9.63E+19 sej。

表 6-12　东营释氧服务能值统计

年份	释氧服务能值			
	最小值 / (sej/km^2)	最大值 / (sej/km^2)	均值 / (sej/km^2)	总能值 /sej
2009	0	2.74E+16	1.67E+16	1.06E+20
2015	0	4.07E+16	1.63E+16	9.63E+19

结合前面能值分析结果中的 2009 年和 2015 年的能值货币比，对释氧服务的能值货币价值分别进行核算，计算公式如下：

$$Em\$_{O_2}=Em_{O_2}/EMR$$

式中：$Em\$_{O_2}$ 为释氧服务的能值货币价值，单位为 \$；Em_{O_2} 为释氧服务的能值，单位为 sej；EMR 为研究区域的能值货币比，单位为 sej/\$。

在 ArcGIS 中按上述计算公式分别对 2009 年和 2015 年释氧服务的能值货币价值进行计算，并将结果可视化，分析结果见图 6-16 和图 6-17。

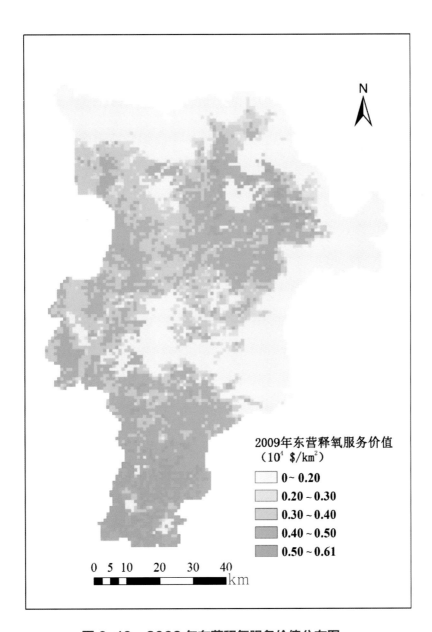

图 6-16　2009 年东营释氧服务价值分布图

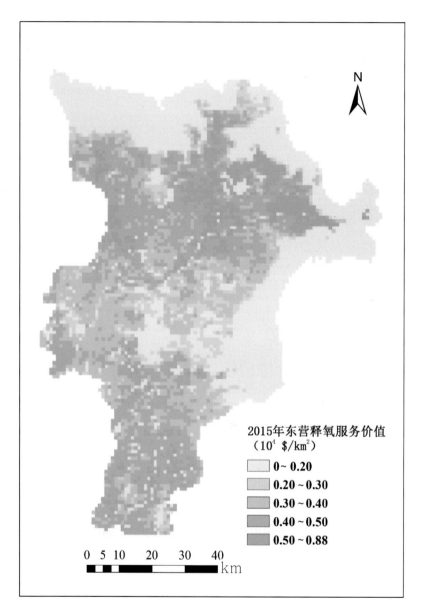

图 6-17　2015 年东营释氧服务价值分布图

　　对计算结果进行统计（表 6-13），2009 年东营释氧服务的能值货币价值为
2.33E+07 \$，2015 年东营释氧服务的能值货币价值为 2.46E+07 \$。

表6-13　东营释氧服务价值统计

年份	释氧服务能值货币价值			
	最小值 / ($/km²)	最大值 / ($/km²)	均值 / ($/km²)	总能值 /$
2009	0	0.61E+04	0.37E+04	2.33E+07
2015	0	0.88E+04	0.36E+04	2.46E+07

三、土壤保持

　　水土流失是人类社会面临的重大环境问题之一。人们活动范围的不断扩张导致土壤上的原有植被覆盖被破坏，裸露的土壤暴露在大气中不断遭受降水冲刷以及风力侵蚀等，侵蚀量远大于由母质层育化生成的新土壤量，导致区域土壤层不断减少，土壤中的养分也不断流失，最终使得岩石裸露，引发水土流失等生态环境问题。本研究中土壤保持评估采用美国农业部提出的通用土壤流失方程（Universal Soil Loss Equation，USLE）模型，其表达式如下：

$$Q_{soil}=R \times K \times L \times S \times C \times P$$

式中：Q_{soil} 为年均土壤侵蚀量，单位为 t/ km²；R 为降水侵蚀因子，单位为 $MJ \cdot mm \cdot hm^{-2} \cdot h^{-1} \cdot a^{-1}$；$K$ 为土壤可蚀性因子，单位为 $t \cdot hm^2 \cdot h \cdot MJ^{-1} \cdot mm^{-1} \cdot hm^{-2}$；$L$ 为坡长因子，无量纲；S 为坡度因子，无量纲；C 为地表植被覆盖与管理因子，无量纲；P 为土壤保持措施因子，无量纲。

　　降水侵蚀因子 R 是指由于降水而导致土壤流失的潜在能力。根据 USLE 模型中的定义，该值由研究区域降水的动能乘以最大 30 分钟降水强度获得。由于最大 30 分钟降水强度这个参数在大多数情况下获取都比较困难，因此大量相关研究针对降水侵蚀因子 R 提出了新的算法。Rernad 等（1994）基于大量研究成果，构建了 R 和年降水量间的关系式，并提出了经验公式。本研究采用此公式，表达式如下：

$$R=0.04830P^{1.610}$$

式中：P 为研究区域年均降水量，单位为 mm。

《东营统计年鉴 2010》及《东营统计年鉴 2016》中的统计数据显示，东营 2009 年年均降雨量为 634.1 mm，2015 年平均降雨量为 684.7 mm，分别代入上式计算可得 2009 年 R 值为 1 568.27 MJ·mm·hm^{-2}·h^{-1}·a^{-1}，2015 年 R 值为 1 774.61 MJ·mm·hm^{-2}·h^{-1}·a^{-1}。

土壤可蚀性因子 K 在不同的地区变化较大，其与土壤结构以及土壤有机质含量密切相关。Williams 等（1984）构建了 EPIC 模型来估算土壤可蚀性因子 K 的值，计算公式如下：

$$K_{epic} = \left\{0.2 + 0.3\exp\left[0.0256S_a\left(1 - \frac{S_b}{100}\right)\right]\right\}\left(\frac{S_b}{S_b + S_c}\right)^{0.3}\left[1.0\right.$$
$$\left. - \frac{0.25C_s}{C_s + \exp(3.72 - 2.95C_s)}\right]\left[1.0\right.$$
$$\left. - \frac{0.7\left(1 - \frac{S_a}{100}\right)}{1 - \frac{S_a}{100} + exp\left[-5.51 + 22.9\left(1 - \frac{S_a}{100}\right)\right]}\right]$$

式中：S_a 为土壤砂粒含量；S_b 为土壤粉粒含量；S_c 为黏粒含量；C_s 为土壤有机碳含量；K_{epic} 为土壤可蚀性因子。

骆永明等（2017）对黄河三角洲地区的土壤基本性质进行了详细调查，本研究对其研究结果进行了加和后取平均值，结果显示，黄河三角洲土壤砂粒含量 S_a 为 29.47%，粉粒含量 S_b 为 65.23%，黏粒含量 S_c 为 5.28%，有机质含量为 1.25%，有机碳含量等于有机质除以 1.724，即有机碳含量 C_s=0.73%。将上述数据代入上述公式计算可得 K_{epic} 值为 0.54 t·hm^2·h·MJ^{-1}·mm^{-1}·hm^{-2}。

由于不同国家和地区土壤差异较大，EPIC 在实际应用中都会根据具体研究区域的不同而进行适当调整。我国学者张科利等（2007）在获取大量实测值的情况下对上式进行了修正，提出了适用于我国的土壤可蚀性因子的计算方法，本研究也采用该计算方法，计算公式如下：

$$K=-0.01382+0.51575K_{epic}$$

式中：K 为研究区域土壤可蚀性因子；K_{epic} 为上式中利用 EPIC 模型计算得出的土壤可蚀性因子，取值 0.54，单位为美制单位。

通过换算可以计算得出研究区域 K 值为 0.02，单位为国际单位制，即 $t \cdot hm^{-2} \cdot h \cdot MJ^{-1} \cdot mm^{-1} \cdot hm^{-2}$。

地形因子即坡长（L）和坡度（S）同样对土壤流失产生影响。在实际研究过程中，区域或城市等大尺度上很难通过实地调查或测量获取坡长和坡度因子，目前相关研究大多基于数字高程模型 DEM 进行提取。本研究中东营 DEM 数据提取自"中国 1 km 分辨率数字高程模型数据集"，该数据集来源于"黑河计划数据管理中心"（http://westdc.westgis.ac.cn）。坡度因子 S 通过 ArcGIS 中的表面分析工具对东营 DEM 数据进行坡度计算，获取东营坡度图（图 6-18）。图中也反映出该区域处于黄河三角洲冲积平原，因此坡度很低。

本研究参考隋欣等人（2010）提供的 LS 因子计算代码，利用 ArcGIS 栅格计算器编写计算公式如下：

Power(SquareRoot("FlowDir ") * 100 / 22.1,m * 65.41 * Power(Sin("slope") * 0.01745,2) + 4.56 * Sin("slope ") * 0.01745 + 0.065)

式中：*FlowDir* 为研究区域水流向图；m 为坡长指数，取值 0.2；*slope* 为研究区域坡度图。通过 ArcGIS 中地图代数运算获取 LS 因子栅格图（图 6-19）。

C 为地表植被覆盖与管理因子，通常 C 值越高意味着该区域植被覆盖率越低，抗侵蚀能力较弱。Van der Knijff 等（1999，2000）通过对美国国家海洋和大气管理局（National Oceanic and Atmospheric Administration，NOAA）提供的遥感数据 AVHRR NDVI 和 C 因子之间相互关系的研究，提出二者之间的关系式：

$$C=e^{-\alpha NDVI/(\beta-NDVI)}$$

式中：e 为自然常数；α、β 主要决定了 C 因子和 NDVI 之间的相关性。

根据唐小平等（2016）针对 Modis NDVI 数据与 C 因子之间的相互关系进行的深

入研究，结果发现，在利用 Modis NDVI 数据计算 C 因子时，α 取值建议为 2.5，β 取值建议为 1。本研究中使用 Mod13A3 数据计算研究区域 NDVI，因此 α 取值 2.5，β 取值 1。计算结果如图 6-20 和图 6-21，可以看出东营 C 值较高的区域基本分布在沿海一带，抗水蚀能力较弱，而内陆植被较好的区域 C 值较低。

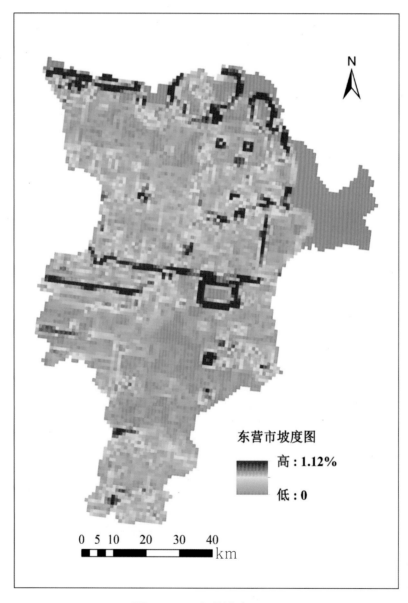

图 6-18　东营坡度图

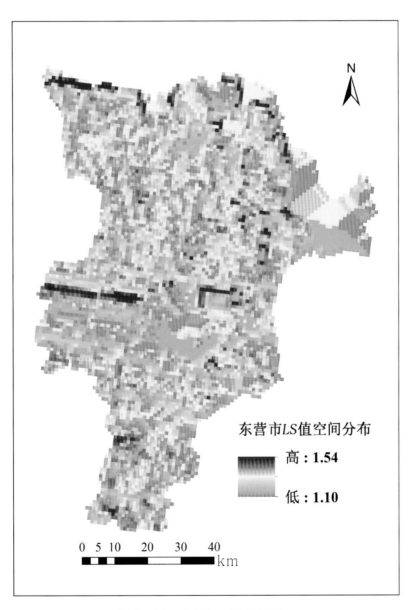

东营市LS值空间分布

高：**1.54**

低：**1.10**

图 6-19　东营 *LS* 值分布图

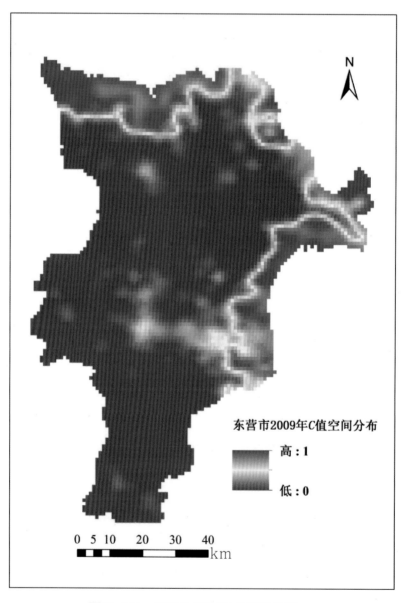

东营市2009年*C*值空间分布

高：1

低：0

0 5 10　20　30　40 km

图 6-20　2009 年东营 *C* 值分布图

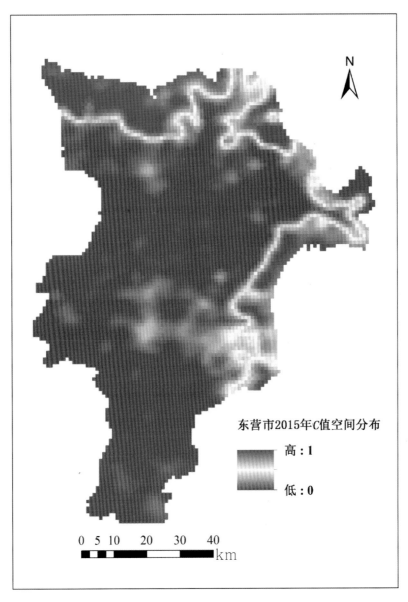

图 6-21　2015 年东营 C 值分布图

P 为土壤保持措施因子，根据赵海凤等（2016）研究结果，在大部分土地利用没有采取专门的水土保持措施的情况下，P 值一般设定为 1，因此本研究在计算过程中 P 取值 1。

将上述因子的计算结果代入公式 USLE 中计算获得 2009 年和 2015 年的土壤保持的物质量，见图 6-22 和图 6-23。

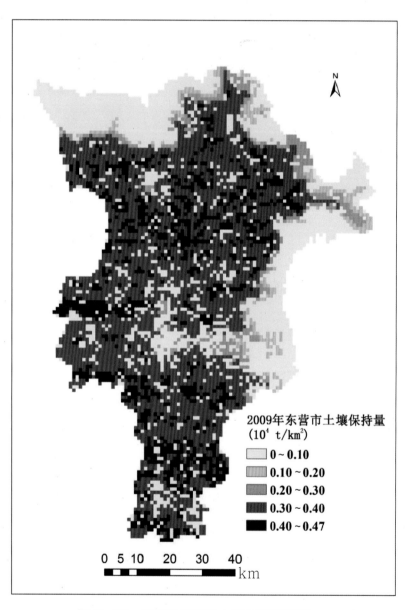

图 6-22　2009 年东营土壤保持物质量

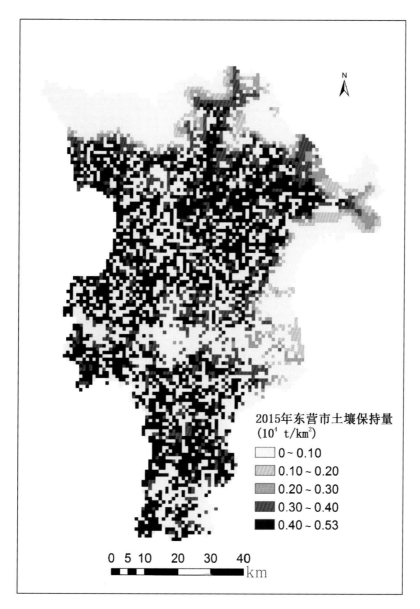

图 6-23　2015 年东营土壤保持物质量

　　对计算结果进行统计（表 6-14），2009 年东营土壤保持的物质量为 1.91E+07 t，2015 年东营土壤保持的物质量为 1.54E+07 t。

表 6-14　东营土壤保持物质量统计

年份	土壤保持量			
	最小值 / (t/km^2)	最大值 / (t/km^2)	均值 / (t/km^2)	总能值 /t
2009	0	4.68E+03	2.54E+03	1.91E+07
2015	0	5.29E+03	2.04E+03	1.54E+07

根据土壤保持物质量的计算结果，对东营土壤保持服务进行能值分析，计算公式如下：

$$Em_{soil}=Q_{soil}\times\mu\times T_{soil}$$

式中：Em_{soil} 为土壤保持服务的能值，单位为 sej；Q_{soil} 为土壤保持的物质量，单位为 t；μ 为表土层能量折算比率，取值 6.78E+02 J；T_{soil} 为土壤保持服务的能值转换率，取值 7.4E+04 sej/J。

在 ArcGIS 中进行能值核算并生成可视化图层，如图 6-24 和图 6-25。

对计算结果进行统计（表 6-15），2009 年东营土壤保持服务能值为 9.58E+20 sej，2015 年东营土壤保持服务能值为 7.71E+20 sej。

表 6-15　东营土壤保持服务能值统计

年份	土壤保持服务能值			
	最小值 / (sej/km^2)	最大值 / (sej/km^2)	均值 / (sej/km^2)	总能值 /sej
2009	0	2.35E+17	1.27E+17	9.58E+20
2015	0	2.65E+17	1.03E+17	7.71E+20

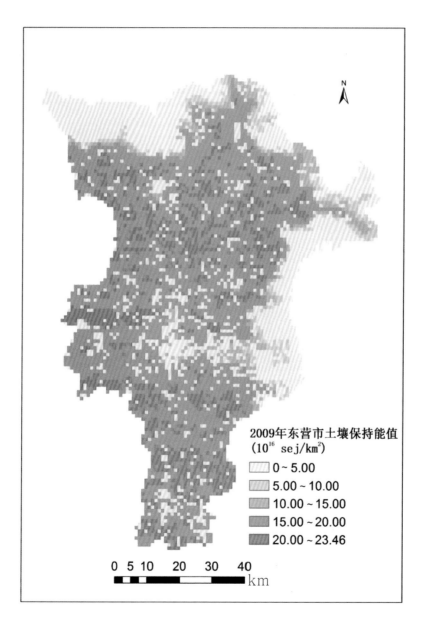

图 6-24　2009 年东营土壤保持服务能值分布

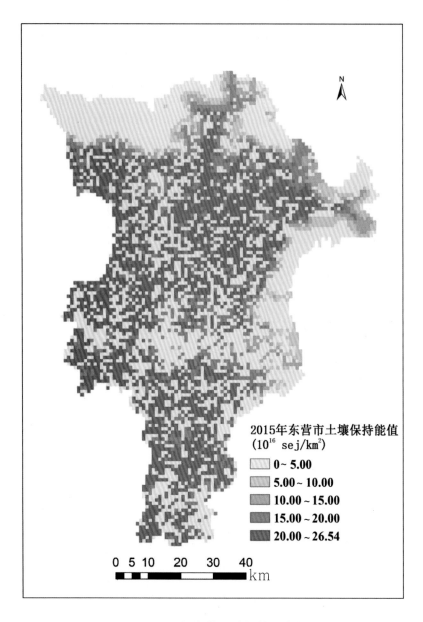

图6-25 2015年东营土壤保持服务能值分布

　　根据土壤保持服务的能值计算结果，结合前面能值分析中计算获得的能值货币比，对东营土壤保持服务的能值货币价值进行评价，计算公式如下：

$$Em\$_{soil}=Em_{soil}/EMR$$

式中：$Em\$_{soil}$ 为土壤保持服务的能值货币价值，单位为 $\$$；Em_{soil} 为土壤保持服务的能值，单位为 sej；EMR 为能值货币比，单位为 sej/$\$$。

通过 ArcGIS 对 2009 年及 2015 年东营的土壤保持服务的能值货币价值进行计算并可视化分析，结果见图 6-26 和图 6-27。

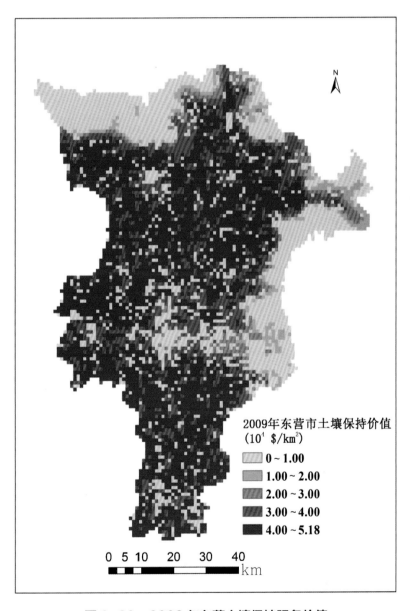

图 6-26　2009 年东营土壤保持服务价值

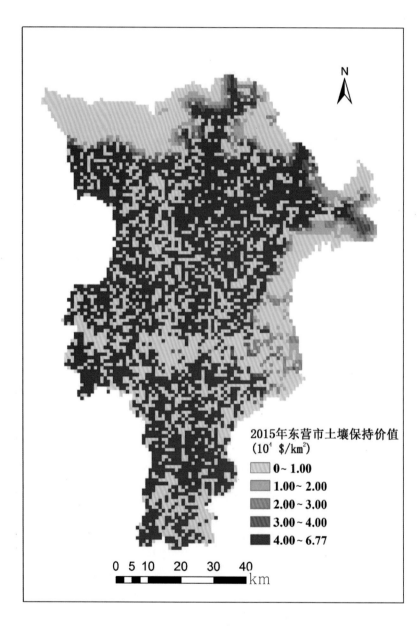

图 6-27　2015 年东营土壤保持服务价值

对计算结果进行统计分析（表6-16），2009年东营土壤保持服务的能值货币价值为2.11E+08 \$，2015年东营土壤保持服务的能值货币价值为1.97E+08 \$。

表6-16　东营土壤保持服务价值统计

年份	土壤保持服务能值货币价值			
	最小值 /（\$/km²）	最大值 /（\$/km²）	均值 /（\$/km²）	总能值 /\$
2009	0	5.18E+04	2.81E+04	2.11E+08
2015	0	6.77E+04	2.62E+04	1.97E+08

四、养分保持

土壤中的养分对于植物的生长十分重要，土壤保持服务在减少土壤侵蚀的同时，也保留了土壤中的营养物质。本研究主要对土壤中的N、P、K 3种养分进行评估，N、P、K 3种养分的土壤含量数据由国家科技基础条件平台－国家地球系统科学数据共享平台－土壤科学数据中心（http://soil.geodata.cn/）提供，通过投影转换、提取分析后获得研究区域N、P、K 3种养分的空间分布数据，空间分辨率为1 km，结合前述土壤保持量数据，计算N、P、K 3种养分保持的物质量，计算公式如下：

$$Q_j = Q \times \omega_j$$

式中：Q_j 为第 j 种养分的物质量，单位为 g；Q 为土壤保持的物质量，单位为 t；ω_j 为第 j 种养分的含量，单位为 g/t。

通过ArcGIS实现对N、P、K 3种养分保持的物质量计算及可视化分析，获得结果见图6-28~图6-33。

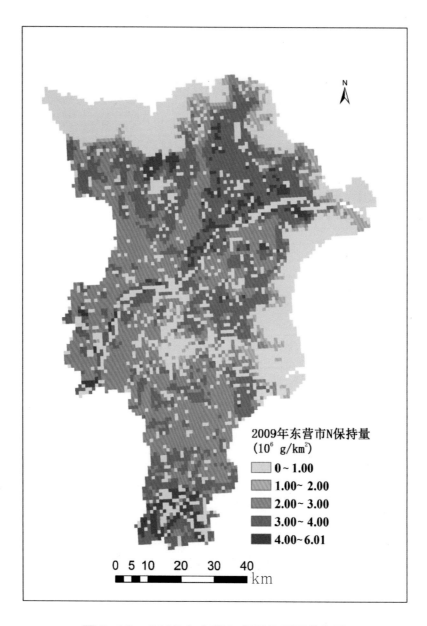

图 6-28　2009 年东营 N 保持物质量分布图

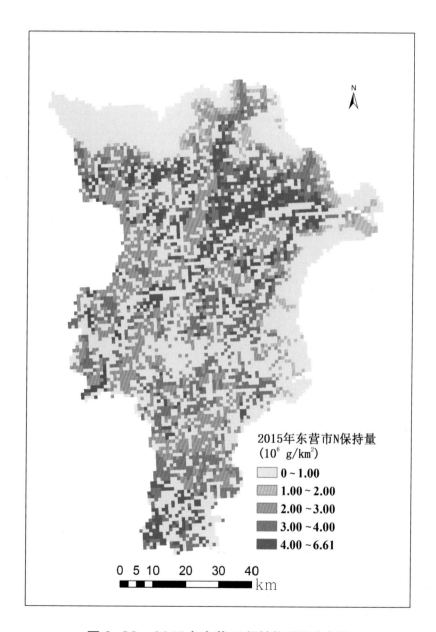

图 6-29 2015 年东营 N 保持物质量分布图

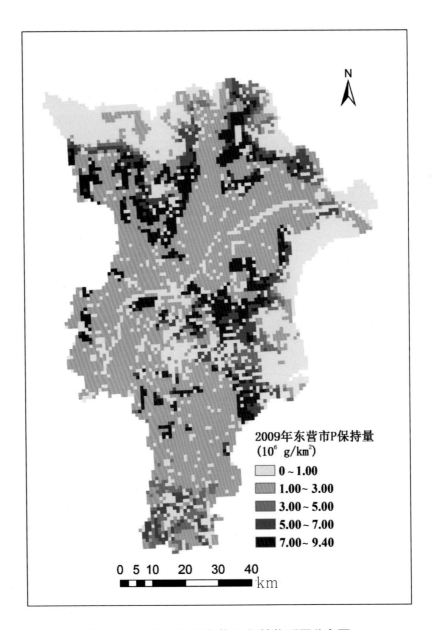

2009年东营市P保持量
（10^6 g/km²）

☐ 0～1.00
☐ 1.00～3.00
☐ 3.00～5.00
☐ 5.00～7.00
■ 7.00～9.40

0 5 10   20   30   40
km

图6-30   2009年东营P保持物质量分布图

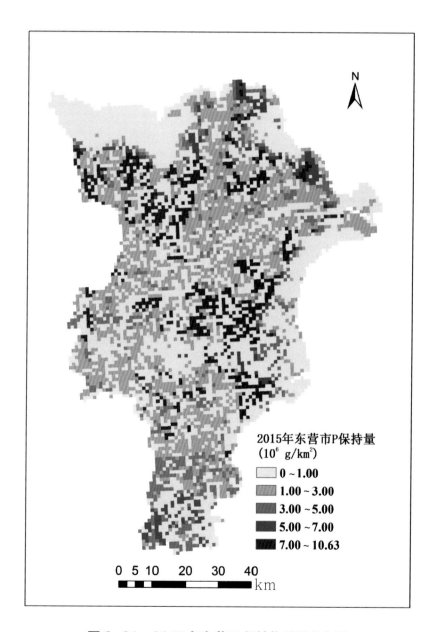

2015年东营市P保持量
（10^6 g/km^2）

- 0 ~ 1.00
- 1.00 ~ 3.00
- 3.00 ~ 5.00
- 5.00 ~ 7.00
- 7.00 ~ 10.63

图 6-31　2015 年东营 P 保持物质量分布图

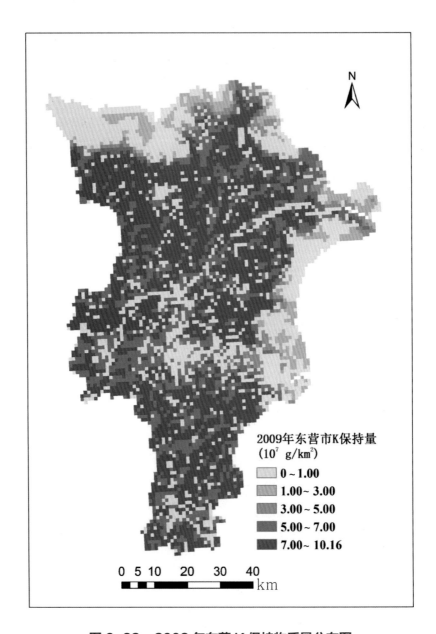

图 6-32　2009 年东营 K 保持物质量分布图

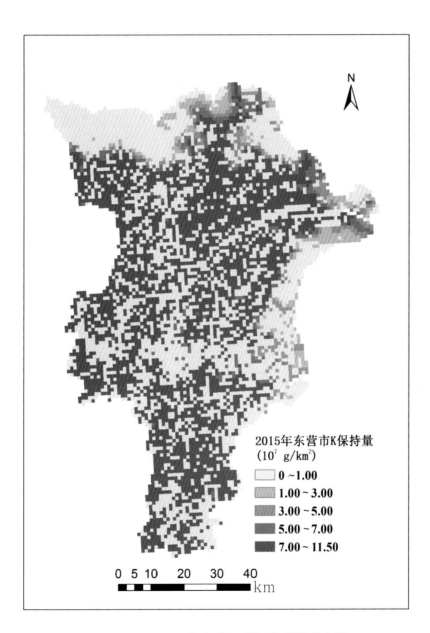

图 6-33　2015 年东营 K 保持物质量分布图

对 N、P、K 3 种养分的物质量计算结果进行统计，表 6-17 显示 2009 年东营 N 保持物质量为 1.54E+10 g，2015 年东营 N 保持物质量为 1.23E+10 g；从表 6-18 可以看出，2009 年东营 P 保持物质量为 1.98E+10 g，2015 年东营 P 保持物质量为 1.55E+10 g；2009 年东营 K 保持物质量为 3.71E+11 g，2015 年东营 P 保持物质量为 2.96E+11 g（表 6-19）。

表 6-17　东营 N 保持物质量统计

年份	N 保持物质量			
	最小值 /（g/km^2）	最大值 /（g/km^2）	均值 /（g/km^2）	总能值 /g
2009	0	6.01E+06	2.05E+06	1.54E+10
2015	0	6.61E+06	1.64E+06	1.23E+10

表 6-18　东营 P 保持物质量统计

年份	P 保持物质量			
	最小值 /（g/km^2）	最大值 /（g/km^2）	均值 /（g/km^2）	总能值 /g
2009	0	9.40E+06	2.64E+06	1.98E+10
2015	0	1.06E+07	2.06E+06	1.55E+10

表 6-19　东营 K 保持物质量统计

年份	K 保持物质量			
	最小值 /（g/km²）	最大值 /（g/km²）	均值 /（g/km²）	总能值 /g
2009	0	1.02E+08	4.94E+07	3.71E+11
2015	0	1.15E+08	3.94E+07	2.96E+11

基于 N、P、K 3 种养分的物质量计算结果，对养分保持服务的能值进行计算，计算公式如下：

$$Em_{NPK}=\sum_{1}^{j} Q_j \times T_j$$

式中：Em_{NPK} 为养分保持的能值，单位为 sej；Q_j 为第 j 种养分的物质量，单位为 g；T_j 为第 j 种养分的能值转换率，单位为 sej/g。

其中 N 的能值转换率取值 4.62 E+09 sej/g，P 的能值转换率取值为 6.88 E+09 sej/g，K 的能值转换率取值为 2.96 E+09 sej/g。利用 ArcGIS 地理信息系统对 N、P、K 3 种养分的能值分别进行计算，并通过叠加分析获取东营养分保持服务的能值，计算结果见图 6-34 和图 6-35。

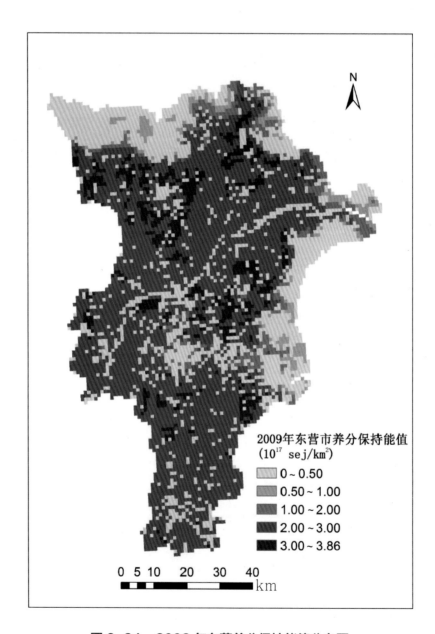

图 6-34　2009 年东营养分保持能值分布图

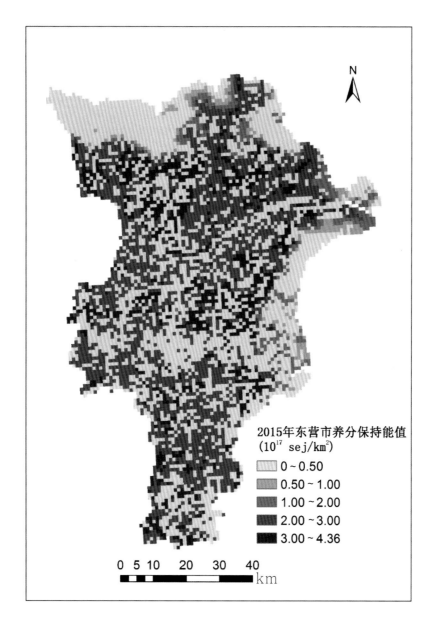

图 6-35　2015 年东营养分保持能值分布图

　　对养分保持服务能值计算结果进行统计（表 6-20），2009 年东营养分保持服务能值为 1.31E+21 sej，2015 年东营养分保持服务能值为 1.04E+21 sej。

表 6-20　东营养分保持能值统计

年份	养分保持服务能值			
	最小值 / (sej/km²)	最大值 / (sej/km²)	均值 / (sej/km²)	总能值 /sej
2009	0	3.86E+17	1.74E+17	1.31E+21
2015	0	4.36E+17	1.38E+17	1.04E+21

进行能值货币价值核算，计算公式如下：

$$Em\$_{NPK}=Em_{NPK}/EMR$$

式中：$Em\$_{NPK}$ 为养分保持服务的能值货币价值，单位为 \$；Em_{NPK} 为养分保持的能值，单位为 sej；EMR 为能值货币比，单位为 sej/\$。

利用 ArcGIS 地理信息系统对东营养分保持服务的能值货币价值进行核算，结果如图 6-36 和图 6-37。

对养分保持服务的能值货币价值进行统计（表 6-21），2009 年东营养分保持服务的能值货币价值为 2.89E+08 \$，2015 年东营养分保持服务的能值货币价值为 2.65E+08 \$。

表 6-21　东营养分保持价值统计

年份	养分保持服务能值货币价值			
	最小值 / (sej/km²)	最大值 / (sej/km²)	均值 / (sej/km²)	总能值 /\$
2009	0	8.51E+04	3.84E+04	2.89E+08
2015	0	1.11E+05	3.53E+04	2.65E+08

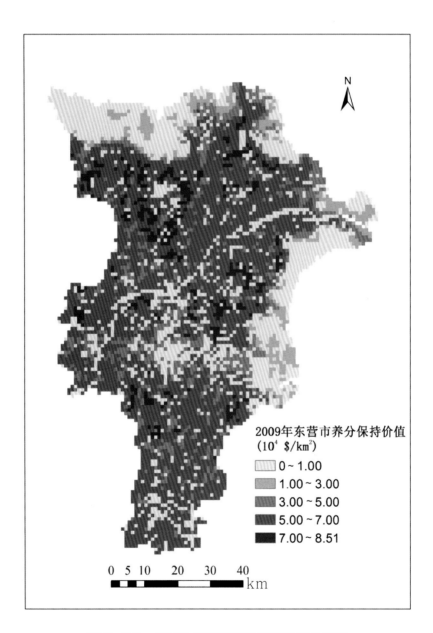

图 6-36　2009 年东营养分保持价值分布图

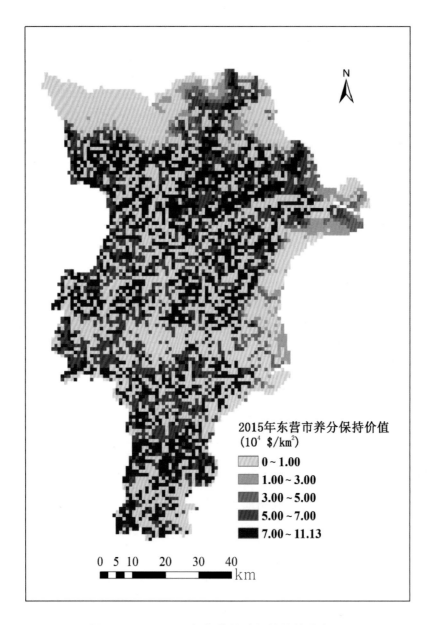

图 6-37　2015 年东营养分保持价值分布图

五、水源涵养

随着城镇化的扩张和经济的发展，人类社会对水资源的需求量不断增加，水资源的紧缺、水质的恶化等已引起众多学者的重视。区域生态系统可以通过水源涵养功能来拦蓄降水、调节径流以及净化水质，并在区域水分循环中扮演重要角色。在水源涵养估算研究中，水量平衡法易于操作，而且评价结果较为准确，该方法的主要原理是将研究区域看作一个整体，降水作为水量输入，蒸散量等作为水量输出，二者之间的差值即为该区域水源涵养量。本研究采用水量平衡法对东营水源涵养量进行核算，计算公式如下：

$$Q_w = (P - ET) \times A$$

式中：Q_w 为研究区域的水源涵养量，单位为 m^3；P 为研究区域的年降水量，单位为 mm，根据《东营统计年鉴 2010》和《东营统计年鉴 2016》中的数据，2009 年东营年降水量为 634.1 mm，2015 年东营年降水量为 684.7 mm；ET 为研究区域的年蒸散量，单位为 mm，东营的年蒸散量数据来自美国国家宇航局提供的 Mod16A3 地表蒸散发数据，该数据是采用 SIN 投影的 HDF 格式数据，通过投影转换以及提取分析后导出为 TIFF 格式，处理后获得研究区域 2009 年和 2015 年的年蒸散量数据，空间分辨率 1 km；A 为研究区域面积。

在 ArcGIS 地理信息系统中利用地图代数工具对 2009 年和 2015 年的水源涵养的物质量进行核算以及可视化分析，结果见图 6-38 和图 6-39。

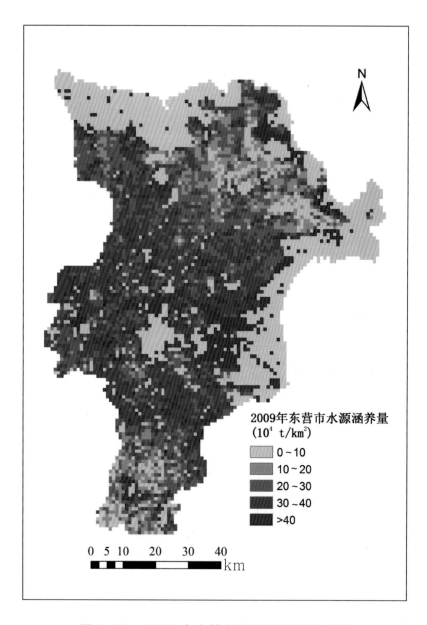

图 6-38　2009 年东营水源涵养物质量分布图

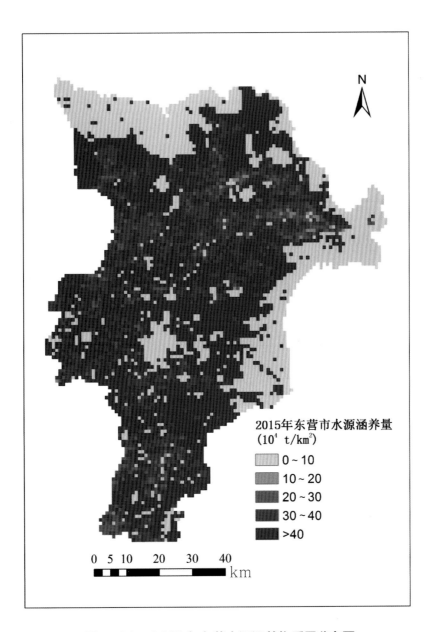

2015年东营市水源涵养量
（10⁴ t/km²）

■ 0 ~ 10
■ 10 ~ 20
■ 20 ~ 30
■ 30 ~ 40
■ >40

图 6-39　2015 年东营水源涵养物质量分布图

对计算结果进行统计分析（表6-22），2009年东营涵养水源总物质量为1.68E+09 t，2015年东营涵养水源总物质量为2.52E+09 t。

表6-22 东营水源涵养物质量统计

年份	水源涵养服务能值			
	最小值 / (t/km²)	最大值 / (t/km²)	均值 / (t/km²)	总物质量 /t
2009	0	6.34E+05	2.20E+05	1.68E+09
2015	0	6.84E+05	3.30E+05	2.52E+09

根据水源涵养量的结果，对东营2009年和2015年的水源涵养服务进行能值分析，计算公式如下：

$$Em_w = Q_w \times \rho \times G \times T_w$$

式中：Em_w 为研究区域水源涵养的能值总量，单位为sej；Q_w 为研究区域的水源涵养量，单位为m³；ρ 为水的密度，取值1.0E+06 g/m³；G 为吉布斯自由能，取值4.94 J/g；T_w 为水资源的能值转换率，陈丹等（2006）对水资源的能值转换率进行了分析计算，结果显示地表水与地下水的能值转换率分别为3.63E+04 sej/J 和4.55E+04 sej/J，本研究取二者均值4.09E+04 sej/J 作为能值分析中水源涵养服务的能值转换率。

在ArcGIS地理信息系统中利用空间分析的地图代数工具对2009年和2015年的水源涵养服务的能值进行核算以及可视化分析，结果见图6-40和图6-41。

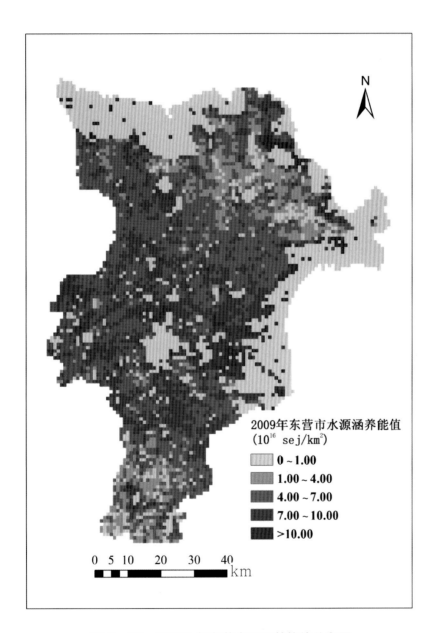

图 6-40　2009 年东营水源涵养能值分布图

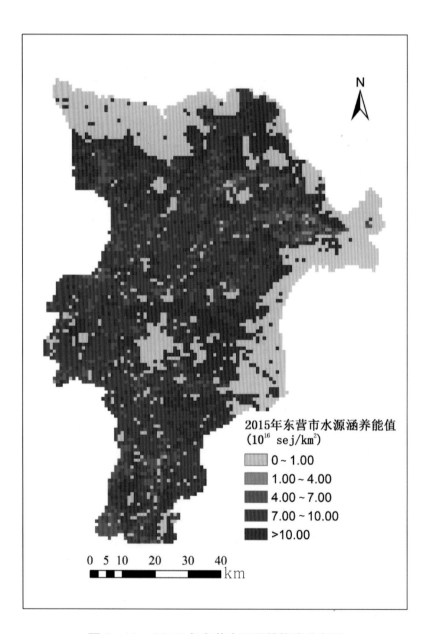

2015年东营市水源涵养能值
（10^{16} sej/km^2）

0~1.00
1.00~4.00
4.00~7.00
7.00~10.00
>10.00

图 6-41　2015 年东营水源涵养能值分布图

对计算结果进行统计分析（表6-23），2009年东营水源涵养服务能值为3.39E+20 sej，2015年东营水源涵养服务能值为5.08E+20 sej。

表6-23　东营水源涵养能值统计

年份	水源涵养服务能值			
	最小值 / （sej/km^2）	最大值 / （sej/km^2）	均值 / （sej/km^2）	总能值 /sej
2009	0	1.28E+17	4.44E+16	3.39 E+20
2015	0	1.38E+17	6.65E+16	5.08 E+20

根据水源涵养服务的能值计算结果，对东营水源涵养服务进行能值货币价值评估，计算公式如下：

$$Em\$_w=Em_w/EMR$$

式中：$Em\$_w$ 为水源涵养的宏观经济价值，单位为 \$；Em_w 为研究区域水源涵养的能值总量，单位为 sej；EMR 为能值货币比，单位为 sej/\$。

利用 ArcGIS 地理信息系统进行能值货币价值核算以及可视化分析，结果见图6-42 和图6-43。

对计算结果进行统计分析（表6-24），2009年东营水源涵养服务的能值货币价值为7.49E+07 \$，2015年东营水源涵养服务的能值货币价值为1.30E+08 \$。

表6-24 东营水源涵养价值统计

年份	水源涵养服务价值			
	最小值 / ($/km^2)	最大值 / ($/km^2)	均值 / ($/km^2)	总能值 /\$
2009	0	2.83E+04	0.98E+04	7.49E+07
2015	0	3.53E+04	1.70E+04	1.30E+08

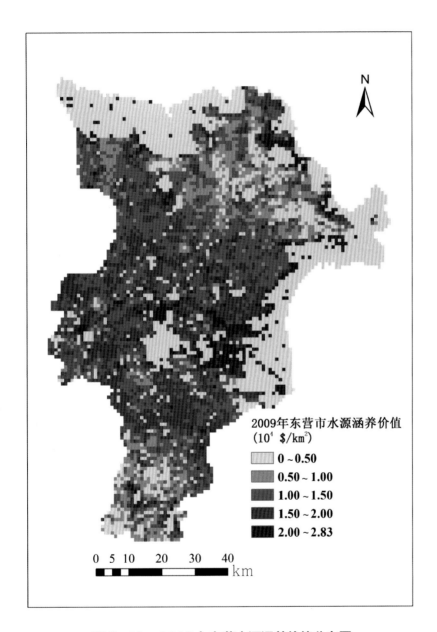

图 6-42　2009 年东营水源涵养价值分布图

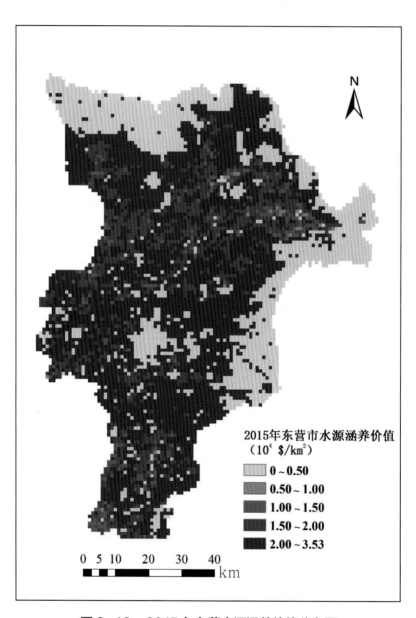

图 6-43　2015 年东营水源涵养价值分布图

第三节　黄河三角洲生态系统服务分析

一、生态系统服务能值货币总价值及构成

利用 ArcGIS 地理信息系统对前述东营固碳服务价值、释氧服务价值、水源涵养价值、土壤保持价值以及养分保持价值进行叠加分析，获得 2009 年和 2015 年研究区域生态系统服务的能值货币总价值，见图 6-44 和图 6-45。

对计算结果进行统计，其中 2009 年生态系统服务的能值货币总价值为 6.07E+08 \$，2015 年生态系统服务的能值货币总价值为 7.53E+08 \$，2015 年单位面积平均价值与 2009 年相比增长了 22.21%。

分别对 2009 年和 2015 年生态系统服务价值的构成进行统计分析（表 6-25）：2009 年东营生态系统服务的总价值为 6.22E+08 \$，其中固碳释氧价值为 4.69E+07 \$，占 8%；土壤保持价值为 2.11E+08 \$，占 34%；养分保持价值为 2.89E+08 \$，占 46%；水源涵养价值为 7.49E+07 \$，占 12%（图 6-46）。2015 年东营生态系统服务的总价值为 6.41E+08 \$，其中固碳释氧价值为 4.95E+07 \$，占 8%；土壤保持价值为 1.97E+08 \$，占 31%；养分保持价值为 2.65E+08 \$，占 41%；水源涵养价值为 1.30E+08 \$，占 20%（图 6-47）。

表 6-25　东营生态系统服务价值统计

年份	生态系统服务总能值货币价值			
	最小值 / (\$/km²)	最大值 / (\$/km²)	均值 / (\$/km²)	总能值 /\$
2009	0	1.54E+05	8.06E+04	6.22E+08
2015	0	2.03E+05	8.29E+04	6.41E+08

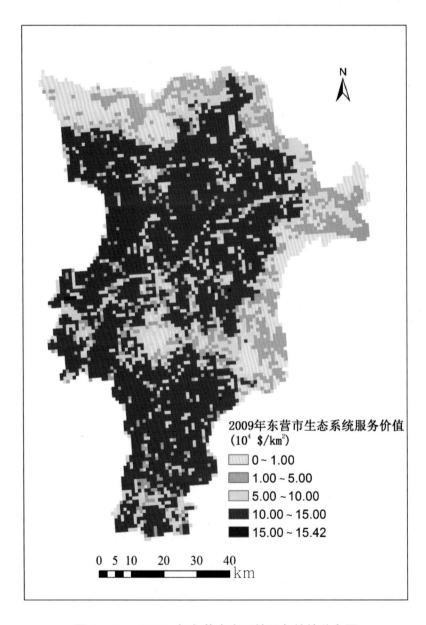

图 6-44　2009 年东营生态系统服务价值分布图

图 6-45　2015 年东营生态系统服务价值分布图

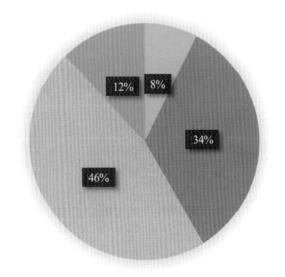

图 6-46　2009 年东营生态系统服务价值占比

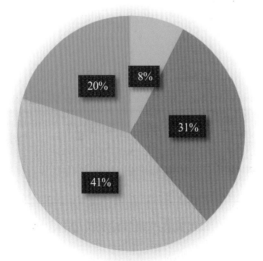

图 6-47　2015 年东营生态系统服务价值占比

二、生态系统服务变动分析

对2009年和2015年东营生态系统服务的能值计算结果进行比较分析，如表6-26。其中2015年固碳释氧服务的能值比2009年减少了8.92%，这主要是由于生态系统的净初级生产力从2009年的1.73E+12 g C减少到2015年的1.57E+12 g C，因此导致本地生态系统的固碳释氧服务能值降低。2015年土壤保持服务的能值比2009年减少了19.52%，土壤被侵蚀的主要原因是原有植被覆盖遭到破坏，导致土壤裸露被侵蚀，土壤保持服务的降低反映出城镇化过程中东营土地利用变化较大，本地生态系统遭到破坏，从而影响到土壤保持服务。2015年养分保持服务的能值比2009年减少了20.61%，土壤流失的同时伴随着土壤中 N、P、K 等养分的流失，因此土壤保持服务的降低同时导致了土壤肥力也受到影响。2015年水源涵养服务的能值比2009年增加了49.85%，这主要是因为2015年的年降水量明显高于2009年。2015年生态系统服务总能值比2009年减少了10.89%。

表6-26　2009-2015东营生态系统服务能值变化

年份及变动比例	固碳释氧	土壤保持	养分保持	水源涵养	总能值	单位
2009	2.13E+20	9.58E+20	1.31E+21	3.39E+20	2.82E+21	sej
2015	1.94E+20	7.71E+20	1.04E+21	5.08E+20	2.51E+21	sej
变动比例	−8.92	−19.52	−20.61	49.85	−10.89	%

利用表 6-26 中计算的各类生态系统服务能值结果，结合 2009 年以及 2015 年的能值货币比，分别对 2009 年和 2015 年东营生态系统服务的能值货币价值进行计算分析，结果如表 6-27：2015 年固碳释氧服务价值比 2009 年增加了 5.54%；2015 年土壤保持服务价值比 2009 年减少了 6.64%；2015 年养分保持服务比 2009 年减少了 8.24%；2015 年水源涵养服务能值比 2009 年增加了 73.09%；2015 年生态系统服务总能值比 2009 年增加了 3.14%。

表 6-27　2009 ~ 2015 东营生态系统服务价值变化

年份及变动比例	固碳释氧	土壤保持	养分保持	水源涵养	总能值	单位
2009	4.69E+07	2.11E+08	2.89E+08	7.49E+07	6.22E+08	$
2015	4.95E+07	1.97E+08	2.65E+08	1.30E+08	6.41E+08	$
变动比例	5.54	−6.64	−8.24	73.09	3.14	%

可以看出，以能值进行衡量时，2015 年的东营生态系统服务与 2009 年相比呈现下降的趋势；而当结合当年的能值货币比将东营生态系统服务换算为能值货币价值时，2015 年的东营生态系统服务的宏观经济价值与 2009 年相比反而呈现上升的趋势。产生这种结果的主要原因是由于东营 2009 年与 2015 年能值货币比的变动。根据 Odum（1996）以及蓝盛芳等（2002）对能值货币比的解释，发达国家或地区的能值货币比通常远小于欠发达国家或地区，这是因为每生产一单位 GDP，欠发达国家或地区往往需要消耗更多的能值。根据前面东营复合生态系统能值分析的结果，2009 年东营的能值货币比为 4.53E+12 sej/$，在 2015 年下降为 3.92 E+12 sej/$，2015 年每生产一单位 GDP 所消耗的能值比 2009 年减少了 1.23 E+12 sej，这表明东营的社会生产力在提

高，2015 年当地的社会经济相比于 2009 年有了较大的发展；东营 2015 年生态系统服务总能值与 2009 年相比下降了 10.89%，而能值货币比的下降比例达 13.47%，可以看出虽然 2015 年东营生态系统服务的能值在降低，但由于能值货币比下降的幅度更大，因此导致在计算能值货币价值时，2015 年总能值除以能值货币比后得到的结果与 2009 年相比较高。

本章小结

本章结合能值分析对黄河三角洲典型城市东营 2009 年和 2015 年的生态系统服务进行量化，结果表明，基于能值理论评价的东营各类生态系统服务的能值以及总能值都呈现下降趋势，反映出东营的生态系统服务能值在减少，只有水源涵养服务的能值明显增加，但这其中很大一部分原因是 2015 年的降水量高于 2009 年；基于前面对东营复合生态系统能值分析评价结果中的能值货币比，对东营各类生态系统服务的能值货币价值以及总价值进行核算，结果表明，东营土壤保持和养分保持的能值货币价值呈现减少趋势，而固碳释氧、水源涵养的能值货币价值以及东营生态系统服务总能值货币价值呈现上升趋势。可以看出，与 2009 年相比，2015 年东营生态系统服务的能值量总体上是下降的，而基于 2005 年不变价对东营生态系统服务的价值量进行核算的结果却显示，2015 年东营生态系统服务的价值与 2009 年相比反而有所上升，表明东营生态系统服务的量在减少，但价格却在上升，这在宏观经济价值层面上反映出生态系统服务正在变得越来越珍贵。该结果也可以通过经济学中供需关系理论来进行解释，当某种资源或商品变得稀缺时，其市场价值必定会上升，在本研究结果中生态系统服务的物质量及能值减少，其价值也将会上升。

通过空间分析技术的应用，本研究将东营生态系统服务的物质量、能值量以及价值量进行可视化分析，通过图层更加直观地显示不同类型生态系统服务的空间分布。

任一特定区域的生态系统服务的物质量、能值量以及价值量都可以快速地从图层上获得，不同区域间的比较也非常方便。在快速城镇化进程中，生态系统服务的可视化分析结果可以为决策者在制定区域发展规划、生态保护等政策方面提供有力支持。由于本研究中每种类型的生态系统服务价值都是以货币为基础衡量的，通过对当地复合生态系统进行能值分析评价得出，其中能值货币比是基于本地的总能值与GDP计算获得，对于本地而言更具有针对性，因此本研究的结果也可以在生态补偿政策的探索和制定过程中提供科学参考，决策者可以根据估算的能值货币价值采取相应的措施，实施合理的生态补偿标准。

（本章执笔：王成栋、王玉涛、刘建、王仁卿）

第七章

黄河三角洲的
生态产品研究

第一节　生态产品的概念和内涵

生态产品源于自然生态系统，是与人类休戚与共的生命共同体。生态产品价值实现作为生态文明建设新时代的重要内容，是国家核心竞争力的组成部分。2018 年 3 月，我国组建了自然资源部，自然资源的管理体制与机制发生了重大变革，统一行使全民所有自然资源资产所有者职责、统一行使所有国土空间用途管制和生态保护修复职责，实现对"山水林田湖草"生命共同体的整体管控和综合治理。生态产品价值实现是建设生态文明的应有之义，也是新时代推进高质量发展的必然要求。

生态产品的概念最早出现于 20 世纪 70 年代的西方国家，国内于 20 世纪 90 年代引入这一概念。生态产品的传统定义是指遵循可持续发展原则，按特定生产方式生产，并经专门机构认证许可，使用生态产品标志的安全、优质、营养的产品。通常应在产品的原材料产地、加工工艺、外包装等方面符合环境保护规定，满足从生产到消费整个过程有利于人类健康和不污染环境的要求。

2010 年，国务院发布的《全国主体功能区规划》中提出了全新的生态产品的概念，并提出重点生态功能区是生态产品的主要产区。2012 年，党的十八大提出将"增强生态产品生产能力"作为生态文明建设的一项重要任务，将生态产品生产能力看作是生产力的重要组成部分。2016 年，《关于健全生态保护补偿机制的意见》中提出"以生态产品产出能力为基础，加快建立生态保护补偿标准体系"。同年，《国家生态文明试验区（福建）实施方案》提出建设"生态产品价值实现的先行区"目标，这是生态产品理念发展的一个重要标志，表明我国对生态产品的要求由提高生产能力上升为实现经济价值。2017 年，《关于完善主体功能区战略和制度的若干意见》中将贵州等 4 个省份列为国家生态产品价值实现机制试点，标志着我国开始探索将生态产品价值理念付诸实际行动。党的十九大报告指出，既要创造更多物质财富和精神财富以满足人民日益增长的美好生活需要，也要提供更多优质生态产品以满足人民日益增长的优美生态环境需要。生态产品的内涵不仅包括自然要素和自然系统的完整性，表征为山青、水清、天蓝、气候宜人等，以及食物链的完整、生态功能的健全等系统性服务，还包括自然属性的物质和文化产品，如水资源、野生动植物资源。利用自然要素和自然属性的生态功能获取的产品不同于经过工业化大生产的商品或制造品，例如人工林、中药材、林下禽畜养殖等产品和服务，具有生态延伸或衍生属性。如果在生产过程中没有引致生态退化、破坏或负外部性的产品，满足生态中性原则，加以标识，也具有一定的生态属性。

在这一新的时代背景和发展战略中，生态产品是指生态系统通过生物生产和与人类生产的共同作用，为人类福祉提供的最终产品或服务。生态产品的价值来源于自然资源的天然价值、生物生产和人类劳动价值的叠加。其中，人类生产，包括污染治理、建设恢复、经营管理、放弃发展；生态生产，包括生物生产、能量流动、物质循环和信息传递。生态产品价值由生态资产价值、生态资本价值（生态资产的投资交易）、生态产品价值（生态资产的生产运营）和区域发展价值（增加就业价值、政绩激励价值、经济刺激价值）构成。

根据人类劳动参与程度，生态产品分为公共性生态产品和经营性生态产品。公共性生态产品包括人居环境产品（清新的空气、干净的水源、安全的土壤、清洁的海洋）和生态安全产品（物种保育、气候变化调节、生态系统减灾），与国内外学术研究"生态系统服务"中的调节服务含义相近；经营性生态产品，包括物质原料产品（农林产品、生物质能、纳米涂料）和精神文化产品（旅游休憩、健康休养、文化产品），是人类劳动参与度最高的生态产品，可以通过生产流通与交换过程在市场交易中实现其价值。

生态产品的功能集中体现在以下两个方面：一是作为能够满足人类需要的与自然生态要素或生态系统有较为直接关系的产品，也构成了人类生存与发展的基本条件；二是作为实现人与自然和谐发展的必要前提，促使人们尊重自然、保护自然，使生态产品功能实现最优化。

由于本书前面章节已经涉及生态服务，本章内容中的生态产品，剥离了公共性生态产品，保留了经营性生态产品的概念，并将其划分为物质原料生态产品和精神文化生态产品两大类分别探讨。

第二节　黄河三角洲的物质原料生态产品

黄河三角洲地区拥有世界上最年轻的土地资源，由于盐碱含量高影响着传统农业的发展，传统农业区造成的水污染、土壤污染等在该地区尚未发生，洁净的土壤为生产绿色有机产品提供了基础保障。土地后备资源得天独厚，地势平坦，适合机械化作业，目前拥有未利用土地近 53.3 万 hm²，人均未利用地 0.054 hm²，比我国东部沿海地区平均水平高出近 45%。黄河三角洲地区海岸线近 900 km，是我国重要的海水淡水渔业资源基地。陆地和海洋、淡水和咸水交互，天然和人工生态系统交错分布，具有大规模发展生态种养殖业，开展动、植物良种繁育，培育生态农业产业链，发展生态旅游的优越条件。

一、黄河三角洲的农业生态产品

芦笋又名石刁柏，属天门冬科天门冬属，是一种多年生的宿根性草本植物，含有丰富的蛋白质、维生素和矿物质，还含有多糖、黄酮类化合物、叶酸等多种活性成分，具有很好的抗肿瘤、抗氧化、提高免疫力等功效，为药食兼用的高档蔬菜，在国际市场上享有"蔬菜之王""世界十大名菜之一"的美誉。芦笋原产于地中海沿岸和小亚细亚一带，已有 2 000 多年的栽培历史，人们以食其嫩茎为主，一次栽培多年采收。因栽培方式不同，芦笋又有白芦笋和绿芦笋之分。20 世纪芦笋由欧洲传入中国，20 世纪 70 年代初形成规模种植。芦笋对温度的适应性很强，从寒带到热带均可种植，主要分布在山东、山西、河北、河南等省份。山东省是我国芦笋生产第一大省，2018 年统计面积约为 2 万 hm²，全省各地均有种植，主要分布在菏泽、东营、潍坊、日照等地。芦笋具有较强的耐盐碱能力，适合在盐碱地生长，在沿黄地区的沙土地上生长尤为适合。芦笋可以在含盐量 1% 以下的盐碱地生长，是改良利用盐碱地的先锋作物。研究表明，0.5% 以下的盐浓度能明显促进部分芦笋品种幼苗的生长，耐盐品种在含盐量 0.8% 的土壤中正常生长，四年生绿芦笋平均亩产量超过 500 kg（1 亩 =0.067 hm^2）。从 20 世纪 80 年代起，黄河三角洲地区就开始大规模种植芦笋，用于出口和国内消费，利津县北宋庄镇被誉为"中国芦笋之乡"，东营利富得食品有限公司加工的芦笋罐头和速冻芦笋系列产品曾远销日本、澳大利亚、欧美等国家和地区。后来由于出口受到影响，芦笋种植面积大幅下降。近年来，随着人民生活水平的提高和消费习惯的改变，国内芦笋消费量大幅提升，成为芦笋消费的主要市场。在这种新形势下，芦笋种植面积又开始快速增大。黄河三角洲盐碱地大力发展芦笋种植，是盐碱地高效生态利用、当地农民增收的重要途径。

碱蓬又名黄须菜，藜科碱蓬属一年生草本积盐植物，主要生长于海滨、湖边、荒漠等处的盐碱荒地，是一种典型的盐碱地指示植物。碱蓬茎叶和种子富含脂肪、蛋白质、矿物质、微量元素和维生素。碱蓬嫩茎叶可鲜食，也可干制，还可制成罐头。碱蓬的生长环境远离农田，没有农药化肥残留，是典型的绿色蔬菜，也是当地的一种传统野菜。如果将碱蓬进行改良培育，筛选出更适合食用的品种，作为一种盐碱地特色蔬菜种植，供应外地市场，应该有较好的前景。碱蓬籽中脂肪含量高，富含多种不饱和脂肪酸，营养价值高。碱蓬是盐碱湿地的优势植被，在黄河三角洲广泛分布。秋天气温降低，碱蓬中积累了高浓度的色素，使整株植物呈现鲜艳的紫红色，不仅是美化环境的绝佳植物，也是提取食用色素的良好资源。

1. 黄河三角洲耐盐药用植物资源的评价与开发利用

这是东营职业学院和东营市药品检验所联合承担的计划外科技攻关项目。该项目针对黄河三角洲地区耐盐药用植物资源进行评价，研究了本地区药用植物的开发利用价值，旨在促进黄河三角洲中药材生产向标准化、集约化、现代化、国际化方向发展。通过评价，研究者选择药用价值较高的耐盐物种，研究土壤含盐量对植物生长发育的影响。通过野外调查，选择优势单株进行人工驯化，筛选优良耐盐药用植物品系，研究耐盐药用植物的高效栽培管理技术，在保证药用成分含量符合国家质量要求的前提下，提高产量，扩大种植面积，充分提高盐碱地的产出效率，达到对盐碱地高效利用的目的。对培育出的优良耐盐药用植物的化学成分进行分析，对比人工种植和天然品种的成分差异，并与国家药典规范进行对比，为新品种的市场推广提供依据。研究者首次对耐盐药用植物进行了综合评价，包括表型评价、数量评价、药效评价，编制了《黄河三角洲耐盐药用植物图谱》，首次对耐盐药用植物柽柳、罗布麻和二色补血草进行了化学成分和生物活性分析。研究了耐盐药用植物高效栽培管理技术，提高了耐盐药用植物的产出效益，为充分开发利用耐盐药用植物提供了技术支撑。研究者分析了7种重要人工栽培耐盐药用植物的药用成分含量，完全符合国家药典标准或与有关文献一致。该团队与当地制药企业进行合作，运用人工栽培的耐盐药用植物作为原料，联合开发了新药物。该技术与国内同类技术相比处于领先地位。该团队还对黄河三角洲耐盐药用植物的可利用估量值进行了综合评价，选择可利用估量值较高的7种耐盐药用植物（益母草、罗布麻、柽柳、盐地碱蓬、二色补血草、茵陈蒿、甘草）进行了细致性状评价，包括表型评价、数量评价、药效评价等，并对7种耐盐药用植物进行了耐盐试验，包括种子、幼苗、大田试验，分析了7种耐盐药用植物不同发育时期的耐盐程度，通过提纯复壮、杂交育种、多倍体育种、无性繁殖等手段选育优良耐盐药用植物品种，再选育优良植株，形成2个优良品系，分别是茵陈蒿和盐地碱蓬。对7种耐盐药用植物进行了人工驯化栽培，根据国家GAP标准化生产规范，形成了耐盐植物优质高效栽培技术规程。对培育的优良耐盐植物进行了药用成分和化学活性分析，结果基本都符合国家药典标准或与有关文献一致，可以作为中药源植物加以利用。该团队与当地制药企业进行合作，利用本课题组研究出的栽培技术生产的耐盐药用植物联合开发新型中药。生产出的益母草、甘草、二色补血草、茵陈蒿已经被制药企业选择作为中草药加工的原料：以益母草为原料生产的中药有益母草颗粒，以甘草为原料生产的有胃灵颗粒，以甘草、益母草为原料生产的有妇月康胶囊，以茵陈蒿为原料生产的有小儿肝炎颗粒等。直接经济效益：该课题研究出的耐盐药用植物高效栽培技术大大提高了药用植物的亩产量，并且用该技术种植的甘草、益母草、二色补血草、茵陈蒿等药用成分高于或者不低于国家药典规定的标准或与相关文献基本一致。该项目执行三年来，7种耐盐药用植物种植领域已产生直接经济效益 1 586.47 万元，此外以选育的优良品系加工为产业制成的中成药制剂，3 年累计实现经济效益 2 723 万元，总体经济效益 4 309.47 万元，创利税 1 422 万元。

2. 黄河三角洲地区棉花牧草两熟配套技术

相关人员根据牧草和棉花的生育特点，充分利用气候和土壤资源，抓住冬闲田和春闲田闲置期，变一年一熟制栽培模式为"牧草 + 棉花"一年两熟制栽培模式。前茬种植牧草，牧草收割后抢茬播种棉花，通过改进耕作方式，实现了耕种管收全程机械化，提高了劳动生产率，增加了综合效益。目前，探索了两种棉花牧草两熟的种植模式，即饲用燕麦 + 短季棉、黑麦草 + 短季棉模式。黑麦草于上一年 10 月下旬播种，饲用燕麦于当年 2 月中下旬播种。棉花选用生育期较短、株型紧凑、开花结铃集中、适合机采的品种，一般在 5 月中下旬牧草收割后，实现无膜抢茬播种，10 月中下旬至 11 月上中旬进行机械采收。不仅提高了土地的利用率，提高了经济效益，有效解决了黄河三角洲盐碱地棉花一熟制模式经济效益低的问题，而且有效规避了不良天气的影响，最大限度地利用夏季高温、雨水充沛、适合棉花生长发育的气候特点，使棉花生长旺盛期集中在 6~8 月份，搭好丰产架子。秋季（9~10 月）秋高气爽，雨量减少，阳光充足，正是棉花结铃吐絮的关键期，无论是"黑麦草 + 棉花"还是"饲用燕麦 + 棉花"模式，经济效益都明显提高。据调查，棉花牧草两熟制栽培模式，可产干草每公顷 15 t 左右，牧草产值每公顷 15 000~20 000 元，棉花产值每公顷 15 000 元。扣除人工和各项物化投入，纯收入在每公顷 21 000 元左右，较一熟模式效益增长接近翻一番。棉花牧草两熟栽培方式凸显了生态效益，是传统种植方式的一大变革。牧草 + 棉花接茬种植，改善了土壤环境，有效解决了棉花单一种植重茬的问题；牧草收获后留茬秸秆及根系经腐熟后变为有机质，提高了土壤肥力，使土壤理化性状和病虫害的发生状况得以改善，肥料用量有所减少。棉花种植不再需要覆盖地膜，改传统的地膜棉为无膜棉种植，从根本上解决了地膜覆盖造成的土壤"白色污染"的问题。而且，由于棉花晚播，减弱了蚜虫和三代棉铃虫的危害，减少了农药施用量，为盐碱地生态植棉闯出了环境生态友好型、可持续发展的路子。棉花牧草两熟第一次把牧草种植和棉花种植有机结合，实现了草畜一体化、种植和养殖产业一体化的结合。该模式对农村饲用燕麦栽培利用与生态植棉模式发展都具有指导和示范作用，对提高农民植棉积极性、有效填补畜牧业饲草缺口、推动农业产业转型升级、实现牧草产业和棉花产业的绿色发展都具有重要意义。

二、黄河三角洲的牧业生态产品

随着黄河三角洲高效生态经济和国际绿色产业示范区的建设，政府把种草养畜作为畜牧业的主攻方向，突出发展饲草饲料作物，实施种养结合，积极营造具有黄河三角洲特色的现代畜牧业发展新格局。将资源高效利用和生态环境改善作为主线，对畜牧业发展提出了新要求，"高效、生态"成为黄河三角洲地区畜牧业发展的必然方向，大力发展集约化、规模化的养殖基地，推动循环种养、生态养殖有机结合是当前黄河三角洲地区面临的重要任务。种草养畜已成为黄河三角洲地区农业结构调整的重点和农民增收的亮点，也是生态畜牧业的主体。畜牧业的迅猛发展，在解决城乡居民的肉、蛋、奶供给，促进生态农业发展，增加农民收入等方面起了很大的作用。但是畜禽养殖过程中产生的粪便、污水、病死动物等废弃物的不当处理对环境造成的污染日益威胁着人民群众的安全与健康。

1. 黄河三角洲发酵床养殖技术的应用

发酵床养殖技术是一种应用生物手段实现畜禽粪尿零排放、无污染的环保型养殖技术。通过垫料与畜禽粪便协同发酵，能快速转化粪尿等养殖废弃物，消除恶臭。同时，垫料中的有益微生物菌群能将垫料、粪便合成为可供畜禽利用的糖类、蛋白质、有机酸、维生素等营养物质，达到抑制病原菌、增强抗病能力、促进动物健康生长的目的。该技术中独特的棚舍结构和新颖的发酵床结构设计、土著菌菌种的采集和扩繁、植物营养液的制作和保存、有机垫料的配置以及发酵床的菌床管理等整套技术，发展养殖业与保护生态环境的和谐一致得以实现。其中，发酵床养猪技术已发展成为一种非常成功的养殖模式，且已获得了大面积推广。发酵床肉鸭养殖技术借鉴了发酵床养猪技术，在厚垫料中添加了有益微生物，微生物利用垫料和鸭粪尿中的有机营养物质进行发酵生长和繁殖，不仅产生了热量维持鸭舍温度，还通过竞争抑制了舍内或垫料粪便中的有害菌的滋长，既促进了肉鸭健康，又提高了饲料转化效率。微生态发酵床养殖可使养殖中产生的粪尿、有机物垫料、废弃饲料中的有机成分被充分分解、转化、利用，使圈舍中无臭气，畜禽生存环境得到优化；分解后的垫料中含有丰富的有机肥源，可作为农作物、蔬菜等的优质有机肥料。由此可见，在发酵床养殖过程中，所有的污染物都在养殖阶段被降解消纳，从而实现了污染物的零排放。

2. 黄河三角洲奶牛高效生态养殖技术体系建立与推广

山东省滨州畜牧兽医研究院以山东省现代农业产业技术体系牛产业创新团队滨州综合试验站为载体，结合农业技术推广项目联合完成。项目区完成了滨城区光景奶牛专业合作社、邹平县长山镇仁马牧场、垦利区德胜奶牛养殖专业合作社、武城县富民奶牛养殖专业合作社等 36 个奶牛养殖场高标准化基础设施改造。项目建设区域存栏 300 头以上的场户 126 个，改扩建饲养设施 348 088.4 m^2、办公防疫设施 34 180 m^2，建设青贮池和沼气池 123 011 m^3，购置 TMR 混合机、乳成分分析仪、数字化建设等设施设备 1 653 台（套、个），饲草基地建设达 1 446.7 hm^2。截止 2014 年底，全区域奶牛存栏达 13.5 万头，比项目实施前提高了 46.21%。通过对规模牛场标准化改扩建，使规模场养殖规模不断提高。通过推行"退院进区、组建牧场"（即各项目单位通过扩建养殖场区，吸引散养户进入场区，由一家一户进场区分别饲养转变为对奶牛统一饲养管理，奶牛所有权归属各养殖户的模式），整合了小规模散养户。通过以上措施，项目建设区域奶牛规模化养殖比例超过了95%。新建各类挤奶厅（站）124处，通过完善挤奶厅、冷藏运奶车等服务设施，配套机械挤奶、冷藏罐储藏等措施，有效保障了乳品质量，鲜奶优质率提高了3.8%。项目通过引进实用新技术，大大提升了项目建设区域奶牛生产水平与效益。截至目前，全区域奶牛良种覆盖率超过95%，产奶牛平均年单产达到6.85 t，比项目实施前提高了13.2%；奶料比达到1:2.87，比项目实施前降低了10.31%。通过项目实施，建立健全了县、乡、村三级动物防检队伍，普查了区域内主要动物疫病的现状，建立了动物疫病档案，制定了动物疫病防治规划，健全了动物疫病监测体系，使得项目区奶牛口蹄疫、乳腺炎等疾病发病率比项目实施前降低了4%。项目区提高了奶牛产业标准化、规模化、现代化程度，项目区规模场实现畜禽良种化、生产规范化、粪污无害化处理。该成果的推广应用显著提高了奶牛养殖户的饲养管理水平，不仅充分挖掘了奶牛生产性能，显著提高了其生产效益，而且还为乳产品加工企业提供了优质奶源，为广大消费者提供了无公害乳产品。项目的顺利实施，为畜牧科技推广起到了示范作用，为产业发展奠定了基础。对于确保乳产品有效供给、促进农民持续增收、优化农业结构、改善国民身体素质具有特殊且重要的意义。

3. 黄河三角洲盐碱地区饲草高效利用与沂蒙黑山羊养殖技术

黄河三角洲盐碱地区域土地和饲草资源丰富，比如紫花苜蓿、白茅、芦苇、皇竹草、苏丹草等植物都是优质的饲草资源，非常适合发展草食动物养殖。然而黄河三角洲盐碱地区域由于缺乏科学的肉羊养殖和饲草高效利用技术，肉羊产业发展相对滞后，饲草资源得不到高效利用。作为山东省地方优良羊种，沂蒙黑山羊属肉、绒、皮兼用型，耐粗饲、适应性强、抗病性强、皮板质量优，适宜放牧或放牧为主、舍饲为辅的养殖模式。研究表明，作为山东省优质地方山羊品种，沂蒙黑山羊生产性能优良，肉品营养丰富，瘦肉率高，肉质较嫩且易于吸收。近年来，山东农业大学动物科技学院和山东省动物生物工程与疾病防治重点实验室依托山东省重点研发项目，开展了盐碱地区草食动物品种筛选、引进与高效养殖研究，取得了阶段性成果。结合三角洲盐碱地区域丰富的饲草资源，以沂蒙黑山羊为例，总结盐碱地区域养羊生产管理规范，在不影响生态环境的前提下，合理利用盐碱地饲草资源，以促进三角洲区域资源绿色开发和生态高效利用。

4. 黄河三角洲盐碱地区德系长毛兔生态养殖技术

黄河三角洲盐碱地区土壤和饲草资源丰富，适合发展草食动物养殖。随着国民消费水平的提升以及近年来兔毛市场的回暖，长毛兔养殖前景乐观。长毛兔属于典型的草食动物，能充分利用非常规饲料，节粮节地，且饲料消化率高，能充分利用黄河三角洲盐碱地区充足的饲草资源，比如碱蓬、狼尾草、獐毛、田菁、芦苇、高粱、玉米、苜蓿等；另一方面，长毛兔养殖产生的排泄物可经无害化处理后，用作有机肥，通过还田用于盐碱地土壤改良，走种植、养殖一体化发展模式，实现资源高效、循环利用，有利于可持续发展。我国是世界上的家兔养殖大国，山东省是我国家兔生产第二大省，德系长毛兔作为近年来最受欢迎的毛兔品系，发展前景乐观。德系长毛兔有重要的经济价值，饲喂经济效益高。根据黄河三角洲植被和饲草资源的特点，从长毛兔选育、兔场建设、不同发育阶段长毛兔饲养管理、疫病防控等方面，总结分析黄河三角洲盐碱地区德系长毛兔的科学饲养方法，以促进当地粮改饲进程；同时，将长毛兔养殖过程中产生的排泄物还田，形成有机肥，用于盐碱地土壤改良，实现种养结合，形成绿色开发、种植-养殖循环发展模式，促进土地和饲草资源的高效生态利用，使之成为山东省黄河三角洲盐碱地区新旧动能转换示范区，将带来巨大的经济效益和社会效益。

三、黄河三角洲的渔业生态产品

1. 黄河三角洲滩涂经济贝类高效产出模式

文蛤是黄河三角洲滩涂名优贝类，自古以来就是黄河三角洲海域的地理标志产品。目前文蛤主要分布于渤海湾南岸区域，在潮间带和潮下带均有分布，潮间带主要以幼体为主，数量巨大；潮下带以成体为主。青蛤在黄河三角洲滩涂分布较少，价格较高，是黄河三角洲滩涂的特色经济种，在各个生产区域的潮间带均有发现，主要分布于高潮区和中潮区。其分布特点是栖息密度和生物量较低。四角蛤蜊是黄河三角洲滩涂产量和产值最高的经济贝类，在黄河三角洲贝类产业中占据最重要的地位，主要分布于潮间带中潮区和低潮区，在各个产区均有极高的栖息密度和生物量。

文蛤的潮间带生产以苗种为主，数量多少根据市场状况决定，没有季节性，很多时候存在过度开采的状况，容易造成资源退化。青蛤经济价值较高，由于分布于潮间带的高潮区和中潮区，渔船无法到达，只能人工采捕。其生长周期长，存量小，一次性的集中采捕后容易造成长期减产。四角蛤蜊的自然存量极大，由于在其分布区域渔船可以进行生产，捕捞效率高，产量巨大。但在目前的生产强度下，也容易采捕过度。

文蛤高效产出模式示范区选在渤海湾南岸潮间带的低潮区，面积为 20 hm²。2016年 5 月开始集中生产苗种前，文蛤的丰度和生物量分别为 648 个 /m² 和 632.48 g/m²，2016年 7 月经过集中生产后，其丰度和生物量分别为 368 个 /m² 和 407.76 g/m²，分别下降了 43.21% 和 35.53%。2017 年 5 月，经过近一年的休渔后，文蛤的丰度和生物量分别恢复为 616 个 /m² 和 744.24 g/m²，比上一年生产后分别上升了 67.40% 和 82.52%。文蛤理想的高效产出模式：每年的 4~6 月进行滩涂苗种的生产，6 月以后滩涂生产结束，至次年 4~6 月再生产。这种模式既能保证文蛤苗种的产量，又能保证资源量的稳定。

青蛤高效产出模式示范区选在莱州湾西岸产区潮间带的高潮区和中潮区，面积为 20 hm²。示范开始前，该区域未进行生产，对该区域进行调查后确定了青蛤的密度和生物量存量。示范开始后，于 2016 年 3~5 月进行集中采捕，5 月以后停止采捕。集中采捕后经过近一年的养护，对资源的恢复情况进行了评估。2016 年 3 月采捕前，青蛤丰度为 1.52 个 /m²，2016 年 5 月采捕后降低为 0.52 个 /m²。经过近一年的养护，2017 年 3 月丰度恢复为 0.96 个 /m²。2016 年 3 月采捕前，青蛤生物量为 16.07 g/m²，2016 年 5 月采捕后降低为 3.83 g/m²。经过近一年的养护，2017 年 3 月恢复为 7.72 g/m²。

经过养护，青蛤资源得到了一定的恢复。但与采捕前存在着一定的差距，表明青蛤资源的恢复需要更长的时间。

四角蛤蜊高效产出模式示范区选在莱州湾西岸产区潮间带的低潮区，面积 20 hm²。示范开始前，该区域于 2015 年进行了四角蛤蜊的集中生产，资源储量较低。于 2016 年 3 月中旬在示范区进行苗种投放，苗种规格为 1.8~2.4 cm。四角蛤蜊苗种投放后，及时跟踪其聚集区域和迁移动向，必要时进行疏苗工作。2016 年 5 月进行了密度和生物量调查，并进行了示范效果评估。结果表明，四角蛤蜊丰度由 98 个 /m² 增加到 488 个 /m²，增加了 3.98 倍；生物量由 557.12 g/m² 增加至 2 365.50 g/m²，增加了 3.25 倍，均有很大的增长。另外，对其壳长进行了测定，2016 年 3 月苗种平均壳长为 16.29 mm，2016 年 10 月，生长至 23.30 mm，离 30 mm 的商品规格尚有一定差距，表明苗种投放后在当年无法长成成体。2017 年 5 月又进行了四角蛤蜊规格的测定，所有个体壳长均在 30 mm 以上，平均壳长为 31.22 mm。2017 年 6 月对四角蛤蜊成体进行了采捕。四角蛤蜊采用大量苗种补充的模式，投苗时间应在每年的 3~4 月，投放苗种后应做好滩涂的护养，来年 5~7 月为收获季节。

由于黄河三角洲海域的各经济贝类的分布区域、生活习性、栖息密度、资源储量和容量均有很大差异，其高效产出模式也存在很大差别。该研究总结的各经济贝类高效产出模式均取得了较高的经济效益和生态效益，后期将在整个黄河三角洲海域继续推广应用，力争使贝类产业成为黄河三角洲海域"海上粮仓"建设的支柱产业。

2. 黄河三角洲地区黄河口大闸蟹生态养殖

大闸蟹，学名中华绒螯蟹，俗称河蟹、毛蟹，味道鲜美，营养价值高，为国家地理标志农产品。山东省东营市为黄河口大闸蟹的主要养殖地，自 1993 年开始大面积养殖，目前黄河口大闸蟹精养面积约 0.48 万 hm²，产值 0.62 亿元。黄河入海口现有湿地、池塘等近 2 万 hm²，若干区域符合大水面养殖的天然条件，水体环境优良，天然腐殖质含量高，水体有机质丰富，因此，适合发展大水面水产养殖。养殖试验地点选择在黄河口以南的大水面池塘中进行。试验池面积约 3.5 hm²，水质良好，无污染，符合国家渔业用水标准。

（1）大型水生植物的移植：大型水生植物是淡水生态系统的重要组成部分，不仅具有较高的生产能力，而且具备很强的环境生态功能。它能保持水质清澈和提供复杂多样的环境条件，为水生动物的栖息和繁殖提供必要的环境。池塘中原有少量的大型水生植物，3 月上旬开始，在附近池塘或湿地找取足够的轮叶黑藻和伊乐藻，按 4 株/m² 的密度布于养殖池中。因某些区域原有大型水生植物，因此要注意分布均匀，将生物量控制在 300 g/m²（湿重 3 t/hm²）。

（2）扣蟹的投放：3 月中旬，将准备好的扣蟹均匀撒入池塘中，扣蟹规格在每 kg120~160 只为最佳，投放密度控制在每 hm²7 500~9 000 只。

（3）螺蛳投放：螺蛳，是方形环棱螺（*Bellamya quadrata*）及其同属螺类的俗称，是黄河口大闸蟹的优良饵料。试验自 3 月上旬至 3 月中旬扣蟹苗种投放前，将螺蛳投放到养殖池中。单个螺蛳壳长约为 1 cm，鲜重约 1 g。投放密度为 600~800 个/m²，重量为 600~800 g/m²。

（4）水质调控：水质调控使用泼洒微生态制剂的方式进行。根据水质情况，每 10 d 泼洒 1 次，选择阳光较好的上午进行，时间在 8:00~10:00。在该时间段泼洒微生态制剂，随着温度和光照的增强，有利于有益微生物菌群尽快发挥作用。pH 值的波动为是否该泼洒微生态制剂和泼洒多少的重要依据。通过水质调控，使 pH 值维持在 7.5~8.0 之间。另外，降雨后要及时泼洒微生态制剂。每次微生态制剂的使用量根据实际情况确定，一般约为 2.5 kg/hm²。

（5）育肥：大闸蟹在前期以水草和螺蛳为主要食物，随着规格的增大，需要投喂其他的饵料进行育肥，保证其品质。进入 5 月后，移植的水草被食用约 1/2 时，开始投喂配合饲料，投喂量为 7.5 kg/hm²。

从大闸蟹第 3 次蜕壳开始，需要精细投喂其他饵料进行催肥。6 月中旬，从大闸蟹第 3 次蜕壳开始，每天投喂 1 次煮熟玉米粒，投喂量为 4 kg/hm²，直至 9 月下旬收获。从 7 月下旬大闸蟹第 4 次蜕壳开始，每天投喂 1 次小黄鱼（冰冻保鲜），投喂量为 40~60 kg/hm²，直至 9 月下旬收获。这些饵料的投喂可以保证大闸蟹在快速生长时的能量需求，从而保证产品的品质。

（6）大闸蟹生长情况的监测：在黄河口大闸蟹饲养过程中，应密切关注大闸蟹的规格及健康状况。需要每天进行巡塘，观察大闸蟹的动态。25~35 d 进行 1 次大闸蟹体质量的测量，测量时随机挑选 10 只，称取各自体质量，取平均值。

（7）收获情况：9 月下旬至 10 月初，为黄河口大闸蟹的收获季节。一般采用灯光诱捕、池塘内放网和池塘排水捕捉 3 种措施进行收捕。根据实际情况选取最适宜的方式进行捕捞。捕捉的成蟹应经 2 h 以上的网箱暂养，再进行包装和销售。该试验中，大闸蟹产量约为每 hm² 500 只。

第三节 黄河三角洲文化生态产品

一、黄河三角洲生态旅游概况

生态旅游是为了解当地的文化和自然历史知识，有目的地到自然区域的旅游。这种旅游活动的开展，在尽量不破坏生态系统完整性的同时，创造经济发展的机会，让自然资源的保护在财政上使当地居民受益。湿地旅游属于生态旅游的一个组成部分，以具有观赏性和可进入性的湿地作为旅游的目的地，是一种对湿地景观、物种、生态环境、历史文化等进行了解和观察的旅游活动。国家公园特许经营是指在不破坏生态与环境资源的前提下，为提高公众生态旅游、环境宣教质量，由政府经过竞争程序优选受许人，依法授权其在政府管控下开展规定期限、性质、范围和数量的非资源消耗性经营服务活动，并向政府缴纳特许经营费的过程。它以导游服务、装备供给、餐饮、住宿和零售为主，对地方居民就业和经济发展有明显的带动作用。

黄河三角洲国家地质公园位于东营市东北部，是一处河流及地貌景观地质公园，于2006年9月3日正式开园，至此结束了我国无"河流三角洲"类型的地质公园的历史。总面积1 530 km²，主要地质遗迹面积520 km²，分为南北两个区域。按照地质公园的类型划分，该处属于水体景观中河流及地貌景观地质公园。黄河三角洲国家地质公园内的主要地质遗迹有河流地貌景观、沉积构造以及古海陆交互线遗迹。目前，黄河三角洲湿地生态旅游主要景区——黄河口旅游区是山东省八号旅游区，也是山东省建设的第六条特色旅游线路，是东营市重点建设的三大旅游区之一，以生态为特色、绿色为主题，开发前景广阔。2010年签约的东营湿地公园生态旅游项目于2015年建成，集生态、文化、养生、休闲、度假于一体，集中展现了黄河文化、石油文化、湿地文化，韵味十足。园区内有孤东海堤、丛式井架、海上钻井和采油平台、黄河三角洲湿地博物馆、黄河水体博物馆、胜利油田科技展览馆、天鹅湖、清风湖、亚洲最大的人工刺槐林场等自然和人文景观。黄河三角洲湿地加入了湿地国际亚太组织"东亚—澳洲涉禽保护区网络""东北亚地区鹤类保护区网络",在海内外具有较高知名度,每年吸引数百万旅游者前来观光、休闲,创造了可观的经济效益和社会效益,促进了当地经济社会的综合发展。黄河口旅游区主要包括黄河三角洲自然保护区以及周边的缓冲区,缓冲区内划分成沼泽湿地生态区、海滩湿地观光区、槐林生态接待区、芦苇湿地观鸟区、新国土观光区 5 个游览区。位于黄河入海口南岸边的黄河口旅游综合服务中心,是集游船码头、游客中心、汽车营地、休闲木屋四大功能于一体的旅游基础设施,项目占地面积 8.3 hm²,总建筑面积 8 458 m²。游客中心主体建筑——生态之盒远望楼,由同济大学建筑设计研究院设计,建筑面积 6 670 m²,工程造价 4 600 万元,是集餐饮、游船、观光、展览、纪念品销售等多功能于一体的综合性建筑,是黄河口生态旅游区的新地标。黄河三角洲湿地最佳旅游时节是每年的夏秋两季,这段时间景区内植被最茂盛,景色最壮丽。游客峰值出现在"十一"黄金周期间,占全年游客量的 40% 左右。游客主要以自驾游方式为主,小部分游客选择以黄河三角洲湿地为一个景点的旅游产品。以下为黄河三角洲旅游产品类型。

1. 湿地观光旅游

黄河三角洲湿地自然资源丰富,人文古迹荟萃,是观光游览的理想之地。区域内湿地类型丰富,黄河入海,长河落日,烟雨蒙蒙,芦花飞雪,狐兔出没,鱼翔鸟鸣,万顷人工刺槐林、天然柽柳林、浩浩芦苇荡、茫茫白滩地,构成了"新、奇、野、旷、幽"的迷人景色。加上三角洲淳朴的民风、多彩的乡土文化、充满魅力的油田景观,为开展湿地观光旅游奠定了良好的资源基础。除欣赏迷人的自然景色之外,适宜开发游客体验性强、对生态环境影响弱的森林狩猎、观鸟、滑草、泥疗、冲浪、林间野营、观海潮、苇丛荡舟、竹林挖笋、品尝野生果实、赶海拾贝、观夕阳盛景、海岛探幽、篝火晚会等旅游产品。

2. 湿地休闲度假旅游

立足于黄河三角洲丰富的湿地旅游资源,开展插柳枝、赏莲花、采莲子、挖莲藕、捡文蛤、拾泥螺、捉小蟹、捕鱼虾、冲海浪、尝野果、放风筝、品渔家美食、体验渔家生活等赶海旅游项目。同时，依托黄河三角洲现代高效生态农业园，开展田间耕作、捕鱼摘果、品乡村特色美食等富有当地特色的乡村旅游项目。

3. 湿地康体养生旅游

依托空气清新、水质清澈的良好湿地生态环境，重点开发温泉疗养、沙滩排球、泥疗保健、SPA疗养、徒步旅游、越野训练、快艇冲浪、水上跳伞、水上热气球、花样滑水、夜幕垂钓、寺庙养身旅游、自行车旅游、森林生态旅游等旅游项目，为热爱户外健身运动的旅游者提供绝佳之处。

4. 湿地文化旅游

黄河三角洲历史悠久，文化厚重，名人荟萃，古齐文化、孙子文化、石油工业文化博大精深，剪纸、泥塑、木版年画等民间艺术精彩纷呈，宋代大殿、魏氏庄园、孙子兵法城、范公祠、醴泉寺、鹤伴山、碣石山、海丰塔、杜受田故居等文化景区不胜枚举。要充分依托以上文化和历史名人资源，开发文化旅游，设计多条湿地文化旅游线路，使湿地自然景观与历史文化景观充分融合，相得益彰，形成叠加吸引力，提升湿地生态旅游的品位。

5. 湿地科普旅游

保护湿地，人人有责。黄河三角洲是天然博物馆，是对游客进行自然保护、湿地价值科普的大课堂。可开发湿地观光农业、水生动植物乐园、观鸟比赛、生态科普教育等富有特色的旅游产品，针对学生群体普及湿地知识，加强环境教育，寓乐于学。同时，针对专业科考人员开展相应的湿地探险、参观考察、标本采集等项目，让大家认识湿地，研究湿地，更好地保护湿地。

6. 特色海滨湿地旅游

开发港口运输、盐场制盐、海产品加工、蔬果加工等旅游项目。通过举办孙子文化旅游节、沾化冬枣节、湿地养生节、观鸟节、滩涂旅游节等，形成独具特色的海滨湿地生态旅游项目。

二、黄河三角洲生态旅游开发中存在的问题

1. 旅游路线设计不合理

当前景区的路线是在油田开发时所用路线的基础上铺设的，未考虑游客的游览需求。尤其自驾游的游客在景区内需重复往返于停车场和主要景点间，因此旅游旺季时易发生拥堵的问题。并且，景区内没有专门管理人员和警示标识，随意停车等现象严重，增加了游客受伤的可能性。

2. 基础设施不完善

黄河三角洲周边居民在当地的旅游开发过程中处于被动状态，参与人数少，对当地旅游规划项目了解较少。目前景区外围没有餐饮和住宿设施，游客的就餐问题难以解决。居民在路边随意叫卖当地农产品，饭店以个体经营为主，难以保证质量。景区内缺乏员工，如环保工作人员，以及对游客进行疏导的服务人员。

3. 多头管理，开发与保护矛盾突出

黄河三角洲是一个新生的湿地生态系统，是以新生湿地系统和珍稀、濒危保护鸟类为主体的国家级自然保护区，在生物多样性保护、科学研究以及科普教育方面都有十分突出的价值。旅游价值也非常可观。但由于其环境的原始性和生态脆弱性，抵抗人类活动干扰的能力弱，自我恢复能力差，一旦被破坏，将会造成不可挽回的损失。同时，黄河三角洲湿地生态旅游开发多强调经济效益，开发过程中生态保护意识不足，法律法规不健全，管理机制不完善，缺乏生态监测控制。

三、黄河三角洲生态旅游发展的对策与建议

1. 完善路线，加强服务管理

完善景区内道路的建设，能够单向循环，以提高游客游览效率。可以采用圆环式设计，让游览的进出口、停车场相临，但并不相互影响，充分考虑游客的游览体验。

路线设计避免横穿某个区域,减少游客和野生动植物直接接触的机会,进而达到旅游和保护兼顾的目的。在景区内增加导览等服务人员,既可以增强对游客行为的监管,又能提供更加人性化的服务。

2. 整合旅游资源,提高居民参与度

旅游开发以政府为主导,应树立居民参与旅游开发的意识,结合实际情况建立居民参与机制。景区内需要服务人员为游客提供一些必要的服务,如停车场的维护、景区环境的维持、景点秩序的维护等。景区外采取湿地生态旅游环境社区共管模式,在景区外建立专门的区域,为游客提供高质量的餐饮及住宿服务。把当地的饮食文化和旅游资源相结合,能持续利用当地的资源,减少对湿地的破坏。集体安排活动有利于对商户进行监管,保证服务质量,还能为当地居民提供工作岗位,促进当地经济的发展。

3. 理顺管理体制,落实重点保护

黄河三角洲湿地生态旅游开发涉及林业、环保、农业、建筑、园林、文化、旅游等多个部门,各部门间壁垒严重,应打破本位主义框框,形成良好的合作协调机制,对黄河三角洲自然保护区核心区要坚持保护,缓冲区按照严格的规定进行限制的开发。

本章小结

本章简要介绍了生态产品的概念类型和功能,并对黄河三角洲地区的各类生态产品进行了综述。物质原料生态产品包括农业生态产品、牧业生态产品和渔业生态产品,文化生态产品方面主要介绍了黄河三角洲国家地质公园生态旅游项目的建设成绩和存在的问题。

（本章执笔:贺同利、刘建）

第八章
结论和建议

本书依据研究团队 60 多年来的调查研究资料和数据，以及大量的相关研究文献，对黄河三角洲生物多样性的主要类别及现状、分布与特征、功能与价值等进行了总结、分析与评价，对今后的保护、恢复和发展提出了建议。现将主要结论和建议总结如下。

第一节　主要结论

1. 黄河三角洲及其生物多样性具有重要的生态地位和价值

黄河三角洲地理位置独特，是我国暖温带河口湿地的典型代表，生物多样性丰富，生态地位重要，生态价值极高。①拥有中国暖温带最年轻、最完整的河口三角洲湿地生态系统，具有原真性、典型性和完整性；②拥有河口三角洲最典型的湿地植被类型，是东北亚内陆和环西太平洋鸟类迁徙重要的停歇地、越冬地和繁殖地；③ 保护区内的湿地生态系统和自然景观多处于自然状态，是难得的观测和研究生态系统形成、维持、变化等的天然实验室和生物多样性博物馆；④湿地及其生物多样性具有国际地位和意义；⑤黄河三角洲湿地具有不稳定和脆弱的特点，生物多样性受到自然和人为的双重威胁，加强保护势在必行；⑥国家级自然保护区的建立使得生物多样性和生境受到严格保护，成效明显，为黄河口国家公园建设打下了坚实基础。

2. 黄河三角洲的植物和植被多样性丰富，具有盐生和湿生特色

受黄河来水和海潮的共同影响，黄河三角洲地区土壤盐渍化较为普遍，自然植被以盐生草甸、盐生灌丛和盐地沼泽植被为主，物种组成相对简单，目前调查记录的自然分布的维管植物有 380~400 种。盐生和湿生种类丰富。优势特色植物有盐地碱蓬、芦苇、白茅、獐毛、柽柳、旱柳等，稀有种类有野大豆、补血草、罗布麻、蒙古鸦葱、白刺、甘草、草麻黄等。有 6 大植被型和 30 多个群系，以盐生灌丛、草甸、沼泽等

隐域植被为主，还有少量水生植被。林地主要是自然的旱柳林和人工刺槐林；灌丛以耐盐碱的柽柳灌丛最为普遍和典型；草甸以盐生草甸为主，也有少量典型草甸，前者主要是盐地碱蓬草甸、獐毛草甸、罗布麻草甸，后者有芦苇草甸、白茅草甸、荻草甸等；沼泽植被包括靠近沿海滩涂的盐地沼泽，如盐地碱蓬盐沼、互花米草盐沼，以及河边、湖边的淡水沼泽，如芦苇沼泽和香蒲沼泽；在常年积水的河沟、池塘、水库等分布着水生植物群落，以苦草＋黑藻群落和眼子菜群落为主，富营养化的水体常有浮萍群落生长，眼子菜群落在池塘边缘、小河等浅水中较为常见，莲群落多为人工栽培。

3. 黄河三角洲的动物多样性以鸟类为主要类型和特色

黄河三角洲的动物多样也极为丰富，包括无脊椎动物和脊椎动物两大类，其中鸟类最为重要和具有特色，也是国家级自然保护区重点保护的对象。黄河三角洲已成为东方白鹳、丹顶鹤、黑嘴鸥、白鹤、大天鹅、卷羽鹈鹕等濒危保护鸟类的越冬、繁殖和迁徙地，国际影响力越来越大。本书作者还对黄河三角洲大型底栖动物进行了研究。黄河三角洲秋季大型底栖动物的多样性指数和丰富度指数显著高于夏季，综合夏、秋季环境因子对大型底栖动物不同生活类型和功能摄食类群的影响分析发现，生境中植被盖度是影响黄河三角洲大型底栖动物群落结构的重要因素。植物与底栖动物的关系十分复杂，不仅植物凋落物可以影响大型底栖动物的群落结构，植物物种和盖度的差异也能引起水中碳、氮含量，pH 和溶解氧的变化，进而使得大型底栖生物的群落结构根据水环境适宜性产生差异。

4. 生态系统多样性具有特殊性，土壤微生物具有很高的多样性

黄河三角洲的生态系统类型以湿地生态系统为主，其典型性、原真性和完整性是河口湿地中少有的。此外也有林地、草地、灌丛、农田等类型。本书还特别关注了土壤微生物多样性，从 3 个方面探讨了春、秋季黄河三角洲湿地典型植被不同深度的土壤微生物多样性：功能多样性、结构多样性和遗传多样性。研究表明，微生物群落功能多样性的特征集中表现为随着植被演替的进行，微生物群落表现出相应的有规律的变化。土壤微生物生物量碳、基础呼吸以及 AWCD 值均表现出增大的趋势，反映

了微生物群落利用土壤中不同碳源的能力逐步提高,生物量逐渐增大。从多样性指数角度看,春季光板地土壤微生物群落 Gini 均匀度指数明显大于其他各植物群落,秋季不同植物群落的土壤微生物 Gini 均匀度指数并没有明显的变化趋势,说明尽管不同植物群落或者不同深度的土壤环境影响着微生物生物量、利用碳源的能力和代谢活动,但对微生物群落多样性指数所表征的功能多样性的影响却不明显。微生物群落结构多样性特征为:随植被演替的进行,春季各植物群落下土壤中不同深度的细菌、真菌总量均表现出先减小后增大的趋势,而秋季不同深度的细菌、真菌总量基本呈逐渐增大的趋势。通过微生物群落遗传多样性分析得知,理论上,研究区域内各种典型植被下的土壤中细菌种类为 3 861~5 437 种。研究发现,表征微生物群落活性和数量的指标与植物群落多样性指数以及土壤有机质(SOM)含量均呈极显著正相关($P < 0.01$),与全氮(Nt)含量呈显著正相关($P < 0.05$),与土壤电导率(EC)和 pH 均呈极显著负相关($P < 0.01$)。植物群落的改变引起了土壤中凋落物质和量的变化,微生物主要以植物残体为营养源,随着植物群落演替的进行,持续的脱盐碱使得土壤有机质更加丰富,变得更适宜微生物群落的分解活动,微生物群落数量和活性的提高又进一步增强了湿地生态系统中植被与土壤间的稳定性。

5. 湿地生态系统在时间和空间上处于不间断的变化中

研究表明,1992~2010 年间,研究区湿地发生了明显的时间和空间变化,黄河三角洲土地利用格局呈现出人工湿地增加、天然湿地减少、非湿地基本稳定的态势。景观格局变化最明显的区域集中在三角洲的北部、东部滨海地区以及中东部平原地区。北部及东部滨海地区景观变化显著的原因是人类对滨海地区草地、滩涂及未利用地的大量开发。东部平原地区变化显著则是因该区为东营市所在地,是城市扩展所致。西部及南部多为耕地,景观变化不明显。2010 年黄河三角洲湿地生态服务功能总价值为 156.85 亿元,单位面积生态功能价值高于全国及全球平均水平。不同生态功能具有不同的价值。在评估的 10 项生态服务功能中,以物质生产功能和降解污染物功能的价值最大,其次是蓄水调洪功能和生物栖息地功能,再次是气候改善、保护土壤、旅游休闲、教育科研及成陆造地功能。不同湿地类型具有不同的价值。从总价值上来看，自然湿地价值远高于人工湿地的价值。从单位面积价值来看，人工湿地的单位面积价值高于自然湿地的单位面积价值。

6. 黄河三角洲生物多样性的生态服务功能和价值研究值得关注

结合能值分析，对黄河三角洲典型城市东营 2009 年和 2015 年的生态系统服务进行量化，结果表明，基于能值理论评价的东营各类生态系统服务的能值以及总能值都呈现下降趋势，反映出东营的生态系统服务能值在减少，只有水源涵养服务的能值明显增加，但这其中很大一部分原因是 2015 年的降水量高于 2009 年。基于对东营复合生态系统能值分析评价结果中的能值货币比，对东营各类生态系统服务的能值货币价值以及总价值进行核算，结果表明，东营土壤保持和养分保持的能值货币价值呈现减少趋势，而固碳释氧、水源涵养的能值货币价值以及东营生态系统服务总能值货币价值呈现上升趋势。可以看出，与 2009 年相比，2015 年东营生态系统服务的能值量总体上是下降的，而基于 2009 年不变价对东营生态系统服务的价值量进行核算的结果却显示，2015 年东营生态系统服务的价值与 2009 年相比反而有所上升，表明东营生态系统服务的量在减少，但价格在上升，这在宏观经济价值层面上反映出生态系统服务正在变得越来越珍贵。

7. 生态产品价值实现是未来关注的热点

黄河三角洲的资源植物较多，具有显著的经济价值和广阔的应用前景。如芦苇可造纸、盖屋、制作苇板、作为生物质能原料等，已经形成了很多特色产业；柽柳可编筐、观赏、制作生物炭等；野大豆是栽培大豆育种的重要种质资源；罗布麻、补血草可入药。同时，这些植物在黄河三角洲分布广泛，具有重要的生态价值。丰富的资源植物和可观的资源量是区域高质量发展重要的自然资本，可以开发生态产品。黄河三角洲可以开发的生态产品包括农业生态产品、牧业生态产品、渔业生态产品、生态旅游产品等。

第二节 展望与建议

　　随着黄河流域生态保护和高质量发展上升为重大国家战略，生物多样性的保护和提升也纳入国家和区域议事日程，加快和加强黄河三角洲地区，特别是黄河口国家公园区域的生物多样性基础研究越来越重要。根据我们的研究和有关文献，提出以下观点和建议。

一、展望

　　黄河流域重大国家战略的实施与黄河口国家公园的建设，为生物多样性研究带来了新的机遇。与生物多样性保护、生态恢复、自然保护地管理、自然资源可持续利用、碳达峰与碳中和等相关的研究已成为社会各界共同关注的热点。今后关注的重点和热点可能有以下几方面：①黄河三角洲生物多样性的编目和数据库，目前尚缺乏；②生物多样性的形成、维持与丧失机制和原因，这方面的工作已有很多，但深度和广度明显不足，尤其是生态系统方面的研究还不够，河海交错带的生物多样及其关系和规律研究是今后关注的重点；③生物多样性红色名录的编制，包括物种、植被类型、生态系统、景观等不同层面；④珍稀濒危物种的保护技术、生物多样性保护对策与具体方案；⑤生态系统的服务功能和生态产品价值实现途径，这是新的研究领域和目标，需要加强；⑥长期定位观测，需要建立固定大样地进行长期监测，提供连续、系统的数据；⑦生物多样性与"双碳目标"的实现；⑧外来有害物种的预防和治理机理与技术；⑨生物多样保护宣传教育和科普；⑩适于生物多样性保护的管理政策、办法等。

二、建议

1. 尽快完成黄河三角洲（特别是国家公园）的生物多样性编目和数据库

生物多样性编目和数据库是生物多样性保护的基本资料和信息，是在本底调查的基础上完成的。黄河三角洲地区的生物多样性编目和数据库建设已有很好的数据和资料基础，通过全方位、全类别、全年候的调查，3~5 年内可完成编目和数据库建设，建成黄河三角洲，特别是未来国家公园所需要的生物多样性大数据。根据调查和数据库，制定生物多样性红色名录，提出相应的保护对策。

2. 继续开展生物多样性的形成、维持与丧失机制和原因的研究

这方面的研究是生物多样性保护和生态恢复的基础，已有研究如鸟类多样性方面成果很多，但总体上深度和广度明显不够，特别是从生态系统角度和河海交错区的研究还很少，应该加强这方面的研究。生物多样性的形成、维持、丧失等与水盐关系密切，与人为活动的矛盾越来越突出，相关的综合研究还不足，这也是国家公园建设所需要的科学基础和依据。

3. 生态系统的服务功能和生态产品价值实现途径研究

生态系统服务功能是生物多样性研究的热点之一，近年来受到广泛重视。黄河三角洲特别是未来的国家公园，作为实施黄河国家战略的示范和引领，更应尽早、更多地开展相关研究，如生态服务功能有哪些，生态产品有哪些，如何实现生态产品价值，如何使生态产品更好地服务于幸福黄河等。

4. 开展长期定位观测研究，产出大数据、大成果

最近 20 年来，有关黄河三角洲的定位观测研究已有不少成果，但从先行、试点和示范角度讲，国家级自然保护区特别是国家公园建成后，必须建设自己的大样地，开展长期定位研究，包括对植物、植被、鸟类、土壤、水文、污染、人为干扰等进行多个方位的监测，产出大数据、大成果，为国家公园建设和国家生态保护战略提供必需的数据和依据。

5. 加强对互花米草等有害外来物种入侵机制和防治对策的研究

互花米草已经对黄河三角洲的生物多样性造成了多方面的危害，破坏了当地的植被和湿地生态系统，对贝壳类、蟹类等产生了不利的影响，影响了丹顶鹤等的觅食，降低了景观多样性等。这种危害往往是连锁的，甚至是不可逆的。采取科学、经济、可行的方式治理互花米草，既是当务之急，也是未来国家公园建设必须面对的重要任务。应对互花米草的生态危害，建议做好几点：一是加强对互花米草在新扩散地的生物学、生态学、生理学等方面的机制研究；二是长期监测和治理，密切关注其生长、扩散动态及趋势；三是采取科学、可行、经济的办法治理互花米草，淹水、人工清除、机械清除等办法在短期内是可行的，长期是否可行还要跟踪观测。

6. 珍稀濒危和关键物种的保护和生态恢复技术研究

黄河三角洲国家级自然保护区和未来黄河口国家公园的重要任务和目标是保护和提升生物多样性，具有国家、国际意义的物种、基因、生态系统等多样性的保护价值更高，保护难度也更大，开展相关的保护技术研究，制定相应的对策和方案非常迫切。

结束语

黄河是中华民族的母亲河，加强黄河流域生态保护与高质量发展事关中国生态文明建设大局、国家生态安全和中华民族的永续发展。2019 年 9 月，习近平总书记在黄河流域生态保护和高质量发展座谈会上强调，"要坚持绿水青山就是金山银山的理念，坚持生态优先、绿色发展，以水而定、量水而行，因地制宜、分类施策，上下游、干支流、左右岸统筹谋划，共同抓好大保护，协同推进大治理，着力加强生态保护治理、保障黄河长治久安、促进全流域高质量发展、改善人民群众生活、保护传承弘扬黄河文化，让黄河成为造福人民的幸福河"。他特别指出，"下游的黄河三角洲是我国暖温带最完整的湿地生态系统，要做好保护工作，促进河流生态系统健康，提高生物多样性"。2020 年 1 月，习近平总书记在中央财经委员会第六次会议上讲话时明确提出要"加快黄河三角洲自然保护地优化整合，推进建设黄河口国家公园"。2021年10月8日，中共中央、国务院印发了《黄河流域生态保护和高质量发展规划纲要》，其中明确了黄河三角洲在保护生物多样性方面的地位和任务。这些都为我们保护和提高黄河三角洲的生物多样性指明了方向和路径。黄河流域重大国家战略的实施与黄河口国家公园的建设，为生物多样性研究带来了新的机遇。研究黄河三角洲的生物多样性、生态服务功能、生态产品价值实现等具有重要的学术价值和现实意义。随着黄河国家战略的实施及国家公园建设的落实，黄河三角洲生物多样性的研究和保护将进入新的历史阶段，取得新的成就，早日实现习近平总书记"提高生物多样性"的要求和目标。

生物多样性是人类赖以生存和发展的基础，是地球生命共同体的血脉和根基，为人类提供了丰富多样的生产生活必需品、健康安全的生态环境和独特别致的景观文化。2021年10月，联合国《生物多样性公约》第十五次缔约方大会（COP15）在昆明召开，习近平主席做了题为《共同构建地球生命共同体》的主旨讲话，他深刻阐释了保护生物多样性、共建地球生命共同体的重大意义，阐述了中国经验和贡献，提出了4点建议，即坚持生态文明、坚持多边主义、保持绿色发展、增强责任心。习近平主席郑重宣布中国将持续推进生态文明建设的务实举措，为全球生物多样性治理指明了方向。2021年10月，中共中央办公厅、国务院办公厅印发了《关于进一步加强生物多样性保护的意见》，为我国今后的生物多样性保护确定了目标和任务。毫无疑问，生物多样性保护、研究和合理利用是全人类共同的责任和持久的任务。本书根据我们团队的研究和文献资料，对黄河三角洲的生物多样性及其生态服务功能做了系统论述，以期为黄河三角洲的生物多样性保护和提高提供第一手资料和科学数据，并对今后的研究热点、重点提出了我们的看法和建议。但是由于生物多样性极其复杂，面临的威胁不断增加，本书只是对前一阶段研究的总结，也是未来全面、系统、深入研究的开始。随着认识的提高、研究的深入，将会有更多人关注和参与生物多样性研究和保护，实现在发展中保护、在保护中发展，共建万物和谐的美丽家园的目标。

（本章执笔：刘建、王仁卿）

参 考 文 献

安乐生，周葆华，赵全升，等，2017. 黄河三角洲植被空间分布特征及其环境解释 [N]. 生态学报，
　　37(20): 6809 - 6817.

白春礼，2020. 科技创新引领黄河三角洲农业高质量发展 [J]. 中国科学院院刊，35(02): 138 - 144.

蔡学军，张新华，谢静，2006. 黄河三角洲湿地生态环境质量现状及保护对策 [J]. 海洋环境科学，25(2):
　　88 - 91.

曹铭昌，刘高焕，徐海根，2011. 丹顶鹤多尺度生境选择机制：以黄河三角洲自然保护区为例 [N]. 生态
　　学报，31(21): 6344 - 6352.

曹绪龙，吕广忠，王杰，等，2020. 胜利油田 CO_2 驱油技术现状及下步研究方向 [J]. 油气藏评价与开发，
　　10(3): 51 - 59.

曹越，侯姝彧，曾子轩，等，2020. 基于"三类分区框架"的黄河流域生物多样性保护策略 [J]. 生物多样
　　性，28(12): 1447 - 1458.

陈汉斌，郑亦津，等，1990. 山东植物志 (上卷)[M]. 青岛：青岛出版社 .

陈琳，任春颖，王宗明，等，2017. 黄河三角洲滨海地区人类干扰活动用地动态遥感监测及分析 [J]. 湿地
　　科学，15(04): 613 - 621.

陈瑞阳，2009. 中国主要经济植物基因组图谱 (第五册中国药用植物染色体图谱)[M]. 北京：科学出版社 .

陈彦闯，辛明秀，2009. 用于分析微生物种类组成的微生物生态学研究方法 [J]. 微生物学杂志，29(4):
　　79 - 83.

陈怡平，傅伯杰，2021. 黄河流域不同区段生态保护与治理的关键问题 [N]. 中国科学报，2021-03-02(7).

陈仲新，张新时，2000. 中国生态系统效益的价值 [J]. 科学通报，45(1): 17 - 22.

崔保山，贺强，赵欣胜，2008. 水盐环境梯度下翅碱蓬 (*suaeda salsa*) 的生态阈值 [J]. 生态学报，28(04):
　　1408 - 1418.

崔丽娟，2001. 湿地价值评价研究 [M]. 北京：科学出版社 .

崔丽娟，2004. 鄱阳湖湿地生态系统服务功能价值评估研究 [J]. 生态学杂志，23(4): 47 - 51.

崔丽娟，张曼胤，2006. 扎龙湿地非使用价值评价研究 [J]. 林业科学研究，19(4): 491 - 496.

戴星翼，俞后未，董梅，2005. 生态服务的价值实现 [M]. 北京：科学出版社 .

丁秋祎，白军红，高海峰，等，2009. 黄河三角洲湿地不同植被群落下土壤养分含量特征 [J]. 农业环境科
　　学学报，28(10): 2092 - 2097.

东营市人民政府，2019. 2019 东营年鉴 [M]. 北京：中华书局.

董金凯，贺锋，肖蕾，等，2012. 人工湿地生态系统服务综合评价研究 [J]. 水生生物学报，36(1)：109 - 118.

董林水，宋爱云，任月恒，等，2018. 黄河三角洲地区城市绿地鸟类多样性研究 [J]. 干旱区资源与环境，32(11)：156 - 162.

段菲，李晟，2020. 黄河流域鸟类多样性现状、分布格局及保护空缺 [J]. 生物多样性，28(12)：1459 - 1468.

段若溪，姜会飞，2018. 农业气象学（第三版）[M]. 北京：气象出版社.

段玉宝，田秀华，朱书玉，等，2011. 黄河三角洲自然保护区东方白鹳的巢址利用 [J]. 生态学报，31(03)：666 - 672.

段玉宝，田秀华，马建章，等，2015. 黄河三角洲东方白鹳繁殖期觅食栖息地的利用 [J]. 生态学报，35(08)：2628 - 2634.

范晓梅，刘高焕，唐志鹏，等，2010. 黄河三角洲土壤盐渍化影响因素分析 [J]. 水土保持学报，24(01)：139 - 144.

方精云，郭兆迪，朴世龙，等，2007. 1981 - 2000 年中国陆地植被碳汇的估算 [J]. 中国科学 (D 辑：地球科学)(06)：804 - 812.

方精云，朱江玲，王少鹏，等，2011. 全球变暖、碳排放及不确定性 [J]. 中国科学：地球科学，41(10)：1385 - 1395.

傅声雷，2020. 黄河流域生物多样性保护应考虑复杂的空间异质性 [J]. 生物多样性，28(12)：1445 - 1446.

高晓奇，王学霞，汪浩，等，2017. 黄河三角洲丰水期上覆水中 PAHs 分布、来源及生态风险研究 [J]. 生态环境学报，26(5)：831 - 836.

葛海燕，2012. 黄河三角洲自然保护区湿地恢复对鸟类的影响 [J]. 山东林业科技，42(05)：30 - 33, 21.

谷奉天，1986. 现代黄河三角洲草地资源与演替规律 [J]. 中国草原与牧草，3(4)：35 - 18.

郭健，于礼，董新光，2006. 孔雀河流域平原区土地利用覆盖变化及生态服务价值分析 [J]. 新疆农业科学，43(4)：260 - 263.

郭卫华，2001. 黄河三角洲及其附近湿地芦苇种群的遗传多样性及克隆结构研究 [D]. 济南：山东大学.

郭卫华，张淑萍，宋百敏，等，2003. 黄河下游湿地芦苇种群克隆结构的等位酶分析 [J]. 山东大学学报（理学版），38(2)：89 - 92.

韩美，2012. 基于遥感影像的黄河三角洲湿地动态与湿地补偿标准研究 [D]. 济南：山东大学.

韩维栋，高秀梅，卢昌义，等，2000. 中国红树林生态系统生态价值评估 [J]. 生态科学，19(1)：41 - 46.

郝大程，陈士林，肖培根，2009. 基于分子生物学和基因组学的植物根际微生物研究 [J]. 微生物学通报，36(6)：892 - 899.

何浩，潘耀忠，朱文泉，2005. 中国陆地生态系统服务价值测量 [J]. 应用生态学报，16(6)：1122 - 1127.

洪佳，卢晓宁，王玲玲，2016. 1973 - 2013 年黄河三角洲湿地景观演变驱动力 [J]. 生态学报，36(4)：924 - 935.

洪伟，吴承祯，1999. Shannon-Wiener 指数的改进 [J]. 热带亚热带植物学报，7(2)：120 - 124.

侯本栋，马风云，邢尚军，等，2007. 黄河三角洲不同演替阶段湿地群落的土壤和植被特征 [J]. 浙江林学院学报，24(3)：313 - 318.

侯龙鱼，马风云，宋玉民，等，2007. 黄河三角洲冲积平原湿地土壤酶活性与养分相关性研究 [J]. 水土保持研究，14(4)：90 - 92.

侯元兆，张佩昌，王琦，等，1995. 中国森林资源的核算研究 [M]. 北京：中国林业出版社 .

黄子强，车纯广，谭海涛，等，2018a. 黄河三角洲水鸟多样性调查及种群数量监测 [J]. 山东林业科技，48(02)：41 - 45, 48.

黄子强，关爽，金麟雨，等，2018b. 2016 年黄河入海口北侧水鸟群落组成及多样性 [J]. 湿地科学，16(06)：735 - 741.

贾建华，田家怡，2003. 黄河三角洲湿地鸟类名录 [J]. 海洋湖沼通报 (01)：77 - 81.

贾文泽，田家怡，潘怀剑，2002a. 黄河三角洲生物多样性保护与可持续利用的研究 [J]. 环境科学研究，15(4)：35 - 39, 53.

贾文泽，田家怡，王秀凤，等，2002b. 黄河三角洲浅海滩涂湿地鸟类多样性调查研究 [J]. 黄渤海海洋 (02)：53 - 59.

江波，欧阳志云，苗鸿，等，2011. 海河流域湿地生态系统服务功能价值评价 [J]. 生态学报，31(8)：2236 - 2244.

江春波，惠二青，孔庆蓉，等，2007. 天然湿地生态系统评价技术研究进展 [J]. 生态环境，16(4)：1304 - 1309.

江泽慧，1999. 林业生态工程建设与黄河三角洲可持续发展 [J]. 林业科学研究 (05)：447 - 451.

蒋菊生，2001. 生态资产评估与可持续发展 [J]. 华南热带农业大学报，7(3)：41 - 46.

蒋卫国，李雪，蒋韬，等，2012. 基于模型集成的北京湿地价值评价系统设计与实现 [J]. 地理研究，31(2)：377 - 387.

蒋延玲，周广胜，1999. 中国主要森林生态系统公益的评估 [J]. 植物生态学报，23(5)：426 - 432.

焦玉木，田家怡，1999. 黄河三角洲附近海域浮游动物多样性研究 [J]. 海洋环境科学，18(4)：34 - 39.

鞠美婷，王艳霞，孟伟庆，等，2009. 湿地生态系统的保护与评估 [M]. 北京：化学工业出版社 .

蓝盛芳，钦佩，陆宏芳，2002. 生态经济系统能值分析 [M]. 北京：化学工业出版社 .

李宝泉，姜少玉，吕卷章，等，2020. 黄河三角洲潮间带及近岸浅海大型底栖动物物种组成及长周期变化

[J]. 生物多样性，28(12)：1511 - 1522.

李传荣，许景伟，宋海燕，等，2006. 黄河三角洲滩地不同造林模式的土壤酶活性 [J]. 植物生态学报，30(5)：802 - 809.

李丹，王秋玉，2011. 变性梯度凝胶电泳及其在土壤微生物生态学中的应用 [J]. 中国农学通报，27(3)：6 - 9.

李贺，黄翀，张晨晨，等，2020. 1976 年以来黄河三角洲海岸冲淤演变与入海水沙过程的关系 [J]. 资源科学，42(3)：486 - 498.

李建国，李贵宝，王殿武，等，2005. 白洋淀湿地生态系统服务功能与价值估算的研究 [J]. 南水北调与水利科技，3(3)：18 - 21.

李金昌，1999. 生态价值论 [M]. 重庆：重庆大学出版社 .

李胜男，王根绪，邓伟，等，2008. 黄河三角洲典型区域地下水动态分析 [J]. 地理科学进展，27(5)：49 - 56.

李文华，欧阳志云，赵景柱，2002. 生物系统服务功能研究 [M]. 北京：气象出版社 .

李兴东，1989. 黄河三角洲的草地退化的研究 [J]. 生态学杂志，8(5)：47 - 49.

李兴东，1992. 獐茅种群地上生物量及光合面积的生长季动态 [J]. 生态学杂志，11(2)：56 - 58.

李西开，1983. 土壤农业化学常规分析方法 [M]. 北京：科学出版社 .

李振高，骆永明，滕应，2008. 土壤与环境微生物研究法 [M]. 北京：科学出版社 .

李政海，王海梅，刘书润，等，2006. 黄河三角洲生物多样性分析 [J]. 生态环境，15(3)：577 - 582.

连海燕，2011. 山东黄河三角洲国家级自然保护区东方白鹳种群恢复与保护现状 [J]. 科技创新导报 (20)：227 - 229.

连海燕，吴立新，曹爱兰，等，2018. 山东黄河三角洲国家级自然保护区鸟类多样性 [J]. 山东林业科技，48(04)：44 - 46，62.

梁楠，刘嘉元，丰玥，等，2021. 黄河三角洲盐地碱蓬 - 芦苇群落土壤粒径组成与细菌多样性 [J]. 山东林业科技，51(01)：27 - 30.

林先贵，胡君利，2008. 土壤微生物多样性的科学内涵及其生态服务功能 [J]. 土壤学报，45(5)：892 - 900.

刘博，2019. 黄河三角洲典型滨鸟食性特征的时空差异性研究 [D]. 烟台：烟台大学 .

刘传孝，李克升，耿雨晗，等，2020. 黄河三角洲不同土地利用类型土壤微观结构特征 [J]. 农业工程学报，382(06)：89 - 95.

刘芳，叶思源，汤岳琴，等，2007. 黄河三角洲湿地土壤微生物群落结构分析 [J]. 应用与环境生物学报，13(5)：691 - 696.

刘峰，2015. 黄河三角洲湿地水生态系统污染、退化与湿地修复的初步研究 [D]. 青岛：中国海洋大学 .

刘耕源，刘畅，杨青，2021. 基于能值的海洋生态系统服务核算方法构建及应用 [J]. 资源与产业，23：1 - 19.

刘海防，2015. 山东黄河三角洲水鸟动态监测及其规律分析 [J]. 山东林业科技，45(05)：81 - 85, 32.

刘建涛，2018. 黄河三角洲典型地表类型遥感协同提取方法及生态环境遥感评价研究 [D]. 北京：中国科学院大学 (中国科学院遥感与数字地球研究所).

刘静，崔兆杰，范国兰，等，2007. 现代黄河三角洲土壤中多氯联苯来源解析研究 [J]. 环境科学，28(12)：2771 - 2776.

刘乐乐，2020. 芦苇的遗传多样性、谱系地理与生态适应研究 [D]. 济南：山东大学.

刘曙光，李从先，丁坚，等，2001. 黄河三角洲整体冲淤平衡及其地质意义 [J]. 海洋地质与第四纪地质，21(4)：13 - 17.

刘晓玲，王光美，于君宝，等，2018. 氮磷供应条件对黄河三角洲滨海湿地植物群落结构的影响 [J]. 生态学杂志，37(3)：801 - 809.

芦康乐，杨萌尧，武海涛，等，2020. 黄河三角洲芦苇湿地底栖无脊椎动物与环境因子的关系研究：以石油开采区与淡水补给区为例 [J]. 生态学报，40(5)：1637 - 1649.

鲁开宏，1988. 鲁北滨海盐生草甸獐茅群落生长季动态 [J]. 植物生态学与地植物学学报，11(3)：193 - 201.

鲁如坤，2000. 土壤农业化学分析方法 [M]. 北京：中国农业科技出版社.

陆健健，何文珊，童春富，等，2007. 湿地生态学 [M]. 北京：高等教育出版社.

罗雪梅，何孟常，刘昌明，2007. 黄河三角洲地区湿地土壤对多环芳烃的吸附特征 [J]. 环境化学，26(2)：125 - 129.

雒园园，2019. 黄河三角洲地区大气颗粒物中水溶性有机碳污染特征研究 [D]. 济南：山东大学.

吕怀峰，2016. 基于遥感与 GIS 的黄河三角洲生态农业区划研究 [D]. 济南：山东师范大学.

吕卷章，赵长征，朱书玉，等，2000a. 黄河三角洲国家级自然保护区鸻形目鸟类的伴生鸟类研究 [J]. 山东林业科技 (05)：14 - 16.

吕卷章，朱书玉，赵长征，等，2000b. 黄河三角洲国家级自然保护区鸻形目鸟类群落组成研究 [J]. 山东林业科技 (05)：1 - 5.

马金生，闫理钦，1999. 黄河三角洲水鸟资源的保护 [J]. 山东教育学院学报 (02)：34 - 37.

孟宪民，1999. 湿地与全球环境变化 [J]. 地理科学，19(5)：386 - 391.

苗苗，2008. 辽宁省滨海湿地生态系统服务功能价值评估 [D]. 大连：辽宁师范大学.

欧阳志云，王如松，赵景柱，1999a. 生态系统服务功能及其生态经济价值评价 [J]. 应用生态学报，10(5)：635 - 640.

欧阳志云，王效科，苗鸿，1999b. 中国陆地生态系统生态服务功能及其生态经济价值的初步研究 [J]. 生态学报，19(5)：608 - 613.

钱莉莉，2011. 基于 TCM 方法的淮北市采煤塌陷湿地游憩价值评估 [D]. 杭州：浙江工商大学 .

秦庆武，2016. 黄河三角洲高效生态产业选择与土地利用 [J]. 科学与管理，36(2)：29 - 39, 57.

曲万隆，邢同菊，张建伟，等，2019. 东营黄河三角洲地热资源特征及其开发利用 [J]. 地质学报，93(S1)：
212 - 216.

任志远，2003. 区域生态环境服务功能经济价值评价的理论与方法 [J]. 经济地理 (1)：1 - 4.

赛道建，刘相甫，李银花，等，1991. 黄河三角洲灰鹤越冬分布调查 [J]. 山东林业科技 (01)：5 - 8.

赛道建，王禄东，刘相甫，等，1992. 黄河三角洲鸟类研究 [J]. 山东林业科技 (03)：59 - 64.

赛道建，于荣，孙妮，等，1996. 黄河三角洲夏季鸟类生态的初步研究 [J]. 河北大学学报 (自然科学版)
(S1)：41 - 44.

赛道建，闫理钦，1999. 黄河三角洲繁殖鸟类群落特征的初步研究 [J]. 山东师大学报 (自然科学版)(03)：
305 - 310.

赛道建，2017. 山东鸟类志 [M]. 北京：科学出版社 .

山东黄河三角洲国家级自然保护区管理局，2016. 山东黄河三角洲国家级自然保护区详细规划 [M]. 北京：
中国林业出版社 .

单凯，王广豪，周莉，等，2005. 黑翅鸢在黄河三角洲的分布及生态习性 [J]. 山东林业科技 (04)：52.

单凯，于君宝，2013. 黄河三角洲发现的山东省鸟类新纪录 [J]. 四川动物，32(04)：609 - 612.

石婷婷，2020. 渤海湾南岸湿地鸟类多样性及风电场对鸟类的影响：以滨州、东营为例[D]. 济南：山东大学 .

舒莹，2004. 黄河三角洲丹顶鹤生境变化分析及生境选择机制研究 [D]. 济南：山东师范大学 .

宋百敏，2002. 黄河三角洲盐地碱蓬 (*Suaeda salsa*) 种群生态学研究 [D]. 济南：山东大学 .

宋创业，胡慧霞，黄欢，等，2016. 黄河三角洲人工恢复芦苇湿地生态系统健康评价 [J]. 生态学报，
36(9)：2705 - 2714.

宋红丽，牟晓杰，刘兴土，2019. 人为干扰活动对黄河三角洲滨海湿地典型植被生长的影响 [J]. 生态环境
学报 (12)：2307 - 2314.

宋鑫，宋泓霖，2019. 胜利油田节能工作创新与实践 [J]. 石油石化节能，9(01)：31 - 33, 11.

宋颖，李华栋，时文博，等，2018. 黄河三角洲湿地重金属污染生态风险评价 [J]. 环境保护科学，44(5)：
118 - 122.

苏敬华，2008. 崇明岛生态系统服务功能价值评估 [D]. 上海：东华大学 .

孙工棋，张明祥，雷光春，2020. 黄河流域湿地水鸟多样性保护对策 [J]. 生物多样性，28(12)：1469 -
1482.

孙习能，黄学东，2002. 黄河三角洲生态渔业的现状与发展对策 [J]. 中国渔业经济 (4)：21 - 22.

孙兴海，2016. 黄河三角洲丹顶鹤迁徙期食物组成及对滩涂蟹类取食的季节性差异研究 [D]. 沈阳：辽宁大学.

孙远，胡维刚，姚树冉，等，2020. 黄河流域被子植物和陆栖脊椎动物丰富度格局及其影响因子 [J]. 生物多样性，28(12): 1523 - 1532.

孙志高，牟晓杰，陈小兵，等，2011. 黄河三角洲湿地保护与恢复的现状、问题与建议 [J]. 湿地科学，9(2): 107 - 115.

唐小平，黄桂林，2003. 中国湿地分类系统的研究 [J]. 林业科学研究，16(5): 531 - 539.

田家怡，1999a. 黄河三角洲鸟类多样性研究 [J]. 滨州教育学院学报 (03): 35 - 42.

田家怡，1999b. 黄河三角洲生物多样性研究 [M]. 青岛：青岛出版社.

田家怡，贾文泽，窦洪云，等，1999c. 黄河三角洲生物多样性研究 [M]. 青岛：青岛出版社.

田家怡，潘怀剑，傅荣恕，2001. 黄河三角洲土壤动物多样性初步调查研究 [J]. 生物多样性，9(3): 228 - 236.

田家怡，于祥，申保忠，等，2008. 黄河三角洲外来入侵物种米草对滩涂鸟类的影响 [J]. 中国环境管理干部学院学报 (03): 87 - 90.

田雅楠，王红旗，2011. Biolog 法在环境微生物功能多样性研究中的应用 [J]. 环境科学与技术，34(3): 50 - 57.

王大伟，白军红，赵庆庆，等，2020. 黄河三角洲不同类型湿地土壤盐分的剖面分异特征 [J]. 自然资源学报，35(2): 438 - 448.

王峰，宗晓鸿，田世芹，2019. 黄河三角州地区热量资源变化特征分析 [J]. 中国农业资源与区划，40(9): 101 - 108.

王刚，2010. 黄河三角洲湿地鸟类群落研究 [D]. 济宁：曲阜师范大学.

王广豪，周莉，赵尊珍，等，2006. 黄河三角洲自然保护区黑脸琵鹭野外调查及其生境分析 [J]. 山东林业科技 (01): 16 - 17.

王海梅，李政海，宋国宝，等，2006. 黄河三角洲植被分布、土地利用类型与土壤理化性状关系的初步研究 [J]. 内蒙古大学学报 (自然科学版)，1(37): 69 - 75.

王蕾，2009. 内陆湿地类型自然保护区经济价值评估体系构建 [D]. 北京：北京林业大学.

王立冬，2012. 黄河三角洲东方白鹳繁殖研究 [J]. 山东林业科技，42(03): 48 - 49.

王明春，2008. 黄河三角洲湿地恢复对湿地鸟类群落的效应研究 [D]. 济宁：曲阜师范大学.

王清，王仁卿，张治国，等，1993. 黄河三角洲的植物区系 [J]. 山东大学学报 (理学版)，28(增刊：黄河三角洲植被专辑): 15 - 22.

王仁卿，张照洁，1993a. 山东稀有濒危保护植物 [M]. 济南：山东大学出版社.

王仁卿，张治国，1993b. 黄河三角洲的生态条件特征及其与植被的关系 [J]. 山东大学学报 (自然科学版)，

28: 8 – 14.

王仁卿，张治国，1993c. 黄河三角洲植被概论 [J]. 山东大学学报（自然科学版），28: 1 – 7.

王仁卿，张治国，汤丽，等，1993d. 黄河三角洲的资源植物及其合理利用 [J]. 山东大学学报（理学版），
　　28(增刊：黄河三角洲植被专辑): 59 – 63.

王仁卿，张治国，王清，1993e. 黄河三角洲植被的分类 [J]. 山东大学学报（自然科学版），28: 23 – 28.

王仁卿，周光裕，2000. 山东植被 [M]. 济南：山东科学技术出版社.

王仁卿，张煜涵，孙淑霞，等，2021. 黄河三角洲植被研究回顾与展望 [J]. 山东大学学报（理学版），
　　56(10): 135 – 148.

王珊珊，2020. 黄河三角洲保护区黑嘴鸥和鸥嘴噪鸥组织中的重金属分布研究 [D]. 济宁：曲阜师范大学.

王维东，2020. 胜利油田技术升级推动老区精细勘探突破 [J]. 中国石化 (10): 42 – 44.

王宪礼，李秀珍，1997. 湿地的国内外研究进展 [J]. 生态学杂志，16(1): 58 – 62.

王晓强，2010. 我国生物多样性保护法律制度研究 [D]. 青岛：中国海洋大学.

王欣瑶，孙希华，王林林，等，2020. 黄河三角洲 PM2.5 时空分布及其影响因子分析 [J]. 西安理工大学
　　学报，37(01): 32 – 42.

吴斌，宋金明，李学刚，2014. 黄河 EI 大型底栖动物群落结构特征及其与环境因子的耦合分析 [J]. 海洋
　　学报，4(36): 62 – 72.

吴大千，2010. 黄河三角洲植被的空间格局、动态监测与模拟 [D]. 济南：山东大学.

吴国栋，2017. 黄河三角洲风暴潮特征和灾害风险分析 [D]. 青岛：国家海洋局第一海洋研究所.

吴玲玲，陆健健，童春富，等，2003. 长江口湿地生态系统服务功能价值的评估 [J]. 长江流域资源与环境，
　　12(5): 411 – 416.

吴征镒，1980. 中国植被 [M]. 北京：科学出版社.

吴志芬，赵善伦，张学雷，1994. 黄河三角洲盐生植被与土壤盐分的相关性研究 [J]. 植物生态学报，
　　18(2): 184 – 193.

武海涛，吕宪国，2005. 中国湿地评价研究进展与展望 [J]. 世界林业研究，18(4):49 – 53.

武亚楠，王宇，张振明，2020. 黄河三角洲潮沟形态特征对湿地植物群落演替的影响 [J]. 生态科学，
　　39(01): 33 – 41.

郗金标，宋玉民，邢尚军，等，2002. 黄河三角洲生态系统特征与演替规律 [J]. 东北林业大学学报，
　　30(6): 111 – 114.

郗金标，邢尚军，宋玉民，等，2007. 黄河三角洲不同造林模式下土壤盐分和养分的变化特征 [J]. 林业科
　　技，43(1): 33 – 38.

席劲瑛，胡洪营，钱易，2003. Biolog 方法在环境微生物群落研究中的应用 [J]. 微生物学报，43(1)：138 - 141.

肖笃宁，黄国宏，李玉祥，等，2001. 芦苇湿地温室气体甲烷排放研究 [J]. 生态学报，21(9)：1494 - 1497.

谢高地，鲁春霞，成升魁，2001a. 全球生态系统服务价值评估研究进展 [J]. 资源科学，23(6)：5 - 9.

谢高地，张钇锂，鲁春霞，等，2001b. 中国自然草地生态系统服务价值 [J]. 自然资源学报，16(1)：47 - 53.

谢高地，鲁春霞，冷允法，等，2003. 青藏高原生态资产的价值评估 [J]. 自然资源学报，18(2)：189 - 196.

谢文羽，2020. 黄河三角洲鸥嘴噪鸥羽毛和卵内重金属含量研究 [D]. 济宁：曲阜师范大学.

辛琨，2001. 生态系统服务功能价值估算：以辽宁省盘锦地区为例 [D]. 沈阳：中国科学院沈阳应用生态研究所.

辛琨，2009. 湿地生态价值评估理论与方法 [M]. 北京：中国环境出版社.

邢尚军，张建锋，宋玉民，等，2008. 黄河三角洲盐碱地不同土地利用方式下土壤化学性状与酶活性的研究 [J]. 林业科技，33(2)：16 - 18.

修玉娇，龙诗颖，李晓茜，等，2021. 黄河三角洲底栖动物群落分布及与环境的关系 [J]. 北京师范大学学报（自然科学版），57(01)：112 - 120.

徐恺，2020. 黄河三角洲典型湿地大型底栖动物与土壤微生物的群落结构及其相互影响 [D]. 青岛：山东大学.

许学工，1998. 黄河三角洲地域结构、综合开发与可持续发展 [M]. 北京：海洋出版社.

许学工，梁泽，周鑫，2020. 黄河三角洲陆海统筹可持续发展探讨 [J]. 资源科学，42(3)：424 - 432.

许妍，高俊峰，黄佳聪，2010. 太湖湿地生态系统服务功能价值评估 [J]. 长江流域资源与环境，19(6)：646 - 652.

薛达元，1999. 长白山自然保护区生物多样性旅游价值评估研究 [J]. 自然资源学报，14(2)：140 - 145.

薛委委，2010a. 黄河三角洲东方白鹳繁殖生态和栖息地选择特征 [D]. 合肥：安徽大学.

薛委委，周立志，朱书玉，等，2010b. 迁徙停歇地东方白鹳繁殖生态研究 [J]. 应用与环境生物学报，16(06)：828 - 832.

闫敏华，华润葵，王德宣，等，2000. 长春地区稻田甲烷排放量的估算研究 [J]. 地理科学，20(4)：386 - 390.

颜世强，2005. 黄河三角洲生态地质环境综合研究 [D]. 长春：吉林大学.

杨红生，邢丽丽，张立斌，2020. 黄河三角洲蓝色农业绿色发展模式与途径的思考 [J]. 中国科学院院刊，35(2)：175 - 182.

姚荣江，杨劲松，刘广明，2006. 土壤盐分和含水量的空间变异性及其 CoKriging 估值：以黄河三角洲地区典型地块为例 [J]. 水土保持学报，20(5)：133 - 138.

叶庆华，田国良，刘高焕，等，2004. 黄河三角洲新生湿地土地覆被演替图谱 [J]. 地理研究，23(2)：257 - 264，282.

殷万东，吴明可，田宝良，等，2020. 生物入侵对黄河流域生态系统的影响及对策 [J]. 生物多样性，28(12)：1533 - 1545.

于贵瑞，方华军，伏玉玲，等，2011. 区域尺度陆地生态系统碳收支及其循环过程研究进展 [J]. 生态学报，31(19)：5449 - 5459.

于君宝，陈小兵，孙志高，等，2010. 黄河三角洲新生滨海湿地土壤营养元素空间分布特征 [J]. 环境科学学报，30(4)：855 - 861.

于淑亭，2018. 黄河三角洲滨海湿地人类活动强度及其生态效应 [D]. 青岛：青岛理工大学.

余悦，2012. 黄河三角洲原生演替中微生物多样性及其与土壤理化性质关系 [D]. 济南：山东大学.

袁西龙，李清平，贾永山，等，2008. 黄河三角洲生态地质环境演化及其原因探索 [J]. 地质调查与研究，31(3)：229 - 235.

苑春亭，刘艳春，张士华，等，2002. 黄河三角洲地区银鱼的种类及其分布特征的研究 [J]. 河北渔业(02)：11 - 12，20.

张晨晨，黄翀，何云，等，2020. 黄河三角洲浅层地下水埋深动态与降水的时空响应关系 [J]. 水文地质工程地质，47(5)：21 - 30.

张翠，史丽华，2015. 黄河三角洲气候变化及其湿地水文响应研究 [J]. 安徽农业科学，43(26)：234 - 236.

张翠，2016. 人类活动干扰下的黄河三角洲湿地景观格局变化研究 [D]. 济南：山东师范大学.

张风姣，2018. 重金属对黄河三角洲湿地鸟类的影响 [D]. 济宁：曲阜师范大学.

张高生，2008. 基于 RS、GIS 技术的现代黄河三角洲植物群落演替数量分析及近 30 年植被动态研究 [D]. 济南：山东大学.

张华，武晶，孙才志，2008. 辽宁省湿地生态系统服务功能价值测评 [J]. 资源科学，30(2)：267 - 273.

张建锋，邢尚军，孙启祥，等，2006. 黄河三角洲植被资源及其特征分析 [J]. 水土保持研究，13(1)：100 - 102.

张建伟，袁西龙，路忠诚，等，2011. 黄河三角洲地热尾水排放对地表水体的热污染数值模拟 [J]. 水资源研究，32(4)：18 - 20.

张俪文，王安东，赵亚杰，等，2018. 黄河三角洲滨海湿地芦苇遗传变异及其与生境盐度的关系 [J]. 生态学杂志，37(08)：137 - 143.

张明才，2000. 黄河三角洲怪柳群落土壤微生物多样性及其生态系统功能的研究 [D]. 济南：山东大学.

张苹，马涛，2011. 湿地生态系统服务价值评估的国内研究评述 [J]. 湿地科学，9(6)：203 - 208.

张瑞娟，李华，林勤保，等，2011. 土壤微生物群落表征中磷脂脂肪酸 (PLFA) 方法研究进展 [J]. 山西农业科学，39(9)：1020 - 1024.

张淑萍，2001. 芦苇分子生态学研究 [D]. 哈尔滨：东北林业大学.

张希彪，上官周平，2005. 黄土丘陵区主要林分生物量及营养元素生物循环特征 [J]. 生态学报，25(3)：527 - 537.

张希画，2012. 山东黄河三角洲国家级自然保护区雁鸭类种类及数量监测 [J]. 山东林业科技，42(03)：50 - 53, 32.

张晓龙，李萍，刘乐军，等，2009. 黄河三角洲湿地生物多样性及其保护 [J]. 海岸工程 (3)：37 - 43.

张欣宇，2014. 不同地区斑背大尾莺繁殖期领域鸣声差异研究 [D]. 哈尔滨：东北林业大学.

张亚楠，2017. 黑嘴鸥遗传多样性及超常窝卵数发生机制 [D]. 北京：中国林业科学研究院.

张治国，1993a. 改良黄河三角洲盐生草甸几种优良牧草及其栽培管理技术 [J]. 北方植物研究，1(1)：377 - 380.

张治国，王仁卿，王清，等，1993b. 黄河三角洲植被的主要类型及其群落学特征 [J]. 山东大学学报 (理学版)，28(增刊：黄河三角洲植被专辑)：29 - 42.

张治国，王仁卿，王清，等，1993c. 黄河三角洲的沼泽植被和水生植被 [J]. 山东大学学报 (理学版)，28(增刊：黄河三角洲植被专辑)：43 - 45.

赵长征，吕卷章，朱书玉，等，2000. 黄河三角洲国家级自然保护区鸻形目鸟类迁徙规律的研究 [J]. 山东林业科技 (05)：6 - 9.

赵长征，杨子旺，朱学德，等，2004. 黄河三角洲自然保护区黑嘴鸥研究 [J]. 山东林业科技 (01)：22 - 23.

赵慧勋，1990. 群体生态学 [M]. 哈尔滨：东北林业大学出版社.

赵可夫，冯立田，张圣强，1998. 黄河三角洲不同生态型芦苇对盐度适应生理的研究 [J]. 生态学报，18(5)：465 - 469.

赵亚辉，邢迎春，吕彬彬，等，2020. 黄河流域淡水鱼类多样性和保护 [J]. 生物多样性，28(12)：1496 - 1510.

赵延茂，宋朝枢，1995. 黄河三角洲自然保护区科学考察集 [M]. 北京：中国林业出版社.

赵延茂，吕卷章，朱书玉，等，1996. 山东黄河三角洲国家级自然保护区鸟类调查 [J]. 野生动物 (01)：18 - 20.

赵延茂，1997. 黄河三角洲林业发展与自然保护 [M]. 北京：中国林业出版社.

赵延茂，吕卷章，朱书玉，等，2001. 黄河三角洲自然保护区鸻形目鸟类研究 [J]. 动物学报 (S1)：157 - 161.

中国科学院生物多样性委员会，1993. 生物多样性的价值 [J]. 生物多样性译丛 (1)：24 - 36.

周葆华，操璟璟，朱超平，等，2011. 安庆沿江湖泊湿地生态系统服务功能价值评估 [J]. 地理研究，30(12)：2296 - 2304.

周莉，2006. 黄河三角洲自然保护区东方白鹳的繁殖保育 [J]. 山东林业科技 (02)：38 - 39.

周鑫，许学工，2015. 黄河三角洲 (东营市) 高效生态渔业综合效益评估 [J]. 北京大学学报 (自然科学版)，51(3)：518 - 524.

朱书玉，吕卷章，王立冬，2000. 雪雁在中国的重新发现 [J]. 动物学杂志 (03)：35 - 37.

朱书玉，吕卷章，于海玲，等，2001. 震旦鸦雀在山东黄河三角洲自然保护区的分布与数量研究 [J]. 山东林业科技 (05)：34 - 35.

庄大昌，2006. 基于 CVM 的洞庭湖湿地资源非使用价值评估 [J]. 地域研究与开发，25(2)：105 - 110.

庄大昌，杨青生，2009. 广州市城市湿地生态系统服务功能价值评估 [J]. 热带地理，29(5)：407 - 411.

宗美娟，2002. 黄河三角洲新生湿地植物群落与数字植被研究 [D]. 济南：山东大学 .

宗秀影，刘高焕，乔玉良，等 . 2009. 黄河三角洲湿地景观格局动态变化分析 [J]. 地球信息科学学报，11(1)：91 - 97.

ACEVES M B, GRACE C, ANSORENA J, et al, 1999. Soil microbial biomass and organic C in a gradient of zinc concentrations in soils around a mine spoil tip[J]. Soil Biology and Biochemistry, 31: 867–876.

ACOSTA-MARTÍNEZ V, DOWD S, SUN Y, et al, 2008. Tag-encoded pyrosequencing analysis of bacterial diversity in a single soil type as affected by management and land use[J]. Soil Biology and Biochemistry, 40: 2762–2770.

AHN C, PERALTA R M, 2009. Soil bacterial community structure and physicochemical properties in mitigation wetlands created in the Piedmont region of Virginia (USA)[J]. Ecological Engineering, 35(7): 1036–1042.

ANDERSON J, DOMSCH K H, 1978. A physiological method for the quantitative measurement of microbial biomass in soils[J]. Soil Biology and Biochemistry, 10: 215–221.

ASCIONE M, CAMPANELLA L, CHERUBINI F, et al, 2009. Environmental driving forces of urban growth and development: An emergy-based assessment of the city of Rome, Italy[J]. Landscape and Urban Planning, 93(3): 238–249.

BAUHUS J, KHANNA P K, 1999. The significance of microbial biomass in forest soils[M]//In: Rastin N, Bauhus J. Going underground-ecological studies in Forest soils. Kerala: Research Signpost.

BIAN L L, WANG J L, LIU J, et al, 2021. Spatiotemporal Changes of Soil Salinization in the Yellow River Delta of China from 2015 to 2019[J]. Sustainability, 13(2): 822.

BLUME E, BISCHOFF M, REICHERT J M, et al, 2002. Surface and subsurface microbial biomass, community structure and metabolic activity as a function of soil depth and season[J]. Applied Soil Ecology, 20: 171–181.

BORNEMAN J, SKROCH P W, O'SULLIVAN K M, et al, 1996. Molecular microbial diversity of an agricultural soil in Wisconsin[J]. Applied and Environmental Microbiology, 62: 1935–1943.

BROUGHTON L C, GROSS K L, 2000. Patterns of diversity in plant and soil microbial communities along a productivity gradient in a Micigan old-field[J]. Oecologia, 125: 341–346.

BROWN M T, HERENDEEN R A, 1996. Embodied energy analysis and EMERGY analysis: a comparative view[J]. Ecological Economics, 19(3): 219–235.

BROWN M T, ULGIATI S, 1997. Emergy-based indices and ratios to evaluate sustainability: monitoring economies and technology toward environmentally sound innovation[J]. Ecological engineering, 9(1): 51–69.

CAI Y F, LIAO Z W, 2003. Effect of fertilization on the control of tomato bacterial wilt and soil health restoration using FAME analysis[J]. Scientia Agricultura Sinica, 36: 922–927.

CAIRNS J, 1977. Recovery and restoration of damaged ecosystems[M]. Charlottesville: University Press of Virginia.

CHEN A, SUI X, WANG D S, et al, 2016. Landscape and avifauna changes as an indicator of Yellow River Delta Wetland restoration[J]. Ecology Engineering, 86: 162–173.

CHI Z, ZHU Y, LI H, et al, 2021. Unraveling bacterial community structure and function and their links with natural salinity gradient in the Yellow River Delta[J]. Science of the Total Environment, 773: 145673.

CLEVERING O A, 1998. An investigation into the effects of nitrogen on growth and morphology of stable and die-back populations of *Phragmites australis*[J]. Aquatic Botany, 60(1): 11–25.

CLEVERING O A, LISSNER J, 1999. Taxonomy, chromosome numbers, clonal diversity and population dynamics of *Phragmites australis*[J]. Aquatic Botany, 64(3–4): 185–208.

CONNOR H E, DAWSON M I, KEATING R D, et al, 1998. Chromosome numbers of *Phragmites australis* (Arundineae: Gramineae) in New Zealand[J]. NZL J. Bot., 36: 465–469.

COOPS H, VAN DER VELDE G, 1995. Seed dispersal, germination, germination and seedling growth of six helophytespecies in relation to water-level zonation[J]. Freshw. Biol., 34: 13–20.

COOPS H, VAN DER VELDE G, 1996. Effects of waves on helophyte stands: mechanical characteristics of stems of *Phragmites australis* and *Scirpus lacustris*[J]. Aquatic Botany, 53(3–4): 175–185.

COSTANZA R, D'ARGE R, DE GROOT R, et al, 1998. The value of the world's ecosystem services and natural capital[J]. Ecological Economics, 25(1): 3–15. DOI:10.1016/S0921–8009(98)00020–2.

CUI B S, YANG Q C, YANG Z F, et al, 2009. Evaluating the ecological performance of wetland restoration in the Yellow River Delta, China[J]. Ecological Engineering, 35(7): 1090–1103.

DAILY G C, 1997. Nature's Services: Societal Dependence on Natural Ecosystems[M]. Washington D. C.:

Island Press.

DAVID A, WARDLE, RICHARD D, et al, 2004. Ecological linkages between aboveground and belowground biota[J]. Science (New York, N.Y.), 304(5677): 1629–1633.

DEBOSZ K, RASMUSSEN P H, PEDERSEN A R, 1999. Temporal variations in microbial biomass C and cellulolytic enzyme activity in arable soils: effects of organic matter input[J]. Applied Soil Ecology, 13: 209–218.

DIAZ-RAVIÑA M, ACEA M J, CARBALLAS T, 1993. Microbial biomass and its contribution to nutrient concentrations in forest soils[J]. Soil Biology and Biochemistry, 25: 25–31.

ERIKSSON O, 1992. Evolution of seed dispersal and recruitment in clonal plants[J]. Oikos, 63: 439–448.

FOLEY J A, DEFRIES R, ASNER G P, et al, 2005. Global consequences of land use[J]. Science, 309: 570–574.

FROSTEGÅRD A, BÅÅTH E, TUNLID A, 1993. Shifts in the structure of soil microbial communities in limed forests as revealed by phospholipid fatty acid analysis[J]. Soil Biology and Biochemistry, 25: 723–730.

FROUZ J, ELHOTTOVÁ D, HELINGEROVÁ M, et al, 2008. The Effect of Bt-corn on Soil Invertebrates, Soil Microbial Community and Decomposition Rates of Corn Post-Harvest Residues Under Field and Laboratory Conditions[J]. Journal of Sustainable Agriculture, 32: 645–655.

GAO Y F, LIU L L, ZHU P C, et al, 2021. Patterns and Dynamics of the Soil Microbial Community with Gradual Vegetation Succession in the Yellow River Delta, China[J]. Wetlands, 41(1): 1–11.

GARLAND J L, MILLS A L, 1991. Classification and characterization of heterotrophic microbial communities on the basis of patterns of community-level sole-carbon-source utilization[J]. Applied and Environmental Microbiology, 57: 2351–2359.

GENTRY T J, WICKHAM G S, SCHADT C W, et al, 2006. Microarray Applications in Microbial Ecology Research[J]. Microbial Ecology, 52(2): 159–175.

GOOD I L, 1953. The population frequencies of species and the estimation of population parameters[J]. Biometrika, 40: 237–264.

GORENFLOT R, 1976. Le complexe polyplode du *Phragmites australis* (Cav.) Trin. ex Steud[J]. Bull. Soc. bot. Fr., 123: 261–271.

GORENFLOT R, SANEI-CHARIAT PANAHI M, LIEBERT J, 1979. Le complexe polyploide du *Phragmites australis* (Cav.)Trin. ex Steud[J]. Biol. Veget. Bot., 2: 67–81.

GRAYSON J E, CHAPMAN M G, UNDERWOOD A J, 1999. The assessment of restoration of habitat in urban wetland[J]. Landscape and Urban Planning, 43(4): 227–236. DOI: 10.1016/S0169–2046(98)00108–X.

GRAYSTON S J, GRIFFTH G S, MAWDSLEY J L, et al, 2001. Accounting for variability in soil microbial communities of temperate upland grassland ecosystems[J]. Soil Biology and Biochemistry, 33: 533–551.

GUO W, WANG R, ZHOU S, et al, 2003. Genetic diversity and clonal structure of *Phragmites australis* in the Yellow River Delta of China[J]. Biochemical Systematics & Ecology, 31(10): 1093–1109.

HANEMANN W M, 1994. Valuing the environment through contingent valuation[J]. The Journal of Economic Perspectives, 8(4): 9–43.

HARCH B D, CORRELL R L, MEECH W, et al, 1997. Using the Gini coefficient with BIOLOG substrate utilisation data to provide an alternative quantitative measure for comparing bacterial soil communities[J]. Journal of Microbiological Methods, 30: 91–101.

HE G X, YANG J, LU Y, et al, 2017. Ternary emergetic environmental performance auditing of a typical industrial park in Beijing[J]. Journal of Cleaner Production, 163: 128–135.

HILL G T, MITKOWSKI N A, ALDRICH-WOLFE L, et al, 2000. Methods for assessing the composition and diversity of soil microbial communities[J]. Applied Soil Ecology, 15: 25–36.

HOCKING P J, FINLAYSON C M, et al, 1983. The biology of Australian weeds. 12. *Phragmites australis* (Cav.) Trin. ex Steud[J]. Journal of the Australian Institute of Agricultural Science, 49(3): 123–132.

HOLDREN J P, EHRLICH P R, 1974. Human population and the global environment[J]. American Scientist, 62(3): 282–292. DOI: 10.2307/27844882.

HOLLISTER E B, ENGLEDOW A S, HAMMETT A M, et al, 2010. Shifts in microbial community structure along an ecological gradient of hypersaline soils and sediments[J]. ISME Journal, 4: 829–838.

HUA Y Y, CUI B S, HE W J, et al, 2016. Identifying potential restoration areas of freshwater wetlands in a river delta[J]. Ecological Indicators, 71: 438–448.

JIANG H C, DONG H L, ZHANG G X, et al, 2006. Microbial diversity in water and sediment of Lake Chaka, an athalassohaline lake in northwestern China[J]. Applied Environmental Microbiology, 72: 3832–3845.

JIANG M M, ZHOU J B, CHEN B, et al, 2008. Emergy-based ecological account for the Chinese economy in 2004[J]. Communications in Nonlinear Science and Numerical Simulation, 13(10): 2337–2356.

JIANG M M, ZHOU J B, CHEN B, et al, 2009. Ecological evaluation of Beijing economy based on emergy indices[J]. Communications in Nonlinear Science and Numerical Simulation, 14(5): 2482–2494.

JOHNSEN K, JACOBSEN C S, TORSVIK V, et al, 2001. Pesticide effects on bacterial diversity in agricultural soils-a review[J]. Biology and Fertility of Soils, 33: 443–453.

KOWALCHUK G A, BUMA D S, BOER W D, et al, 2002. Effects of above-ground plant species composition and diversity on the diversity of soil-borne microorganisms[J]. Antonie Van Leeuwenhoek, 81: 509.

KUNIN V, ENGELBREKTSON A, OCHMAN H, et al, 2010. Wrinkles in the rare biosphere: pyrosequencing errors can lead to artificial inflation of diversity estimates[J]. Environmental Microbiology, 12: 118–123.

LANGWORTHY T A, 1985. Lipids of Archaebacteria[J]. Bacteria, 8: 459–497.

LARKIN R P, 2003. Characterization of soil microbial communities under different potato cropping systems by microbial population dynamics, substrate utilization, and fatty acid profiles[J]. Soil Biology and Biochemistry, 35:1451–1466.

LEI K, WANG Z, TON S S, 2008. Holistic emergy analysis of Macao[J]. Ecological Engineering, 32(1): 30–43.

LEMKE M J, BROWN B J, LEFF L G, 1997. The response of three bacteria populations in a stream[J]. Microbial Ecology, 34: 224–231.

LI J Y, CHEN Q F, LI Q, et al, 2021. Influence of plants and environmental variables on the diversity of soil microbial communities in the Yellow River Delta Wetland, China[J]. Chemosphere, 274: 129967.

LIU L L, YIN M Q, GUO X, et al, 2020. Cryptic lineages and potential introgression in a mixed-ploidy species (Phragmites australis) across temperate China[J/OL]. Journal of Systematics and Evolution, 60: 398-410 [2020-8-14]. https://doi.org/10.1111/jse.12672.

LIU L L, YIN M Q, GUO X, et al, 2021. The river shapes the genetic diversity of common reed in the Yellow River Delta via hydrochory dispersal and habitat selection[J]. Science of The Total Environment, 764: 144382.

LIU Z Z, LOZUPONE C, HAMADY M, et al, 2007. Short pyrosequencing reads suffice for accurate microbial community analysis[J]. Nucleic Acids Research, 35: e120.

LOU B, ULGIATI S, 2013. Identifying the environmental support and constraints to the Chinese economic growth-An application of the Emergy Accounting method[J]. Energy Policy, 55: 217–233.

LU G R, XIE B H, CAGLE G A, et al, 2021. Effects of simulated nitrogen deposition on soil microbial community diversity in coastal wetland of the Yellow River Delta[J]. Science of the Total Environment, 757: 143825.

LUMINI E, ORGIAZZI A, BORRIELLO R, et al, 2010. Disclosing arbuscular mycorrhizal fungal biodiversity in soil through a land-use gradient using a pyrosequencing approach[J]. Environmental Microbiology, 12: 2165–2179.

LUPWAYI N Z, MONREAL M A, CLAYTON G W, et al, 2001. Soil microbial biomass and diversity respond to tillage and sulphur fertilizers[J]. Canadian Journal of Soil Science, 81: 577–589.

MALÝ S, KORTHALS G W, VAN DIJK C. 2000, Effect of vegetation manipulation of abandoned arable land on soil microbial properties[J]. Biology and Fertility of Soils, 31: 121–127.

MARTINY J B, BOHANNAN B J M, BROWN J H, et al, 2006. Microbial biogeography: putting microorganisms on the map[J]. Nature, 4: 102–112.

MCINTOSH R P, 1967. An index of diversity and relation of certain concepts to diversity[J]. Ecology, 48(3): 392–404. DOI: 10.2307/1932674.

Millennium Ecosystem Assessment, 2003. Ecosystems and Human Well being: A Framework for Assessment[M]. Washing DC.: Island Press.

NAKAJIMA E S, ORTEGA E, 2015. Exploring the sustainable horticulture productions systems using the emergy assessment to restore the regional sustainability[J]. Journal of Cleaner Production, 96: 531–538.

NANNIPIERI P, ASCHER J, CECCHERINI M T, et al, 2003. Microbial diversity and soil functions[J]. European Journal of Soil Science, 54: 655–670.

NIE M, ZHANG X D, WANG J Q, et al, 2009. Rhizosphere effects on soil bacterial abundance and diversity in the Yellow River Deltaic ecosystem as influenced by petroleum contamination and soil salinization[J]. Soil Biology and Biochemistry, 41: 2535–2542.

O'MAHONY M M, DOBSON A D, BARNES J D, et al, 2006. The use of ozone in the remediation of polycyclic aromatic hydrocarbon contaminated soil[J]. Chemosphere, 63: 307–314.

ODUM H T, 1986. Emerge in ecosystems. Environmental Monographs and Symposia[M]. New York: John Wiley.

ODUM H T, BROWN M T, 1995. Emergy evaluation of San Juan, Puerto Rico. Emergy Research of Some Cities and Countries[R]. The Center for Environmental Policy, University of Florida, Gainesville.

ODUM H T, 1996. Environmental accounting: EMERGY and environmental decision making[M]. Hoboken: Wiley.

OKSANEN J, KINDT R, LEGENDRE P, et al, 2009. Vegan: Community Ecology Package. R Package Version 1.15–4[CP]. http://CRAN.R–project.org/package=vegan.

PANG M Y, ZHANG L X, ULGIATI S, et al, 2015. Ecological impacts of small hydropower in China: Insights from an emergy analysis of a case plant[J]. Energy Policy, 76: 112–122.

PAUCA-COMANESCU M, CLEVERING O A, HANGANU J, et al, 1999. Phenotypic differences among ploidy levels of *Phragmites australis* growing in Romania[J]. Aquatic Botany, 64(3–4): 223–234.

PIELOU E C, 1975. Ecological Diversity[M]. New York: Wiley-Interscience.

PIMENTEL D, WILSON C, MCCULLUM C, et al, 1997. Economic and environmental Benefits of biodiversity[J]. BioScience, 47(11): 747–757. DOI:10.2307/1313097.

QU W, HAN G, WANG J, et al, 2020. Short-term effects of soil moisture on soil organic carbon decomposition in a coastal wetland of the Yellow River Delta[J]. Hydrobiologia, 848: 3259–3271.

ROESCH L F, FULTHORPE R R, RIVA A, et al, 2007. Pyrosequencing enumerates and contrasts soil microbial diversity[J]. ISME Journal, 1: 283–290.

ROUSK J, BÅÅTH E, BROOKES P C, et al, 2010. Soil bacterial and fungal communities across a pH gradient in an arable soil[J]. ISME Journal, 4: 1340–1351.

SALTONSTALL K, 2002. Cryptic invasion by a non-native genotype of the common reed, *Phragmites australis*, into North America[J]. Proceedings of the National Academy of Sciences, 99: 2445–2449.

SALTONSTALL K, 2016. The naming of *Phragmites* haplotypes[J]. Biological Invasion, 18: 2411–2433.

SARDINH A M, MULLER T, SCHMEISKY H, et al, 2003. Microbial performance in soils along a salinity gradient under acidic conditions[J]. Applied Soil Ecology, 23: 237–244.

SCEP (Study of Critical Environmental Problems), 1970. Man's impact on the global environment: Assessment and recommendations for action[M]. Cambridge, MA: MIT Press.

SEPULVEDA-TORRES L C, RAJENDRAN N, DYBAS M J, et al, 1999. Generation and initial characterization of *Pseudomonas stutzeri* KC mutants with impaired ability to degrade carbon tetrachloride[J]. Archives of Microbiology, 171: 424–429.

SICHE R, AGOSTINHO F, ORTEGA E, 2010. Emergy Net Primary Production (ENPP) as basis for calculation of Ecological Footprint[J]. Ecological Indicator, 10(2): 475–483.

SIMPSON E H. 1949. Measurement of diversity[J]. Nature, 163:688. DOI:10.1038/163688a0.

SOGIN M L, MORRISON H G, HUBER J A, et al, 2006. Microbial diversity in the deep sea and the underexplored "rare biosphere"[J]. Proceedings of the National Academy of Sciences, 103: 12115–12120.

SÖDERBERG K H, PROBANZA A, JUMPPONEN A, et al, 2004. The microbial community in the rhizosphere determined by community-level physiological profiles (CLPP) and direct soil- and cfu-PLFA techniques[J]. Applied Soil Ecology, 25: 135–145.

STACKEBRANDT E, GOEBEL B M, 1994. Taxonomic note: a place for DNA-DNA reassociation and 16S rRNA sequence analysis in the present species definition in bacteriology[J]. International Journal of Systematic Evolution Microbiology, 44: 846–849.

SUNDQUIST A, RONAGHI M, TANG H X, et al, 2007. Whole-genome sequencing and assembly with high-throughput, short-read technologies[J]. PLOS ONE, 2: e484.

TANG Y S, WANG L, JIA J W, et al, 2011. Response of soil microbial community in Jiuduansha wetland to different successional stages and its implications for soil microbial respiration and carbon turnover[J]. Soil Biology and Biochemistry, 43: 638–646.

TRUU M, JUHANSON J, TRUU J, 2009. Microbial biomass, activity and community composition in constructed wetlands[J]. Science of the Total Environment, 407: 3958–3971.

ULGIATI S, BROWN M, BASTIANONI S, et al, 1995. Emergy-based indices and ratios to evaluate the sustainable use of resources[J]. Ecological engineering, 5: 519–531.

VEGA-AZAMAR R E, GLAUS M, HAUSLER R, et al, 2013. An emergy analysis for urban environmental sustainability assessment, the Island of Montreal, Canada[J]. Landscape Urban Plan, 118: 18–28.

VESTAL J R, WHITE D C, 1989. Lipid analysis in microbial ecology quantitative approaches to the study of microbial communities[J]. Bioscience, 39: 535–541.

VON WINTZINGERODE F, GÖBEL U B, STACKEBRANDT E, 1997. Determination of microbial diversity in environmental samples: pitfalls of PCR-based rRNA analysis[J]. FEMS Microbiology Review, 21: 213–229.

WANG Z Y, XIN Y Z, GAO D M, et al, 2010. Microbial Community Characteristics in a Degraded Wetland of the Yellow River Delta[J]. Pedosphere, 20: 466–478.

WARDLE D A, 1992. A comparative assessment of factors which influence microbial biomass carbon and nitrogen levels in soil[J]. Biological Reviews, 67: 321–358.

WARDLE D A, BARDGETT R D, KLIRONOMOS J N, et al, 2004. Ecological linkages between aboveground and belowground biota[J]. Science, 304: 1629–1633.

WESTMAN W E, 1977. How much are nature's services worth[J]. Science, 197: 960–964.

WHITE D C, DAVIS W M, NICKELS J S, 1979. Determination of sedimentary microbial biomass by extractable lipid phosphate[J]. Oecologia, 40: 51–62.

WILL C, THÜRMER A, WOLLHERR A, et al, 2010. Horizon-specific bacterial community composition of German grassland soils, as revealed by pyrosequencing-based analysis of 16S rRNA genes[J]. Applied Environmental Microbiology, 76: 6751–6758.

WILSON J B, 1999. Guilds, functional types and ecological groups[J]. Oikos, 86: 507–522.

WU G D, LEWIS J D, HOFFMANN C, et al, 2010. Sampling and pyrosequencing methods for characterizing bacterial communities in the human gut using 16S sequence tags[J]. BMC Microbiology, 10: 206.

WU Y P, MA B, ZHOU L, et al, 2009. Changes in the soil microbial community structure with latitude in eastern China, based on phospholipid fatty acid analysis[J]. Applied Soil Ecology, 43: 234–240.

XIA H J, LIU L S, BAI J H, et al, 2020. Wetland Ecosystem Service Dynamics in the Yellow River Estuary under Natural and Anthropogenic Stress in the Past 35 Years[J]. Wetlands, 40: 2741–2754.

XU K, WANG R Q , GUO W H, et al, 2020. Factors affecting the community structure of macrobenthos and microorganisms in Yellow River Delta wetlands: season, habitat, and interactions of organisms[J]. Ecohydrology & Hydrobiology. https://doi.org/10.1016/j.ecohyd.2020.04.002.

YANG D, KAO W T M, ZHANG G, et al, 2014. Evaluating spatiotemporal differences and sustainability of Xiamen urban metabolism using emergy synthesis[J]. Ecological Modelling, 272: 40–48.

YANG Q, LIU G, BIAGIO F, et al, 2020. Emergy-based ecosystem services valuation and classification management applied to China's grasslands[J]. Ecosystem Services, 42: 101073.

YANG W, LI X X, SUN T, et al, 2017. Macrobenthos functional groups as indicators of ecological restoration in the northern part of China's Yellow River Delta Wetlands[J]. Ecological Indicators, 82: 381–391.

YEN K M, KARL M R, BLATT L M, et al, 1991. Cloning and characterization of a Pseudomonas mendocina KR1 gene cluster encoding toluene-4-monooxygenase[J]. Journal of Bacteriology, 173: 5315–5327.

YU S, EHRENFELD J G, 2009. The effects of changes in soil moisture on nitrogen cycling in acid wetland types of the New Jersey Pinelands (USA)[J]. Soil Biology and Biochemistry, 41: 2394–2405.

YU S L, LI S G, TANG Y Q, et al, 2011. Succession of bacterial community along with the removal of heavy crude oil pollutants by multiple biostimulation treatments in the Yellow River Delta, China[J]. Journal of Environmental Sciences, 23: 1533–1543.

ZAK D R, HOLMES W E, WHITE D C, et al, 2003. Plant diversity, soil microbial communities and ecosystem function: are there any links[J]. Ecology, 84: 2042–2050.

ZAK J C, WILLIG M R, MOORHEAD D L, et al, 1994. Functional diversity of microbial communities: a quantitative approach[J]. Soil Biology and Biochemistry, 26: 1101–1108.

ZHANG G S, WANG R Q, SONG B M, 2007. Plant community succession in modern Yellow River Delta, China[J]. Journal of Zhejing University Sci. B, 8: 540–548.

ZHANG L X, CHEN B G, YANG Z F, et al, 2009. Comparison of typical mega cities in China using emergy synthesis[J]. Communications in Nonlinear Science and Numerical Simulation, 14(6): 2827–2836.

ZHANG L X, PANG M Y, WANG C B, 2014. Emergy analysis of a small hydropower plant in southwestern China[J]. Ecological Indicators, 38: 81–88.

ZHANG P, MA T, 2011. A Comment on Studies on Evaluation of Service Value of Wetland Ecosystem in China[J]. Wetlands scienta, 9(2): 203–208.

ZHANG S, WANG R, QI X, et al, 2004. Morphological and RAPD Variation of *Phragmites australis* along Salinity Gradient in the Wetlands of the Downstream of Yellow River, China[J]. Korean Journal of Ecology, 27(1): 501–503.

ZHANG X, ZHANG Z, LI Z, et al, 2021. Impacts of spartina alterniflora invasion on soil carbon contents and stability in the Yellow River Delta, China[J]. Science of The Total Environment, 775: 145188.

ZHANG Y, YANG Z, LIU G, et al, 2011. Emergy analysis of the urban metabolism of Beijing[J]. Ecological Modelling, 222: 2377–2384.

ZHAO Y J, LIU B, ZHANG W G, et al, 2010. An Effects of plant and influent C:N:P ratio on microbial diversity in pilot-scale constructed wetlands[J]. Ecological Engineering, 36: 441–449.

附录1 黄河三角洲淡水浮游动物名录

原生动物 Rhizopoda	门	目	科	属	种
	肉鞭虫门 Phylum Sarcomastigophora	变形目 Order Amoebina	变形科 Family Amoebidae	变形虫属 Genus Amoeba	变形虫 Amoeba
					辐射变形虫 A. radiosa
		表壳目 Order Arcellinida	表壳科 amily Arcellidae	表壳虫属 Genus Arcella	表壳虫 Arcella
					普通表壳虫 A. Vulgaris
			砂壳科 Family Difflugiide	砂壳虫属 Genus Difflugia	砂壳虫 Difflugia
					球形砂壳虫 D. globulosa
					长圆砂壳虫 D. oblonga oblonga
					瓶砂壳虫 D. urcaolata
				匣壳虫属 Genus Centropyxis	匣壳虫 Centropyxis
					针棘匣壳虫 C. aculeata
		有壳丝足目 Order Testaceafilosa	鳞壳科 Family Euglyphidae	鳞壳虫属 Genus Euglypha	鳞壳虫 Euglypha
				楔颈虫属 Genus Sphenoderia	楔颈虫 Sphenoderia
	纤毛虫门 Phylum Ciliophora	前口目 Order Prostomatida	前管科 Family Prorodontidae	尾毛虫属 Genus Urotricha	尾毛虫 Urotricha
			板壳科 Family Colepidae	板壳虫属 Genus Coleps	板壳虫 Coleps
					毛板壳虫 C. hirtrus
		刺钩目 Order Haptorida	栉毛科 Family Didiniidae	栉毛虫属 Genus Didinium	栉毛虫 Didinium
				睥睨虫属 Genus Askenasia	睥睨虫 Askenasia
		侧口目 Order Pleurostomatida	裂口科 Family Amphileptidae	半眉虫属 Genus Hemiophrys	半眉虫 Hemiophrys
				漫游虫属 Genus Litonotus	漫游虫 Litonotus
					片状漫游虫 L. Fasciola

原生动物 Rhizopoda	门	目	科	属	种
	纤毛虫门 Phylum Ciliophora	肾形目 Order Colpodida	肾形科 Family Colopodidae	肾形虫属 Genus Colpoda	肾形虫 Colpoda
		管口目 Order Cyrtophorida	斜管科 Family Chilodonellidae	斜管虫属 Genus Chilodonela	僧帽斜管虫 Chilodonella cucullulus
		吸管目 Order Suctorida	足吸管科 Family Podophryidae	足吸管虫属 Genus Podophrya	吸管虫 Podophrya
					固着吸管虫 P. fixa
		膜口目 Order Hymenostomatida	四膜科 Family Tetrahymenidae	豆形虫属 Genus Colpidium	豆形虫 Colpidium
					肾形豆形虫 C. colpoda
			草履科 Family Parameciidae	草履虫属 Genus Paramecium	草履虫 Paramecium
					绿草履虫 P. bursaria
					尾草履虫 P. caudatum
		眉纤毛虫目 Order Scuticociliatida	映毛科 Family Cinetochilidae	映毛虫属 Genus Cinetochilum	映毛虫 Cinetochilum
			膜袋科 Family Cyclidiidae	膜袋虫属 Genus Cyclidium	膜袋虫 Cyclidium
		缘毛目 Order Peritrichida	钟形科 Family Vorticellidae	独缩虫属 Genus Carchesium	独缩虫 Carchesium
					螅状独缩虫 C. polypinum
				钟虫属 Genus Vorticella	钟虫 Vorticella
					沟钟虫 V. convallaria
					杯钟虫 V. cupifera
				聚缩虫属 Genus Zoothamnium	树状聚缩虫 Zoothamnium arbuscula
			累枝科 Family Epistylidae	累枝虫属 Genus Epistylis	湖累枝虫 Epistylis lacustris
					浮游累枝虫 E. rotans
					瓶累枝虫 E. urceolata
		异毛目 Order Heterotrichida	喇叭科 Family Stentoridae	喇叭虫属 Genus Stentor	多形喇叭虫 Stentor multiformis
		寡毛目 Order Oligotrichida	弹跳科 Family Halteriidae	弹跳虫属 Genus Halteria	弹跳虫 Halteria
					大弹跳虫 H. grandinella
			急游科 Family Strombidiidae	急游虫属 Genus Strombidium	急游虫 Strombidium

原生动物 Rhizopoda	门	目	科	属	种
	纤毛虫门 Phylum Ciliophora	寡毛目 Order Oligotrichida	急游科 Family Strombidiidae	急游虫属 Genus Strombidium	绿急游虫 S. viride
			侠盗科 Family Strobilidiidae	侠盗虫属 Genus Strobilidium	侠盗虫 Strobilidium
					帽形侠盗虫 S. velox
		下毛目 Order Hypotrichida	楯纤科 Family Aspidiscidae	楯纤虫属 Genus Aspikisca	楯纤虫 Aspidisca
			游仆科 Family Euplotidae	游仆虫属 Genus Euplotes	游仆虫 Euplotes
					阔口游仆虫 E. eurostomus

轮虫类 Rotifera	目	科	属	种
	双巢目 Digononta	旋轮科 Philodini	轮虫属 Rotaria	懒轮虫 Rotaria tardigrada
				长足轮虫 R. neptunia
			旋轮属 Philodina	巨环旋轮虫 Philodina megalotrocha
				玫瑰旋轮虫 Ph. roseola
				红眼旋轮虫 Ph. erythrophthalma
			间盘轮属 Dissotrocha	尖刺间盘轮虫 Disstrocha aculeata
	单巢目 Monogononta	猪吻轮科 Dicranophoridae	猪吻轮属 Dicranophorus	尾猪吻轮虫 Dicranophorus caudatus
		臂尾轮科 Brachionidae	狭甲属 Colurella	钩状狭甲轮虫 Colurella uncinata
			鞍甲轮属 Lepadella	盘状鞍甲轮虫 Lepadella patella
			臂尾轮属 Brachionus	角突臂尾轮虫 Brachionus angularis
				萼花臂尾轮虫 B. calyciflorus
				剪形臂尾轮虫 B. forficula
				花篋臂尾轮虫 B. capsuliflorus
				壶状臂尾轮虫 B. urceus
				矩形臂尾轮虫 B. leydigi

轮虫类 Rotifera	目	科	属	种
	单巢目 Monogononta	臂尾轮科 Brachionidae	裂足轮属 Schizocerca	裂足轮虫 Schizocerca diversicornis
			平甲轮属 Platyias	四角平甲轮虫 Platyias quadricornis
				十指平甲轮虫 P. militaris
			棘管轮属 Mytilina	剑头棘管轮虫 Mytilina mucronata
				侧扁棘管轮虫 M. compressa
			须足轮属 Euchlanis	大肚须足轮虫 Euchlanis dilatata
			龟甲轮属 Keratella	螺形龟甲轮虫 Keratella cochlearis
				矩形龟甲轮虫 K. quadrata
				曲腿龟甲轮虫 K. valga
			叶轮属 Notholca	唇形叶轮虫 Notholca labis
			水轮属 Epiphanes	椎尾水轮虫 Epiphanes senta
		腔轮科 Lecanidae	腔轮属 Lecane	蹄形腔轮虫 Lecane ungulata
				月形腔轮虫 L. luna
			单趾轮属 Monostyla	月形单趾轮虫 Monostyla lunaris
				囊形单趾轮虫 M. bulla
		晶囊轮科 Asplanchnidae	晶囊轮属 Asplanchna	前节晶囊轮虫 Asplanchna priodonta
				卜氏晶囊轮虫 A. brightwelli
		椎轮科 Notommatidae	巨头轮属 Cephalodella	凸背巨头轮虫 Cephalodella gibba
			高跷轮属 Scaridum	高跷轮虫 Scaridum longicaudum
		腹尾轮科 Gastropodidae	腹尾轮属 Gastropus	腹足腹尾轮虫 Gastropus hyptopus
		鼠轮科 Trichocercidae	异尾轮属 Trichocerca	刺盖异尾轮虫 Trichocerca capucina
				长刺异尾轮虫 T. longiseta
				暗小异尾轮虫 T. pusilla
				圆筒异尾轮虫 T. cylindrica

轮虫类 Rotifera	目	科	属	种
单巢目 Monogononta		疣毛轮科 Synchaetidae	多肢轮属 *Polyarthra*	针簇多肢轮虫 *Polyarthra trigla*
			疣毛轮属 *Synchaeta*	梳状疣毛轮虫 *Synchaeta pectinta*
				长圆疣毛轮虫 *S. oblonga*
		镜轮科 Testudinllidae	镜轮属 *Testudinella*	盘镜轮虫 *Testudinella patina*
			泡轮属 *Pompholyx*	沟痕泡轮虫 *Pompholyx sulcata*
			巨腕轮属 *Pedalia*	奇异巨腕轮虫 *Pedalia mira*
			三肢轮属 *Filinia*	长三肢轮虫 *Filinia longiseta*
				臂三肢轮虫 *F. brachiata*
		聚花轮科 Conochilidae	聚花轮属 *Conochilus*	独角聚花轮虫 *Conochilus unicornis*
		胶鞘轮科 Collothecidae	胶鞘轮属 *Collotheca*	无常胶鞘轮虫 *Collotheca mutabilis*

枝角类 Cladocera	科	属	种
	仙达溞科 Sididae	仙达溞属 Side	晶莹仙达溞 Side crystallina
		秀体溞属 Diaphanosoma	短尾秀体溞 Diaphanosoma brachyurum
			长肢秀体溞 D. leuchtenbergianum
	溞科 Daphniidae	溞属 Daphnia	透明溞 Daphnia（Daphnia）hyalina
			隆线溞 D. carinata
			蚤状溞 D. pulex
			长刺溞 D. longispina
		低额溞属 Simocephalus	老年低额溞 Simocephalus vetulus
		网纹溞属 Ceriodaphnia	方形网纹溞 Ceriodaphnia quadrangula
			角突网纹溞 C. cornuta
		船卵溞属 Scapholeberis	平突船卵溞 Scapholeberis mucronata
	裸腹溞科 Moinidae	裸腹溞属 Moina	直额裸腹溞 Moina rectirostris
			多刺裸腹溞 M. macrocopa
	象鼻溞科 Bosminidae	象鼻溞属 Bosmina	长额象鼻溞 Bosmina longirostris
			简弧象鼻溞 B. coregoni
	粗毛溞科 Macrothricidae	泥溞属 Ilyocryptus	活泼泥溞 Ilyocryptus agilis
		隆背溞属 Bunops	盾额隆背溞 Bunops scntifrons
	盘肠溞科 Chydoridae	弯尾溞属 Camptocercus	直额弯尾溞 Camptocercus rectirostris
		尖额溞属 Alona	矩形尖额溞 Alona rectangula
			点滴尖额溞 A. guttatasaus
			肋形尖额溞 A. costata
		异尖额溞属 Disparalona	吻状异尖额溞 Disparalona rostrata
		平直溞属 Pleuroxus	三角平直溞 Plauroxus trigonellus
		盘肠溞属 Chydorus	圆形盘肠溞 Chydorus sphaericus

桡足类 Copepoda	目	科	属	种
	哲水蚤目 Calanoida	胸刺水蚤科 Centropagidae	华哲水蚤属 Sinocalanus	中华哲水蚤 *Sinocalanus sinensis*
				细巧华哲水蚤 *S. tenellus*
				汤匙华哲水蚤 *S. dorrii*
		伪镖水蚤科 Pseudodiaptomidae	许水蚤属 *Schmackeria*	球状许水蚤 *Schmackeria forbesi*
				指状许水蚤 *S. inopinus*
				火腿许水蚤 *S. poplesia*
		镖水蚤科 Diaptomidae	新镖水蚤属 *Neodiaptomus*	右突新镖水蚤 *Neodiaptomus schmackeri*
	猛水蚤目 Harpacticoida	猛水蚤科 Harpacticidae	拟猛水蚤属 *Harpacticella*	拟猛水蚤 *Harpacticella*
				异足猛水蚤科 *Canthocamptidae*
			跛足猛水蚤属 *Mesochra*	跛足猛水蚤 *Mesochra*
	剑水蚤目 Cyclopoida	剑水蚤科 Cyclopoidae	真剑水蚤属 *Eucyclops*	锯缘真剑水蚤 *Eucyclops serrulatus*
				如愿真剑水蚤 *E. speratus*
				大尾真剑水蚤 *E. macruroides*
				锯齿真剑水蚤 *E. macruroides denticulatus*
			外剑水蚤属 *Ectocyclops*	胸饰外剑水蚤 *Ectocyclops phaleratus*
			剑水蚤属 *Cyclops*	近邻剑水蚤 *Cyclops vicinus vicinus*
			刺剑水蚤属 *Acanthooyclops*	角突刺剑水蚤 *Acanthocyclops（Diacyclops）thomasi*
			小剑水蚤属 *Microcyclops*	跨立小剑水蚤 *Microcyclops（Mirocyclops）varicans*
			中剑水蚤属 *Mesocyclops*	广布中剑水蚤 *Mesocyclops leuckarti*
			温剑水蚤属 *Thermocyclops*	台湾温剑水蚤 *Thermocyclops taihokuensis*
				短尾温剑水蚤 *Th. brevifurcatus*
				等刺温剑水蚤 *Th. kawamurai*

附录2 黄河三角洲淡水底栖无脊椎动物名录

门	纲	科	属	种
环节动物门 Annelida	寡毛纲 Oligochaeta	仙女虫科 Naididae	仙女虫属 Nais	普通仙女虫 Nais communis
			拟仙女虫属 Paranais	活动拟仙女虫 Paranais mobilis
			杆吻虫属 Stylaria	尖头杆吻虫 Stylaria fossularis
		颤蚓科 Tubificidae	尾鳃蚓属 Branchiura	苏氏尾鳃蚓 Branchiura sowerbyi
			水丝蚓属 Limnodrilus	霍甫水丝蚓 Limnodrilus hoffmeisteri
	蛭纲 Hirudinea	舌蛭科 Glossiphoniidae	舌蛭属 Glossiphonia	宽身舌蛭 Glossiphonia lata
			蛙蛭属 Batracobdella	绿蛙蛭 Batracobdella paludosa
		黄蛭科 Haemopidae	金线蛭属 Whitmania	宽体金 Whitmania pigra
		沙蛭科 Salifidae	巴蛭属 Barbronia	巴蛭 Barbronia weberi
软体动物门 Mollusca	腹足纲 Gastropoda	田螺科 Viviparidae	圆田螺属 Cipangopaludina	中华圆田螺 Cipangopaludina cathayensis
			环棱螺属 Bellamya	梨形环棱螺 Bellamya purificata
				铜锈环棱螺 B. aeruginosa
		螺科 Hydrobiidae	狭口螺属 Stenothyra	光滑狭口螺 Stenothyra glabra
			涵螺属 Alocinma	长角涵螺 Alocinma longicornis
			沼螺属 Parafossarulus	纹沼螺 Parafossarulus striatulus
				大沼螺 P. eximius
			豆螺属 Bithynia	赤豆螺 Bithynia fuchsiana
		黑螺科 Melaniidae	短沟蜷属 Semisulcospira	方格短沟蜷 Semisulcospira cancellata
		椎实螺科 Lymnaeidae	椎实螺属 Lymnaea	静水椎实螺 Lymnaea stagnalis
			萝卜螺属 Radix	耳萝卜螺 Radix auricularia

门	纲	科	属	种
软体动物门 Mollusca	腹足纲 Gastropoda	椎实螺科 Lymnaeidae	萝卜螺属 Radix	椭圆萝卜螺 R. swinhoei
				狭萝卜螺 R. lagotis
		扁蜷螺科 Planorbidae	旋螺属 Gyraulus	凸旋螺 Gyraulus convexiusculus
			圆扁螺属 Hippeutis	尖口圆扁螺 Hippeutis cantori
	瓣鳃纲 Lamelibranchia	蚌科 Unionidae	珠蚌属 Unio	圆顶珠蚌 Unio douglasiae
			楔蚌属 Cuneopsis	矛形楔蚌 Cuneopsis celtiformis
			矛蚌属 Lanceolaria	剑状矛蚌 Lanceolaria gladiola
			无齿蚌属 Anodonts	背角无齿蚌 Anodonts woodiana
				舟形无齿蚌 A. euscaphys
				蚶形无齿蚌 A. arcaeformis
		蚬科 Corbiculidae	蚬属 Corbicula	河蚬 Corbicula fluminea
				刻纹蚬 C. largillierti
		球蚬科 Sphaeriidae	球蚬属 Sphaerium	湖球蚬 Sphaerium lacustre
节肢动物门 Arthropoda	昆虫纲 Insecta	小蜉游科 Ephemerellidae	小蜉属 Ephemerella	小蜉 Ephemeralla
		细蜉游科 Caenidae	细蜉属 Caenis	细蜉 Caenis
		龙虱科 Dytiscidae	龙虱属 Cybister	龙虱 Cybister
			洼龙虱属 Laccophilus	洼龙虱 Laccophilus
			潜水龙虱属 Coelambus	潜水龙虱 Coelambus
		牙虫甲科 Hydrophilidae	牙虫甲属 Hydrous	牙虫甲 Hydrous
		泥虫甲科 Dryopidae	泥虫甲属 Helichus	泥虫甲 Helichus
		沼棱科 Haliplidae	沼棱属 Haliplus	沼棱 Haliplus
		鼓虫科 Gyrinidae	鼓虫属 Gyrinus	鼓虫 Gyrinus
		宽黾蝽科 Veliida	宽黾蝽属 Velia	小宽黾蝽 Microvelia horvathi
		蝎蝽科 Nepidae	螳蝎蝽属 Ranatra	水华螳蝎 Ranatra chinensis

门	纲	科	属	种
节肢动物门 Arthropoda	昆虫纲 Insecta	蝎蝽科 Nepidae	蝎蝽属 Nepa	蝎蝽 Nepa
		仰蝽科 Notonectidae	仰蝽属 Notonecia	黑纹仰蝽 Notonecta chinensis
		黾蝽科 Gerridae	黾蝽属 Gerris	水黾 Aquarium paludum
		负子蝽科 Belostomatidae	田鳖属 Kirkaldyia	大田鳖 Kirkaldyia deyrollei
		划蝽科 Corixidae	划蝽属 Corixa	横纹划蝽 Sigara substriata
		蟌科 Coenagrionidae	瘦蟌属 Ischnura	亚洲瘦蟌 schnura lobata
		色蟌科 Calopter ygidae	色蟌属 Caploperyx	黑色蟌 Calopteryx atrata
		伪蜓科 Cordulidae	虎蜻属 Epitheca	虎蜻 Epitheca marginata
		蜻科 Libellulidae	黄蜻属 Pantala	黄蜻 Pantala flavescens
			赤卒属 Sympetrum	褐顶赤卒 Sympetrum frequens
		摇蚊科 Chironomidae	长足摇蚊属 Tanypus	长足摇蚊 Tanypus
			环足摇蚊属 Cricotopus	三带环足摇蚊 Cricotopus trifasciatus
			摇蚊属 Tendipes	羽摇蚊 Tendipes plumosus
			多足摇蚊属 Polypedilum	灰跗多足摇蚊 Polypedilum leucopus
			隐摇蚊属 Cryptochironomus	隐摇蚊 Cryptochironomus
			调翅摇蚊属 Glytotendipes	调翅摇蚊 Glytotendipes
			流水长跗摇蚊属 Rheotanytarsus	流水长跗摇蚊 Rheotanytarsus
		大蚊科 Tipulidae	大蚊属 Tipula	大蚊 Tipula
		细腰蚊科 Ptychopteridae	细腰蚊属 Ptychoptera	细腰蚊 Ptychoptera
		鱼蛉科 Corydalidae	星齿蛉属 Protohermes	原鳃星齿蛉 Protohermes grandis
	甲壳纲 Crustacea	钩虾科 Gammaridae	钩虾属 Gammarus	钩虾 Gammarus
		匙指虾科 Atyidae	新米虾属 Neocaridina	中华新米虾 Neocaridina denticulat sinensis
		长臂虾科 Palaemonidae	长臂虾属 Palaemon	秀丽白虾 Palaemon（Exopalaemon）modestus
			沼虾属 Macrobrachium	日本沼虾 Macrobrachium nipponense
		华溪蟹科 Sinopotamidae	华溪蟹属 Sinopotamon	华溪蟹 Sinopotamon

附录3 黄河三角洲扁形动物名录

目	科	种
前口目 Prosostomata	斜睾科 Plagiorchidae	前殖吸虫 *Prosthogonimus*
		卷口吸虫 *Echinostoma revolutum*
		宫川棘口吸虫 *E. yaquan*
	歧腔科 Kicrocoeliidae	矛形歧腔吸虫 *Dicrocoelium lanceatum*
		枝歧腔吸虫 *D. dendriticum*
	片形科 Fasciolidae	肝片吸虫 *Fasciola hepatica*
	前后盘科 Paramhistomatidae	前后盘吸虫 *Paramphistomum*
圆叶目 Cyclophyllidae	裸头科 Anoplocephalidae	贝氏莫尼茨绦虫 *Monienia bereeleni*
		裸头绦虫 *Anoplocephala*
		扩展莫尼茨绦虫 *Moniezia expansa*
	带科 Taeniidae	猪囊尾蚴 *Cysticercus celluiosae*
		囊尾蚴 *Cysticercus*
		细颈囊尾蚴 *C. tenuicollis*
		豆状囊尾蚴 *C. pisiformis*
	戴文科 Davaineidae	四角赖利绦虫 *Raillietina tetragona*
		棘盘利绦虫 *Raillietina echinobothrida*
	无卵黄腺绦虫科 Tellinidae	无卵黄腺绦虫 *Autellina*

附录4 黄河三角洲线虫动物名录

目	科	种
蛔虫目 Ascaroidea	蛔虫科 Ascaridae	猪蛔虫 *Ascares suum*
		鸡蛔虫 *A. galli*
		马副蛔虫 *Parascaris equorum*
	尖尾科 Oxyuridae	兔蛲虫 *Oxyuris*
		马蛲虫 *O. equi*
	异刺科 Heterakidae	鸡异刺线虫 *Heterakis gallinae*
	圆形科 Strongylidae	马圆形线虫 *Strongylus*
	网尾科 Dictyocaulidae	丝状网尾线虫 *Dictyocaulus filaria*
	钩口科 Ancylostomatidae	羊仰口线虫 *Bunostomum trigonocephalum*
	毛线科 Trichonematidae	马毛线虫 *Trichonema*
		长尾结节虫 *Oesophagostomum longica*
		哥伦比亚结节虫 *O. columbianum*
		辐射结节虫 *O. radiatum*
		微管结节虫 *O. uenulosum*
		粗纹结节虫 *O. asperum*
		甘肃结节虫 *O. kansuensis*
		有齿结节虫 *O. dentatum*

目	科	种
蛔虫目 Ascaroidea	毛圆形科 Trichostrongylidae	毛圆线虫 *Trichostronglus*
		游形毛圆线虫 *T. colibriformis*
		捻转血矛线虫 *Haemonchus coutortus*
		指形长刺线虫 *Mecistocirrus digitatus*
	毛形科 Trichinellidae	旋毛虫 *Trichinella spiralis*
	网首科 Histiocephalidae	斯氏副柔线虫 *Parabronema skrjabini*
	毛首科 Trihocephalidae	猪毛首线虫 *Trihocephalus suis*
		牛毛首线虫 *T. bouis*
		兰氏毛首线虫 *T. lani*
	蛔状科 Ascaropidae	圆形蛔状线虫 *Ascarops strongylina*
		六翼泡首线虫 *Physocephalus sexalatu*
	旋尾科 Spiruridae	美丽筒线虫 *Gongylonema pulchrum*
	丝虫科 Filariidae	鹿丝状线虫 *Setaria cerni*
		马丝状线虫 *S. equina*
	棘吻科 Oligacanthorhynchidae	蛭形世吻棘头线虫 *Macracanthorhynchus hirudinaceus*
	后圆形科 Metastrongylidae	长刺后圆形虫 *Metastrongylus elongatus*
垫刃目 Tylenchida	垫刃科 Tylenchidae	小麦粒线虫 *Anguina tritici*
		地瓜茎线虫 *Dilyenchus disaci*
	异皮科 Heeteroderidae	大豆胞囊线虫 *Heteroder glycines*
		地瓜根结线虫 *Meloidogyne indognita*
		花生根结线虫 *M. arenaria*

附录5 黄河三角洲鱼类名录

纲	目	科	中文名	学名	保护级别
软骨鱼纲	真鲨目	皱唇鲨科	皱唇鲨	*Triakis scyllium*	
		真鲨科	黑印真鲨	*Carcharhinus menisorrah*	
		双髻鲨科	锤头双髻鲨	*Sphyrna zygaena*	
	鳐形目	犁头鳐科	许氏犁头鳐	*Rhinobatos schlegeli*	
		团扇鳐科	中国团扇鳐	*Platyrhina sinensis*	
		鳐科	孔鳐	*Raja porosa*	
	鲼形目	燕魟科	日本燕魟	*Gymnura japonica*	
		魟科	赤魟	*Dasyatis akajei*	
			光魟	*D. laevigatus*	
			奈氏魟	*D. navarrae*	
硬骨鱼纲	鲱形目	鲱科	斑鰶	*Clupanodon punctatus*	
			鳓	*Ilisha elongata*	
			青鳞小沙丁鱼	*Sardinella zunasi*	
		鳀科	日本鳀	*Engraulis japonicus*	
			赤鼻棱鳀	*Thryssa kammalensis*	
			中颌棱鳀	*T. mystax*	
			黄鲫	*Setipinna taty*	
			刀鲚	*Coilia ectenes*	
			凤鲚	*C. mystus*	
			短颌鲚	*C. brachygnathus*	

纲	目	科	中文名	学名	保护级别
硬骨鱼纲	鲑形目	香鱼科	香鱼	*Plecoglossus altivelis*	
		银鱼科	大银鱼	*Protosalanx hyalocranius*	
			安氏新银鱼	*Paraprosalanx andersoni*	
			前颌间银鱼	*Hemisalanx prognathus*	
			安尼银鱼	*Salanx annitae*	
			尖头银鱼	*S. acuticeps*	
			长鳍银鱼	*S. longianalis*	
			有明银鱼	*S. ariakensis*	
			胡氏新银鱼	*Neosalanx hubbsi*	
	灯笼鱼目	狗母鱼科	长蛇鲻	*Saurida elongata*	
	鲤形目	鲤科	鲤	*Cyprinus caripio*	
			鲫	*Carassius auratus*	
			银鲫亚种	*C. a. gibelio*	
			唇鲴	*Hemibarbus labeo*	
			花鲴	*H. maculatus*	
			长吻鲴	*H. longirostris*	
			拟白鮈	*Paraleucogobio notacanthus*	
			麦穗鱼	*Pseudorasbora parva*	
			多牙麦穗鱼	*P. fowleri*	
			华鳈	*Sarcocheilichthys nigripinnis*	
			黑鳍鳈	*S. nigripinnis*	
			多纹颌须鮈	*Gnathopogon polytaenia*	
			济南颌须鮈	*G. tsinanensis*	
			银色颌须鮈	*G. argentatus*	

纲	目	科	中文名	学名	保护级别
硬骨鱼纲	鲤形目	鲤科	中间颌须鮈	*G. intermedius*	
			点纹颌须鮈	*G. wolterstorffi*	
			花丁鮈	*G. gobio cynocephalus*	
			棒花鮈	*G. g. rivuloides*	
			棒花鱼	*Abbottina rivularis*	
			钝吻棒花鱼	*A. obtusirostris*	
			长蛇鮈	*Saurogobio dumerili*	
			蛇鮈	*S. dabryi*	
			青鱼	*Mylopharyngodon piceus*	
			草鱼	*Ctenopharyngodon idellus*	
			瓦氏雅罗鱼	*Leuciscus waleckii*	
			鱤鱼	*Elopichthys bambusa*	
			南方马口鱼亚种	*Opsariichthys vncirostris*	
			鳡鱼	*Ochetobius elongatus*	
			宽鳍鱲	*Zacco platypus*	
			赤眼鳟	*Squaliobarbus curriculus*	
			银飘鱼	*Pseudolaubuca sinensis*	
			白鲦	*Hemiculter leucisculus*	
			高体白鲦	*H. bleekeri*	
			三角鲂	*Megalobrama terminalis*	
			团头鲂	*M. amblycephala*	
			尖头红鲌	*Erythroculter oxycephalus*	
			蒙古红鲌	*E. mongolicus*	
			戴氏红鲌	*E. dabryi*	

纲	目	科	中文名	学名	保护级别
硬骨鱼纲	鲤形目	鲤科	红鳍红鲌	*E. erythropterus*	
			短尾鲌亚种	*Culter alburnus brevicauda*	
			鳊	*Parabramis pekinensis*	
			银鲴	*Xenocypris argentea*	
			黄尾鲴	*X. davidi*	
			细鳞斜颌鲴	*Plagiognathops microlepis*	
			圆吻鲴	*Distoechodon tunirostris*	
			刺鳊	*Acanthobrama simoni*	
			中华鳑鲏	*Rhodeus sinensis*	
			高体鳑鲏	*R. ocellatus*	
			大鳍刺鳑鲏	*Acanthorhodeus macropterus*	
			兴凯刺鳑鲏	*A. chankaensis*	
			大鳞倒刺鲃	*Barbodes caldwelli*	
			中华倒刺鲃	*B. sinensis*	
			齐口裂腹鱼	*Schizothorax prenanti*	
			河海鳅鮀	*Gobiobotia pappenheimi*	
			平鳍鳅鮀	*G. homalopteroidea*	
			鳙	*Aristichthy nobilis*	
			鲢	*Hypophthalmichthys molitrix*	
		鳅科	花鳅	*Gobitis taenia*	
			泥鳅	*Misgurnus anguillicaudatus*	
			大鳞泥鳅	*M. mizolepis*	
			花斑副沙鳅	*Parabotia fasciata*	
			须鼻鳅	*Lefua costata*	

纲	目	科	中文名	学名	保护级别
硬骨鱼纲	鲇形目	鲇科	鲇	*Parasilurus asotus*	
		胡子鲇科	胡子鲇	*Clarias fucus*	
		鲿科	黄颡鱼	*Pseudobagrus fulvidraco*	
			瓦氏黄颡鱼	*P. vachellii*	
			长尾鲿	*Leiocassis longirostris*	
	鳗鲡目	鳗鲡科	鳗鲡	*Anguilla japonica*	
		海鳗科	海鳗	*Muraenesox cinereus*	
	颌针鱼目	颌针鱼科	尖嘴扁颌针鱼	*Ablennes anastomella*	
		鱵科	日本鱵	*Hemiramphus sajori*	
		飞鱼科	真燕鳐	*Prognichthys agoo*	
	鳕形目	鳕科	大头鳕	*Gabus macrocephalus*	
	刺鱼目	剃刀鱼科	蓝鳍剃刀鱼	*Solenostomus cyanopterus*	
		海龙科	尖海龙	*Syngnathus acus*	
			日本海马	*Hippocampus japonicus*	二级
			冠海马	*H. coronatus*	二级
	鲻形目	鲆科	油鲆	*Sphyraena pinguis*	
		鲻科	鮻	*Liza haematocheila*	
			鲻鱼	*Mugil cephalus*	
	鳉形目	鳉科	青鳉	*Oryzias latipes*	
	合鳃目	合鳃科	黄鳝	*Monopterus albus*	
	鲈形目	鮨科	鲈	*Lateolabrax japonicus*	
			鳜鱼	*Siniperca chuatsi*	
			钱斑鳜	*S. scherzeri*	
		天竺鲷科	细条天竺鲷	*Apogonichthys lineatus*	

纲	目	科	中文名	学名	保护级别
硬骨鱼纲	鲈形目	鱚科	多鳞鱚	*Sillago sihama*	
		石首鱼科	皮氏叫姑鱼	*Johnius belengeri*	
			黄姑鱼	*Nibea albiflora*	
			鮸	*Miichthys miiuy*	
			白姑鱼	*Argyrosomus argentatus*	
			小黄鱼	*Pseudosciaena polyactis*	
			棘头梅童鱼	*Collichthys lucidus*	
			黑鳃梅童鱼	*C. niveatus*	
		鲹科	沟鲹	*Atropus atropus*	
			蓝圆鲹	*Decapterus maruadsi*	
		鲷科	真鲷	*Pagrosomus major*	
			黑鲷	*Sparus macrocephalus*	
		石鲈科	斜带髭鲷	*Hapalogenys nitens*	
			横带髭鲷	*H. mucronatus*	
			花尾胡椒鲷	*Plectorhynchus cinctus*	
		海鲫科	海鲫	*Ditrema temmincki*	
		锦鳚科	云鳚	*Enedrias nebulosus*	
			方氏鳚	*E. fangi*	
		线鳚科	六线鳚	*Ernogrammus hexagrammus*	
		绵鳚科	长绵鳚	*Enchelyopus elongatus*	
		玉筋鱼科	玉筋鱼	*Ammodytes personatus*	
		鱼衔科	短鳍鱼衔	*Callionymus kitaharae*	
			绯鱼衔	*C. beniteguri*	
		带鱼科	小带鱼	*Euplerogrammus muticus*	

纲	目	科	中文名	学名	保护级别
硬骨鱼纲	鲈形目	带鱼科	带鱼	*Trichiurus haumela*	
		鲭科	鲐鱼	*Pneumatophorus japonicus*	
		鲅科	蓝点马鲛	*Scombermorus niphonius*	
		鲳科	银鲳	*Pampus argenteus*	
			灰鲳	*P. nozawae*	
		鰕虎鱼科	夏宫栉鰕虎鱼	*Ctenogobius aestivaragia*	
			栉鰕虎鱼	*C. giurinus*	
			真栉鰕虎鱼	*C. similis*	
			普氏栉鰕虎鱼	*C. pflaumi*	
			济南阿匍鰕虎鱼	*Aboma tsinanensis*	
			乳色阿匍鰕虎鱼	*A. lactipes*	
			条尾裸头鰕虎鱼	*Chaenogobius urotaenia*	
			大颌裸头鰕虎鱼	*Chaenogobius macrognathus*	
			舌鰕虎鱼	*Glossogobius giuris*	
			栗色克丽鰕虎鱼	*Chloea castanea*	
			暗缟鰕虎鱼	*Tridentigen obscurus*	
			纹缟鰕虎鱼	*T. trigonocephalus*	
			竿鰕虎鱼	*Luciogobius guttatus*	
			钟馗鰕虎鱼	*Triaenopogon barbatus*	
			黄鳍刺鰕虎鱼	*Acanthogobius flavimanus*	
			矛尾复鰕虎鱼	*Synechogobius hasta*	
			矛尾鰕虎鱼	*Chaeturichthys stigmatias*	
			六丝矛尾鰕虎鱼	*C. hexanema*	
			睛尾蝌蚪鰕虎鱼	*Lophiogobius ocellicauda*	

纲	目	科	中文名	学名	保护级别
硬骨鱼纲	鲈形目	弹涂鱼科	弹涂鱼	*Periophthalmus cantonensis*	
		鳗鰕虎鱼科	红狼牙鰕虎鱼	*Odontamblyopus rubicundus*	
			中华栉孔鰕虎鱼	*Ctenotrypauchen chinensis*	
		攀鲈科	圆尾斗鱼	*Macropodus chinensis*	
		鳢科	乌鳢	*Ophiocephalus argus*	
		塘鳢科	达氏黄黝鱼	*Hypseleotris dabryi*	
			史氏黄黝鱼	*H. swinhonis*	
			葛氏鲈塘鳢	*Perccottus glehni*	
			河川鲈塘鳢	*P. potamophilus*	
			沙塘鳢	*Odontobutis obscurus*	
	刺鳅目	刺鳅科	刺鳅	*Mastacembelus aculeatus*	
	鲉形目	鲂鮄科	绿鳍鱼	*Chelidonichthys kumu*	
			短鳍红娘鱼	*Lepidotrigla micropterus*	
		六线鱼科	大泷六线鱼	*Hexagrammos otakii*	
		鲬科	鲬	*Platycephalus indicus*	
			鳄鲬	*Cociella crocodilus*	
		狮子鱼科	赵氏狮子鱼	*Lipari choanus*	
			细纹狮子鱼	*L. tanakae*	
	鲽形目	牙鲆科	褐牙鲆	*Paralichthys olivaceus*	
		鲽科	高眼鲽	*Cleisthenes herzensteini*	
			圆斑星鲽	*Verasper variegatus*	
			角木叶鲽	*Pleuronichthys cornutus*	
			钝吻黄盖鲽	*Pseudopleuronectes yokohamae*	
			石鲽	*Kareius bicoloratus*	

纲	目	科	中文名	学名	保护级别
硬骨鱼纲	鲽形目	鳎科	带纹条鳎	*Zebrias zebra*	
		舌鳎科	短吻舌鳎	*Cynoglossus joyneri*	
			半滑舌鳎	*C. semilaevis*	
			窄体舌鳎	*C. gracilis*	
			短吻三线舌鳎	*C. abbreviatus*	
	鲀形目	三刺鲀科	短吻三刺鲀	*Triacanthus brevirostris*	
		革鲀科	绿鳍马面鲀	*Navodon septentrionalis*	
		鲀科	豹纹东方鲀	*Fugu pardalis*	
			虫纹东方鲀	*F. vermicularis*	
			星点东方鲀	*F. niphobles*	
			菊黄东方鲀	*F. flavidus*	
			红鳍东方鲀	*F. rubripes*	
			假睛东方鲀	*F. pseudommus*	
			暗纹东方鲀	*F. obscurus*	
			铅点东方鲀	*F. alboplumbeus*	
			黄鳍东方鲀	*F. xanthopterus*	
			网纹东方鲀	*F. reticularis*	
	鮟鱇目	鮟鱇科	黄鮟鱇	*Lophius litulon*	

附录 6　黄河三角洲两栖动物名录

目	科	中文名	学名	保护级别
无尾目	蟾蜍科	中华大蟾蜍	*Bufo gargarizans*	
		花背蟾蜍	*B. raddei*	
	蛙科	泽蛙	*Rana limnocharis*	
		黑斑蛙	*R. nigromaculata*	
		金线蛙	*R. plancyi*	
	姬蛙科	北方狭口蛙	*Kaloula borealis*	

附录 7　黄河三角洲爬行动物名录

目	科	中文名	学名	保护级别
龟鳖目	龟科	乌龟	*Chinemys reevesii*	二级
	鳖科	鳖	*Trionyx sinensis*	
蜥蜴目	壁虎科	无蹼壁虎	*Gekko swinhonis*	
	蜥蜴科	丽斑麻蜥	*Eremias argus*	
		山地麻蜥	*E. brenchleyi*	
蛇目	游蛇科	赤链蛇	*Dinodon rufozonatum*	
		黄脊游蛇	*Coluber spinalis*	
		红点锦蛇	*Elaphe rufodrata*	
		双斑锦蛇	*E. bimaculata*	
		棕黑锦蛇	*E. schrenckii*	
		白条锦蛇	*E. dione*	
		虎斑游蛇	*Rhabdophis tigrinus*	

附录8 黄河三角洲鸟类名录

目	科	中文名	学名	保护级别
雁形目	鸭科	黑雁	*Branta bernicla*	
		斑头雁	*Anser indicus*	
		雪雁	*Anser caerulescens*	
		灰雁	*Anser anser*	
		鸿雁	*Anser cygnoides*	二级
		豆雁	*Anser fabalis*	
		短嘴豆雁	*Anser serrirostris*	
		白额雁	*Anser albifrons*	二级
		小白额雁	*Anser erythropus*	二级
		疣鼻天鹅	*Cygnus olor*	二级
		小天鹅	*Cygnus columbianus*	二级
		大天鹅	*Cygnus cygnus*	二级
		翘鼻麻鸭	*Tadorna tadorna*	
		赤麻鸭	*Tadorna ferruginea*	
		鸳鸯	*Aix galericulata*	二级
		花脸鸭	*Sibirionetta formosa*	二级
		白眉鸭	*Spatula querquedula*	
		琵嘴鸭	*Spatula clypeata*	
		赤膀鸭	*Mareca strepera*	
		罗纹鸭	*Mareca falcata*	
		赤颈鸭	*Mareca penelope*	
		斑嘴鸭	*Anas zonorhyncha*	

目	科	中文名	学名	保护级别
雁形目	鸭科	绿头鸭	*Anas platyrhynchos*	
		针尾鸭	*Anas acuta*	
		绿翅鸭	*Anas crecca*	
		赤嘴潜鸭	*Netta rufina*	
		红头潜鸭	*Aythya ferina*	
		青头潜鸭	*Aythya baeri*	一级
		白眼潜鸭	*Aythya nyroca*	
		凤头潜鸭	*Aythya fuligula*	
		斑背潜鸭	*Aythya marila*	
		斑脸海番鸭	*Melanitta fusca stejnegeri*	
		鹊鸭	*Bucephala clangula*	
		白秋沙鸭	*Mergellus albellus*	二级
		普通秋沙鸭	*Mergus merganser*	
		红胸秋沙鸭	*Mergus serrator*	
		中华秋沙鸭	*Mergus squamatus*	一级
鸡形目	雉科	鹌鹑	*Coturnix japonica*	
		雉鸡	*Phasianus colchicus*	
潜鸟目	潜鸟科	红喉潜鸟	*Gavia stellata*	
		黑喉潜鸟	*Gavia arctica*	
鹱形目	洋海燕科	黄蹼洋海燕	*Oceanites oceanicus*	
	信天翁科	黑脚信天翁	*Phoebastria nigripes*	一级
	海燕科	黑叉尾海燕	*Oceanodroma monorhis*	
	鹱科	白额鹱	*Calonectris leucomelas*	
䴙䴘目	䴙䴘科	小䴙䴘	*Tachybaptus ruficollis*	

目	科	中文名	学名	保护级别
䴙䴘目	䴙䴘科	赤颈䴙䴘	*Podiceps grisegena*	二级
		凤头䴙䴘	*Podiceps cristatus*	
		角䴙䴘	*Podiceps auritus*	二级
		黑颈䴙䴘	*Podiceps nigricollis*	二级
红鹳目	红鹳科	大红鹳	*Phoenicopterus roseus*	
鹳形目	鹳科	黑鹳	*Ciconia nigra*	一级
		东方白鹳	*Ciconia boyciana*	一级
鹈形目	鹮科	黑头白鹮	*Threskiornis melanocephalus*	一级
		白琵鹭	*Platalea leucorodia*	二级
		黑脸琵鹭	*Platalea minor*	一级
	鹭科	大麻鳽	*Botaurus stellaris*	
		黄苇鳽	*Ixobrychus sinensis*	
		紫背苇鳽	*Ixobrychus eurhythmus*	
		栗苇鳽	*Ixobrychus cinnamomeus*	
		黑鳽	*Ixobrychus flavicollis*	
		夜鹭	*Nycticorax nycticorax*	
		绿鹭	*Butorides striata*	
		池鹭	*Ardeola bacchus*	
		牛背鹭	*Bubulcus coromandus*	
		苍鹭	*Ardea cinerea*	
		草鹭	*Ardea purpurea*	
		大白鹭	*Ardea alba*	
		白鹭	*Egretta garzetta*	
		黄嘴白鹭	*Egretta eulophotes*	一级

目	科	中文名	学名	保护级别
鹈形目	鹈鹕科	斑嘴鹈鹕	*Pelecanus philippensis*	一级
		卷羽鹈鹕	*Pelicanus crispus*	一级
鲣鸟目	军舰鸟科	大军舰鸟	*Fregata minor*	二级
		白斑军舰鸟	*Fregata ariel*	二级
	鸬鹚科	海鸬鹚	*Phalacrocorax pelagicus*	二级
		普通鸬鹚	*Phalacrocorax carbo*	
		暗绿背鸬鹚	*Phalacrocorax capillatus*	
鹰形目	鹗科	鹗	*Pandion haliaetus*	二级
	鹰科	黑翅鸢	*Elanus caeruleus*	二级
		凤头蜂鹰	*Pernis ptilorhynchus*	二级
		秃鹫	*Aegypius monachus*	一级
		乌雕	*Clanga clanga*	一级
		草原雕	*Aquila nipalensis*	一级
		白肩雕	*Aquila heliaca*	一级
		金雕	*Aquila chrysaetos*	一级
		赤腹鹰	*Accipiter soloensis*	二级
		日本松雀鹰	*Accipiter gularis*	二级
		松雀鹰	*Accipiter virgatus*	二级
		雀鹰	*Accipiter nisus*	二级
		苍鹰	*Accipiter gentilis*	二级
		白头鹞	*Circus aeruginosus*	二级
		白腹鹞	*Circus spilonotus*	二级
		白尾鹞	*Circus cyaneus*	二级
		鹊鹞	*Circus melanoleucos*	二级

目	科	中文名	学名	保护级别
鹰形目	鹰科	黑鸢	*Milvus migrans*	二级
		玉带海雕	*Haliaeetus leucoryphus*	一级
		白尾海雕	*Haliaeetus albicilla*	一级
		灰脸鵟鹰	*Butastur indicus*	二级
		毛脚鵟	*Buteo lagopus*	二级
		大鵟	*Buteo hemilasius*	二级
		普通鵟	*Buteo japonicus*	二级
鸨形目	鸨科	大鸨	*Otis tarda*	一级
鹤形目	秧鸡科	花田鸡	*Coturnicops exquisitus*	二级
		普通秧鸡	*Rallus indicus*	
		小田鸡	*Zapornia pusilla*	
		红胸田鸡	*Zapornia fusca*	
		斑胁田鸡	*Zapornia paykullii*	二级
		白胸苦恶鸟	*Amaurornis phoenicurus*	
		董鸡	*Gallicrex cinerea*	
		黑水鸡	*Gallinula chloropus*	
		骨顶鸡	*Fulica atra*	
	鹤科	白鹤	*Leucogeranus leucogeranus*	一级
		沙丘鹤	*Antigone canadensis*	二级
		白枕鹤	*Antigone vipio*	一级
		蓑羽鹤	*Grus virgo*	二级
		丹顶鹤	*Grus japonensis*	一级
		灰鹤	*Grus grus*	二级
		白头鹤	*Grus monacha*	一级

目	科	中文名	学名	保护级别
鸻形目	三趾鹑科	黄脚三趾鹑	*Turnix tanki*	
	蛎鹬科	蛎鹬	*Haematopus ostralegus*	
	反嘴鹬科	黑翅长脚鹬	*Himantopus himantopus*	
		反嘴鹬	*Recurvirostra avosetta*	
	鸻科	凤头麦鸡	*Vanellus vanellus*	
		灰头麦鸡	*Vanellus cinereus*	
		金斑鸻	*Pluvialis fulva*	
		灰斑鸻	*Pluvialis squatarola*	
		剑鸻	*Charadrius hiaticula*	
		长嘴剑鸻	*Charadrius placidus*	
		金眶鸻	*Charadrius dubius*	
		环颈鸻	*Charadrius alexandrinus*	
		蒙古沙鸻	*Charadrius mongolus*	
		铁嘴沙鸻	*Charadrius leschenaultii*	
		红胸鸻	*Charadrius asiaticus*	
		东方鸻	*Charadrius veredus*	
	彩鹬科	彩鹬	*Rostratula benghalensis*	
	水雉科	水雉	*Hydrophasianus chirurgus*	二级
	鹬科	中杓鹬	*Numenius phaeopus*	
		小杓鹬	*Numenius minutus*	二级
		大杓鹬	*Numenius madagascariensis*	二级
		白腰杓鹬	*Numenius arquata*	二级
		斑尾塍鹬	*Limosa lapponica*	
		黑尾塍鹬	*Limosa limosa*	

目	科	中文名	学名	保护级别
鸻形目	鹬科	翻石鹬	*Arenaria interpres*	二级
		大滨鹬	*Calidris tenuirostris*	二级
		红腹滨鹬	*Calidris canutus*	
		流苏鹬	*Calidris pugnax*	
		阔嘴鹬	*Calidris falcinellus*	二级
		尖尾滨鹬	*Calidris acuminata*	
		弯嘴滨鹬	*Calidris ferruginea*	
		青脚滨鹬	*Calidris temminckii*	
		长趾滨鹬	*Calidris subminuta*	
		红颈滨鹬	*Calidris ruficollis*	
		三趾滨鹬	*Calidris alba*	
		黑腹滨鹬	*Calidris alpina*	
		半蹼鹬	*Limnodromus semipalmatus*	二级
		丘鹬	*Scolopax rusticola*	
		姬鹬	*Lymnocryptes minimus*	
		孤沙锥	*Gallinago solitaria*	
		针尾沙锥	*Gallinago stenura*	
		大沙锥	*Gallinago megala*	
		扇尾沙锥	*Gallinago gallinago*	
		翘嘴鹬	*Xenus cinereus*	
		红颈瓣蹼鹬	*Phalaropus lobatus*	
		矶鹬	*Actitis hypoleucos*	
		白腰草鹬	*Tringa ochropus*	
		灰尾漂鹬	*Tringa brevipes*	

目	科	中文名	学名	保护级别
鸻形目	鹬科	红脚鹬	*Tringa totanus*	
		泽鹬	*Tringa stagnatilis*	
		林鹬	*Tringa glareola*	
		鹤鹬	*Tringa erythropus*	
		青脚鹬	*Tringa nebularia*	
		小青脚鹬	*Tringa guttifer*	一级
	燕鸻科	普通燕鸻	*Glareola maldivarum*	
	鸥科	棕头鸥	*Chroicocephalus brunnicephalus*	
		红嘴鸥	*Chroicocephalus ridibundus*	
		黑嘴鸥	*Chroicocephalus saundersi*	一级
		遗鸥	*Ichthyaetus relictus*	一级
		渔鸥	*Ichthyaetus ichthyaetus*	
		黑尾鸥	*Larus crassirostris*	
		海鸥	*Larus canus*	
		西伯利亚银鸥	*Larus vegae*	
		蒙古银鸥	*Larus mongolicus*	
		灰背鸥	*Larus schistisagus*	
		鸥嘴噪鸥	*Gelochelidon nilotica*	
		红嘴巨鸥	*Hydroprogne caspia*	
		白额燕鸥	*Sternula albifrons*	
		黑枕燕鸥	*Sterna sumatrana*	
		普通燕鸥	*Sterna hirundo*	
		须浮鸥	*Chlidonias hybrida*	
		白翅浮鸥	*Chlidonias leucopterus*	

目	科	中文名	学名	保护级别
鸻形目	鸥科	黑浮鸥	*Chlidonias niger*	二级
沙鸡目	沙鸡科	毛腿沙鸡	*Syrrhaptes paradoxus*	
鸽形目	鸠鸽科	岩鸽	*Columba rupestris*	
		山斑鸠	*Streptopelia orientalis*	
		灰斑鸠	*Streptopelia decaocto*	
		火斑鸠	*Streptopelia tranquebarica*	
		珠颈斑鸠	*Spilopelia chinensis*	
鹃形目	杜鹃科	鹰鹃	*Hierococcyx sparverioides*	
		小杜鹃	*Cuculus poliocephalus*	
		四声杜鹃	*Cuculus micropterus*	
		北方中杜鹃	*Cuculus optatus*	
		大杜鹃	*Cuculus canorus*	
鸮形目	仓鸮科 / 草鸮科	草鸮	*Tyto longimembris*	二级
	鸱鸮科	领角鸮	*Otus lettia*	二级
		红角鸮	*Otus sunia*	二级
		雕鸮	*Bubo bubo*	二级
		斑头鸺鹠	*Glaucidium cuculoides*	二级
		纵纹腹小鸮	*Athene noctua*	二级
		北鹰鸮	*Ninox japonica*	二级
		长耳鸮	*Asio otus*	二级
		短耳鸮	*Asio flammeus*	二级
夜鹰目	夜鹰科	普通夜鹰	*Caprimulgus indicus*	
雨燕目	雨燕科	白喉针尾雨燕	*Hirundapus caudacutus*	
		普通楼燕	*Apus apus*	

目	科	中文名	学名	保护级别
雨燕目	雨燕科	白腰雨燕	*Apus pacificus*	
佛法僧目	佛法僧科	三宝鸟	*Eurystomus orientalis*	
	翠鸟科	蓝翡翠	*Halcyon pileata*	
		普通翠鸟	*Alcedo atthis*	
		冠鱼狗	*Megaceryle lugubris*	
犀鸟目	戴胜科	戴胜	*Upupa epops*	
䴕形目	啄木鸟科	蚁䴕	*Jynx torquilla*	
		星头啄木鸟	*Yungipicus canicapillus*	
		小星头啄木鸟	*Yungipicus kizuki*	
		棕腹啄木鸟	*Dendrocopos hyperythrus*	
		大斑啄木鸟	*Dendrocopos major*	
		灰头绿啄木鸟	*Picus canus*	
隼形目	隼科	黄爪隼	*Falco naumanni*	二级
		红隼	*Falco tinnunculus*	二级
		红脚隼	*Falco amurensis*	二级
		灰背隼	*Falco columbarius*	二级
		燕隼	*Falco subbuteo*	二级
		猎隼	*Falco cherrug*	二级
		游隼	*Falco peregrinus*	二级
雀形目	山椒鸟科	灰山椒鸟	*Pericrocotus divaricatus*	
		暗灰鹃鵙	*Lalage melaschistos*	
	伯劳科	虎纹伯劳	*Lanius tigrinus*	
		牛头伯劳	*Lanius bucephalus*	
		红尾伯劳	*Lanius cristatus*	

目	科	中文名	学名	保护级别
雀形目	伯劳科	棕背伯劳	*Lanius schach*	
		灰伯劳	*Lanius borealis*	
		楔尾伯劳	*Lanius sphenocercus*	
	黄鹂科	黑枕黄鹂	*Oriolus chinensis*	
	卷尾科	黑卷尾	*Dicrurus macrocercus*	
		灰卷尾	*Dicrurus leucophaeus*	
		发冠卷尾	*Dicrurus hottentottus*	
	王鹟科	寿带	*Terpsiphone incei*	
	鸦科	灰喜鹊	*Cyanopica cyanus*	
		红嘴蓝鹊	*Urocissa erythrorhyncha*	
		喜鹊	*Pica serica*	
		达乌里寒鸦	*Corvus dauuricus*	
		秃鼻乌鸦	*Corvus frugilegus*	
		小嘴乌鸦	*Corvus corone*	
		白颈鸦	*Corvus torquatus*	
		大嘴乌鸦	*Corvus macrorhynchos*	
	太平鸟科	太平鸟	*Bombycilla garrulus*	
		小太平鸟	*Bombycilla japonica*	
	山雀科	煤山雀	*Periparus ater*	
		黄腹山雀	*Pardaliparus venustulus*	
		沼泽山雀	*Poecile palustris*	
		远东山雀	*Parus minor*	
	攀雀科	中华攀雀	*Remiz consobrinus*	
	文须雀科	文须雀	*Panurus biarmicus*	

目	科	中文名	学名	保护级别
雀形目	百灵科	小云雀	*Alauda gulgula*	
		云雀	*Alauda arvensis*	二级
		凤头百灵	*Galerida cristata*	
		大短趾百灵	*Calandrella brachydactyla*	
		蒙古百灵	*Melanocorypha mongolica*	二级
		亚州短趾百灵	*Alauala cheleensis*	
	鹎科	白头鹎	*Pycnonotus sinensis*	
	燕科	崖沙燕	*Riparia riparia*	
		家燕	*Hirundo rustica*	
		白腹毛脚燕	*Delichon urbicum*	
		烟腹毛脚燕	*Delichon dasypus*	
		金腰燕	*Cecropis daurica*	
	树莺科	日本树莺	*Horornis diphone*	
		远东树莺	*Horornis canturians*	
		鳞头树莺	*Urosphena squameiceps*	
	长尾山雀科	银喉长尾山雀	*Aegithalos glaucogularis*	
		灰喉柳莺	*Phylloscopus maculipennis*	
		淡眉柳莺	*Phylloscopus humei*	
	柳莺科	黄眉柳莺	*Phylloscopus inornatus*	
		云南柳莺	*Phylloscopus yunnanensis*	
		黄腰柳莺	*Phylloscopus proregulus*	
		巨嘴柳莺	*Phylloscopus schwarzi*	
		褐柳莺	*Phylloscopus fuscatus*	
		冕柳莺	*Phylloscopus coronatus*	

目	科	中文名	学名	保护级别
雀形目	柳莺科	双斑绿柳莺	*Phylloscopus plumbeitarsus*	
		暗绿柳莺	*Phylloscopus trochiloides*	
		淡脚柳莺	*Phylloscopus tenellipes*	
		极北柳莺	*Phylloscopus borealis*	
		黑眉柳莺	*Phylloscopus ricketti*	
	苇莺科	东方大苇莺	*Acrocephalus orientalis*	
		黑眉苇莺	*Acrocephalus bistrigiceps*	
		钝翅苇莺	*Acrocephalus concinens*	
		厚嘴苇莺	*Arundinax aedon*	
	蝗莺科	苍眉蝗莺	*Locustella fasciolata*	
		斑背大尾莺	*Locustella pryeri*	
		小蝗莺	*Locustella certhiola*	
		矛斑蝗莺	*Locustella lanceolata*	
	扇尾莺科	棕扇尾莺	*Cisticola juncidis*	
	莺鹛科	山鹛	*Rhopophilus pekinensis*	
		棕头鸦雀	*Sinosuthora webbiana*	
		震旦鸦雀	*Paradoxornis heudei*	二级
	绣眼鸟科	红胁绣眼鸟	*Zosterops erythropleurus*	二级
		暗绿绣眼鸟	*Zosterops japonicus*	
	戴菊科	戴菊	*Regulus regulus*	
	鹪鹩科	鹪鹩	*Troglodytes troglodytes*	
	旋木雀科	旋木雀	*Certhia familiaris*	
	椋鸟科	八哥	*Acridotheres cristatellus*	
		丝光椋鸟	*Spodiospar sericeus*	

目	科	中文名	学名	保护级别
雀形目	椋鸟科	灰椋鸟	*Spodiospar cineraceus*	
		北椋鸟	*Agrospar sturninus*	
		紫翅椋鸟	*Sturnus vulgaris*	
	鸫科	白眉地鸫	*Geokichla sibirica*	
		虎斑地鸫	*Zoothera dauma*	
		灰背鸫	*Turdus hortulorum*	
		乌灰鸫	*Turdus cardis*	
		乌鸫	*Turdus mandarinus*	
		白眉鸫	*Turdus obscurus*	
		白腹鸫	*Turdus pallidus*	
		赤胸鸫	*Turdus chrysolaus*	
		黑颈鸫	*Turdus atrogularis*	
		赤颈鸫	*Turdus ruficollis*	
		红尾鸫	*Turdus naumanni*	
		斑鸫	*Turdus eunomus*	
		宝兴歌鸫	*Turdus mupinensis*	
	鹟科	灰纹鹟	*Muscicapa griseisticta*	
		乌鹟	*Muscicapa sibirica*	
		北灰鹟	*Muscicapa dauurica*	
		白腹蓝鹟	*Cyanoptila cyanomelana*	
		琉璃蓝鹟	*Cyanoptila cumatilis*	
		欧亚鸲	*Erithacus rubecula*	
		蓝歌鸲	*Larvivora cyane*	
		红尾歌鸲	*Larvivora sibilans*	

目	科	中文名	学名	保护级别
雀形目	鹟科	蓝喉歌鸲	*Luscinia svecica*	二级
		红喉歌鸲	*Calliope calliope*	二级
		红胁蓝尾鸲	*Tarsiger cyanurus*	
		紫啸鸫	*Myophonus caeruleus*	
		白眉姬鹟	*Ficedula zanthopygia*	
		黄眉姬鹟	*Ficedula narcissina*	
		绿背姬鹟	*Ficedula elisae*	
		鸲姬鹟	*Ficedula mugimaki*	
		红喉姬鹟	*Ficedula albicilla*	
		赭红尾鸲	*Phoenicurus ochruros*	
		北红尾鸲	*Phoenicurus auroreus*	
		红腹红尾鸲	*Phoenicurus erythrogastrus*	
		红尾水鸲	*Phoenicurus fuliginosus*	
		蓝矶鸫	*Monticola solitarius*	
		白喉矶鸫	*Monticola gularis*	
		东亚石䳭	*Saxicola stejnegeri*	
	雀科	山麻雀	*Passer cinnamomeus*	
		麻雀	*Passer montanus*	
	岩鹨科	领岩鹨	*Prunella collaris*	
		棕眉山岩鹨	*Prunella montanella*	
	鹡鸰科	山鹡鸰	*Dendronanthus indicus*	
		黄鹡鸰	*Motacilla tschutschensis*	
		黄头鹡鸰	*Motacilla citreola*	
		灰鹡鸰	*Motacilla cinerea*	

目	科	中文名	学名	保护级别
雀形目	鹡鸰科	白鹡鸰	*Motacilla alba*	
		理氏鹨	*Anthus richardi*	
		田鹨	*Anthus rufulus*	
		布氏鹨	*Anthus godlewskii*	
		树鹨	*Anthus hodgsoni*	
		北鹨	*Anthus gustavi*	
		红喉鹨	*Anthus cervinus*	
		黄腹鹨	*Anthus rubescens*	
		水鹨	*Anthus spinoletta*	
	燕雀科	燕雀	*Fringilla montifringilla*	
		锡嘴雀	*Coccothraustes coccothraustes*	
		黑尾蜡嘴雀	*Eophona migratoria*	
		黑头蜡嘴雀	*Eophona personata*	
		普通朱雀	*Carpodacus erythrinus*	
		长尾雀	*Carpodacus sibiricus*	
		北朱雀	*Carpodacus roseus*	二级
		金翅雀	*Chloris sinica*	
		白腰朱顶雀	*Acanthis flammea*	
		红交嘴雀	*Loxia curvirostra*	
		黄雀	*Spinus spinus*	
	铁爪鹀科	铁爪鹀	*Calcarius lapponicus*	
	鹀科	白头鹀	*Emberiza leucocephalos*	
		戈氏岩鹀	*Emberiza godlewskii*	
		三道眉草鹀	*Emberiza cioides*	

目	科	中文名	学名	保护级别
雀形目	鹀科	白眉鹀	*Emberiza tristrami*	
		栗耳鹀	*Emberiza fucata*	
		小鹀	*Emberiza pusilla*	
		黄眉鹀	*Emberiza chrysophrys*	
		田鹀	*Emberiza rustica*	
		黄喉鹀	*Emberiza elegans*	
		黄胸鹀	*Emberiza aureola*	一级
		栗鹀	*Emberiza rutila*	
		灰头鹀	*Emberiza spodocephala*	
		苇鹀	*Emberiza pallasi*	
		红颈苇鹀	*Emberiza yessoensis*	
		芦鹀	*Emberiza schoeniclus*	

附录9 黄河三角洲哺乳动物名录

目	科	中文名	学名	保护级别
食虫目	猬科	刺猬	*Erinaceus europaeus*	
	鼹科	麝鼹	*Talpa moschatus*	
	鼩鼱科	普通鼩鼱	*Sorex araneus*	
		小麝鼩	*Crocidura suaveolens*	
翼手目	蝙蝠科	须鼠耳蝠	*Myotis mystacinus*	
		萨氏蝙蝠	*Vespertilio savii*	
		东方蝙蝠	*V. superans*	
		伏翼	*Pipistrellus abramus*	
	菊头蝠科	大菊头蝠	*Rhinolopus ferrumequinum*	
食肉目	犬科	赤狐	*Vulpes vulpes*	二级
	鼬科	黄鼬	*Mustela sibirica*	
		艾鼬	*M. eversmanni*	
		狗獾	*Meles meles*	
		猪獾	*Arctonyx callaris*	
	猫科	豹猫	*Felis bengalensis*	二级
	海豹科	西太平洋斑海豹	*Phoca largha*	一级
兔形目	兔科	草兔	*Lepus capensis*	
啮齿目	松鼠科	达乌尔黄鼠	*Citellus dauricus*	
	仓鼠科	大仓鼠	*Cricetulus triton*	
		黑线仓鼠	*C. barabensis*	
		东北鼢鼠	*Myospalax psilurus*	
	鼠科	黑线仓鼠	*Apodemus agrarius*	
		褐家鼠	*Rattus norvegicus*	
		小家鼠	*Mus musculus*	
鲸目	鼠海豚科	东亚江豚	*Neophocaena sunameri*	二级

附录10 黄河三角洲典型植物群落图集 摄影: 王仁卿 郑培明

旱柳和旱柳林

柽柳和柽柳灌丛

刺槐和刺槐林林

白茅和白茅草甸

荻和荻草甸

芦苇和芦苇草甸

盐地碱蓬和盐地碱蓬草甸

獐毛和獐毛草甸

芦苇沼泽

补血草群落和草甸

罗布麻和罗布麻草甸

盐地碱蓬盐沼

互花米草盐沼

香蒲和香蒲沼泽

莲及莲群落

湿地生态系统

湿地生态系统

湿地生态修复

附录11 黄河三角洲典型鸟类图集

摄影：胡运彪

白鹤

白头鹀

北红尾鸲

赤麻鸭

大天鹅

丹顶鹤

东方白鹳

豆雁

反嘴鹬

黑翅鸢

黑尾塍鹬

黑嘴鸥

红脚隼

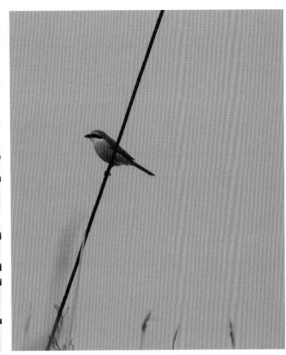

红尾伯劳

红嘴鸥

灰鹤

灰椋鸟

灰雁

矶鹬

尖尾滨鹬

卷羽鹈鹕

西伯利亚银鸥

楔尾伯劳

疣鼻天鹅

泽鹬

鸟类休憩（王仁卿拍摄）

迁徙期停歇的候鸟